高等职业院校学生专业技能考核标准与题库

建筑智能化工程技术

汪　亮　鲁波涌　等编著

湖南大学出版社

内 容 简 介

全书通过设置CAD绘图、综合布线、安防系统安装与调试、消防系统安装与调试等9个技能考核模块，测试学生的系统综合布线、智能楼宇强弱电系统工程施工、建筑智能化系统安装和调试、绘图设计、施工组织管理、造价概预算等相关专业能力以及从事建筑智能化工程相关工作的团队协作、成本控制、质量效益、安全规范等职业素养。引导学校进一步加强专业教学基本条件建设，深化课程教学改革，强化实践教学环节，增强学生创新创业能力，促进学生个性化发展，提高专业教学质量和专业办学水平，培养适应新时代发展需要的建筑智能化工程技术专业高素质技术技能人才。

图书在版编目（CIP）数据

建筑智能化工程技术/汪亮，鲁波涌等编著．—长沙：湖南大学出版社，2017.9

（高等职业院校学生专业技能考核标准与题库）

ISBN 978-7-5667-1417-6

Ⅰ.①建… Ⅱ.①汪… ②鲁… Ⅲ.①智能化建筑—工程施工—高等职业教育—教学参考资料 Ⅳ.①TU745

中国版本图书馆CIP数据核字（2017）第240418号

高等职业院校学生专业技能考核标准与题库

建筑智能化工程技术
JIANZHU ZHINENGHUA GONGCHENG JISHU

编　　著：汪　亮　鲁波涌　等	
责任编辑：罗素蓉	责任校对：全　健
印　　装：长沙宇航印刷有限责任公司	
开　　本：787×1092　16开　印张：15.75　字数：414千	
印　　次：2017年9月第1次印刷　版次：2017年9月第1版	
书　　号：ISBN 978-7-5667-1417-6	
定　　价：48.00元	

出 版 人：雷　鸣
出版发行：湖南大学出版社
社　　址：湖南·长沙·岳麓山　　　邮　　编：410082
电　　话：0731-88822559（发行部），88821593（编辑室），88821006（出版部）
传　　真：0731-88649312（发行部），88822264（总编室）
网　　址：http://www.hnupress.com
电子邮箱：pressluosr@hnu.edu.cn

高等职业院校学生专业技能考核标准与题库

编 委 会

总　序

当前,我国已进入深化改革开放、转变发展方式、全面建设小康社会的攻坚时期。加快经济结构战略性调整,促进产业优化升级,任务重大而艰巨。要完成好这一重任,不可忽视的一个方面,就是要大力建设与产业发展实际需求及趋势要求相衔接、高质量有特色的职业教育体系,特别是大力加强职业教育基础能力建设,切实抓好职业教育人才培养质量工作。

提升职业教育人才培养质量,建立健全质量保障体系,加强质量监控监管是关键。这就首先要解决"谁来监控""监控什么"的问题。传统意义上的人才培养质量监控,一般以学校内部为主,行业、企业以及政府的参与度不够,难以保证评价的真实性、科学性与客观性。而就当前情况而言,只有建立起政府、行业(企业)、职业院校多方参与的职业教育综合评价体系,才能真正发挥人才培养质量评价的杠杆和促进作用。为此,自2010年以来,湖南职教界以全省优势产业、支柱产业、基础产业、特色产业特别是战略性新兴产业人才需求为导向,在省级教育行政部门统筹下,由具备条件的高等职业院校牵头,组织行业和知名企业参与,每年随机选取抽查专业、随机抽查一定比例的学生。抽查结束后,将结果向全社会公布,并与学校专业建设水平评估结合。对抽查合格率低的专业,实行黄牌警告,直至停止招生。这就使得"南郭先生"难以再在职业院校"吹竽",从而倒逼职业院校调整人、财、物力投向,更多地关注内涵和提升质量。

要保证专业技能抽查的客观性与有效性,前提是要制订出一套科学合理的专业技能抽查标准与题库。既为学生专业技能抽查提供依据,同时又可引领相关专业的教学改革,使之成为行业、企业与职业院校开展校企合作、对接融合的重要纽带。因此,我们在设计标准、开发题库时,除要考虑标准的普适性,使之能抽查到本专业完成基本教学任务所应掌握的通用的、基本的核心技能,保证将行业、企业的基本需求融入标准之外,更要使抽查标准较好地反映产业发展的新技术、新工艺、新要求,有效对接区域产业与行业发展。

湖南职教界近年探索建立的学生专业技能抽查制度,是加强职业教育质量监管,促进职业院校大面积提升人才培养水平的有益尝试,为湖南实施全面、客观、科学的职业教育综合评价迈出了可喜的一步,必将引导和激励职业院校进一步明确技能型人才培养的专业定位和岗位指向,深化教育教学改革,逐步构建起以职业能力为核心的课程体系,强化专业实践教学,更加注重职业素养与职业技能的培养。我也相信,只要我们坚持把这项工作不断完善和落实,全省职业教育人才培养质量提升可期,湖南产业发展的竞争活力也必将随之更加强劲!

是为序。

郭开朗

2011年10月10日于长沙

目　次

第一部分　建筑智能化工程技术专业技能考核标准

第二部分　建筑智能化工程技术专业技能考核题库

一、专业基本技能

二、岗位核心技能

第一部分 建筑智能化工程技术专业技能考核标准

一、专业名称

专业名称:建筑智能化工程技术专业(540404)

二、考核目标

本专业技能考核,通过设置 CAD 绘图、综合布线、安防系统安装与调试、消防系统安装与调试等 9 个技能考核模块,测试学生的系统综合布线、智能楼宇强弱电系统工程施工、建筑智能化系统安装和调试、绘图设计、施工组织管理、造价概预算等相关专业能力以及从事建筑智能化工程相关工作的团队协作、成本控制、质量效益、安全规范等职业素养。引导学校加强专业教学基本条件建设,深化课程教学改革,强化实践教学环节,增强学生创新创业能力,促进学生个性化发展,提高专业教学质量和专业办学水平,培养适应新时代发展需要的建筑智能化工程技术专业高素质技术技能人才。

三、考核内容

(一)专业基本技能

模块一 CAD 绘图

本模块以典型的强弱电系统图绘制为主线,主要利用 AUTOCAD 绘图软件,运用 CAD 绘图的基本知识和绘图技巧,完成强电变配电图、弱电系统图、平面图,智能化系统接线图等图纸的绘制工作。基本涵盖了建筑智能化工程技术专业人才所需具备的基本绘图技能。

1. 项目一:建筑配电系统图纸绘制

基本要求:

(1)能正确操作使用计算机,能正确安装 AUTOCAD 绘图软件,能处理相关软件安装及环境配置问题,确保软件的正常使用;

(2)能系统掌握 AUTOCAD 绘制电气图纸相关知识,能掌握 AutoCAD 软件进行图层处理、图块编辑、文字编辑和图表编辑等相关绘图命令和技巧;

(3)能够根据所给图例,进行电气平面图、电气系统图等电气配电系统图纸绘制;

(4)能具有质量意识和标准意识,能依据相关 CAD 绘图规范和标准,注重绘图的规范性,绘图要求内容完整、布局合理、符合标准,能具有团队协作的精神,能具有严谨、耐心、细致的工作作风。

2. 项目二:建筑智能化系统图纸绘制

基本要求:

(1)能系统掌握电气 CAD 制图相关知识,掌握 AutoCAD 软件进行图层处理、图块编辑、文字编辑和图表编辑等相关绘图命令和技巧;

(2)能够根据所给图例,进行安防防盗报警系统接线图、监控系统接线图和门禁系统图等

智能化系统图纸绘制;

（3）能依据相关CAD绘图规范和标准,注重绘图的规范性,绘图要求内容完整、布局合理、符合标准,具有质量意识和标准意识,具有团队协作的精神,具有严谨、耐心、细致的工作作风。

模块二　综合布线

本模块以典型的综合布线介质材料和连接件、典型的弱电系统布线工程为主线,主要利用综合布线的相关知识和技能,掌握综合布线基本介质和连接件的安装方法,完成电话系统、有线电视及卫星电视接收系统、信息网络系统、楼宇自控系统的布线和装调工作。基本涵盖了建筑智能化工程技术专业人才所需具备的综合布线基本技能。

1. 项目一:综合布线介质及连接件安装

基本要求:

（1）了解综合布线的跳线连接与管理规定;掌握综合布线的不同类型介质如双绞线、同轴电缆、光纤等的连接方式和端接方法;掌握综合布线相应连接件如信息面板、配线架、光纤交接箱的使用和安装方法;

（2）能正确使用测试仪器对线缆和相应连接件进行测试与维修排故,能完成光调制解调器的调试;

（3）能掌握安全用电的相关规定,在工作过程中避免出现安全事故,在确保人身安全和设备安全的前提下进行设备调试;

（4）具备较好的质量意识和标准意识,能严格执行相关综合布线标准、熟悉相关综合布线施工工艺和工作流程,能具备良好的安全用电意识,能具备较好的成本节约意识,能养成良好的工具使用和卫生清理习惯,具有严谨、科学的工作态度,爱岗敬业的工作精神,耐心、细致的工作作风。

2. 项目二:电话通讯系统安装与调试

基本要求:

（1）能够熟练制作电话线,并组网搭建内部电话通讯网络;

（2）能安装电话程控交换机等语音通讯连接装置,掌握电话程控交换机的调试编程方法;

（3）能掌握电话分机的安装与调试方法,学会对分机进行编程,实现分机间的通话;

（4）具备良好的安全用电意识,能遵守操作规程和使用说明,不带电进行连接或改接,调试前能仔细检查设备的电源接线情况以保证供电电压,在确保人身安全和设备安全的前提下进行设备调试,具备较好的质量意识和标准意识,能严格执行相关综合布线标准、熟悉相关综合布线施工工艺和工作流程,能具备较好的成本节约意识,能养成良好的工具使用和卫生清理习惯,具有严谨、科学的工作态度,爱岗敬业的工作精神,耐心、细致的工作作风。

3. 项目三:有线电视及卫星电视接收系统安装与调试

基本要求:

（1）能熟练掌握相关有线电视及卫星电视接收系统组网的布线方法和技巧,能熟练运用相关传输介质进行有线电视及卫星电视接收系统的搭建;

（2）能正确的辨别、选择,并正确的安装有线及卫星电视通信的相关设备(如放大器、分配器、分支器、有线电视面板、有线电视机顶盒、卫星电视接收机等设备的安装接线);

（3）能正确的调试有线及卫星电视通信的相关设备(如放大器增益调节、输入输出信号测量、分配器插入损耗的测试、分支器插入损耗的测试、分支器分支损耗的测试、卫星接收机的调

试等);

(4)具备良好的安全用电意识,能遵守相关施工安全管理规定,确保人身安全和设备安全,具备较好的质量意识和标准意识,能严格执行相关综合布线标准、熟悉相关综合布线施工工艺和工作程序,能具备较好的成本节约意识,能养成良好的工具使用和卫生清理习惯,具有严谨科学的工作态度和耐心、细致的工作作风。

4. 项目四:信息网络系统安装与调试

基本要求:

(1)能熟练掌握相关信息网络系统组网的布线方法和技巧,能熟练运用相关有线或无线介质进行信息网络的网络组网与搭建;

(2)能正确的对相关计算机网络设备如企业级路由器、中心交换机、网络服务器等进行辨别、选择和进行正确的安装调试,并能对组建的网络进行相关测试;

(3)能正确的对相关计算机无线网络设备如无线 AP、无线 AP 控制器、无线网络面板等进行辨别、选择和进行正确的安装调试,并能对组建的无线网络进行相关测试;

(4)具备良好的安全用电意识,能遵守操作指示和使用说明,不带电进行连接或改接,调试前能仔细检查设备的电源接线情况以保证供电电压,在确保人身安全和设备安全的前提下进行设备调试,具备较好的质量意识和标准意识,能严格执行相关综合布线标准,能具备较好的成本节约意识,能养成良好的工具使用和卫生清理习惯,具有严谨、科学的工作态度,爱岗敬业的工作精神,耐心、细致的工作作风。

4. 项目五:楼宇自控网络组网及调试

基本要求:

(1)能熟练掌握相关楼宇自动化控制系统网络的布线方法和技巧,能熟练运用相关楼宇自控系统总线技术进行楼宇自控网络的组网与搭建;

(2)能正确的对相关楼宇自控网络设备如各类 DDC 控制器、通讯模块等进行辨别,并能根据各类楼宇现场总线的特点,正确选择相应规格和数量的传输介质进行楼宇自控网络组网安装调试,并能对组建的网络进行相关通信测试;

(3)具备良好的安全用电意识,能遵守操作指示和使用说明,不带电进行连接或改接,调试前能仔细检查设备的电源接线情况保证供电电压,在确保人身安全和设备安全的前提下进行设备调试,具备较好的质量意识和标准意识,能具备较好的成本节约意识,能养成良好的工具使用和卫生清理习惯,具有严谨、科学的工作态度,爱岗敬业的工作精神,耐心、细致的工作作风。

(二)岗位核心技能

模块一　安防系统工程安装与调试

本模块以典型的安防系统工程装调为主线,主要利用安防系统装调的相关专业知识和工程施工技能,完成视频监控系统、防盗报警系统、门禁系统、巡更系统、停车场道闸系统等典型安防系统的布线和安装调试工作。基本涵盖了建筑智能化工程技术专业人才所需具备的安防施工岗位方面的核心专业技能。

1. 项目一:视频监控系统的安装与调试

基本要求:

(1)能熟悉并遵循相关视频监控国家规范和标准,能根据现场提供的监控设备,按照相应要求使用 CAD 软件绘制出设备的端子接线图及端子说明,并根据所绘图纸进行相关设备的

安装与接线;

(2)能够按要求将视频监控系统的各个元器件安装在指定区域,安装应美观、牢固,安装的元器件包括摄像机、摄像机支架、电源、云台、解码器、硬盘录像机、网络键盘、视频矩阵、监视器等;

(3)能够按具体任务要求接好相应的线缆并做好相应的线路标号和设备标识,编制标号标识对照表,包括摄像机、摄像机支架、电源、云台、解码器、硬盘录像机、网络键盘、视频矩阵、监视器等设备和相应的连接线缆;

(4)能在设备安装完成后,进行系统整机调试,根据相关要求实现视频监控系统的功能,进行图像的清晰度、通道设置、录像设置、动态检测、报警联动、图像轮巡、网络调用等功能调试和测试,并达到相应的技术指标要求;

(5)能具备良好的安全用电意识,操作时佩带安全帽,工具仪表摆放规范整齐,在高处安装施工时,施工人员应系安全带,并将使用的机械工具放置在工具袋内,防止坠落,不可带电进行连接或改接,器材及临时工具勿放置超越肩部高度,操作完成后清理工位;

(6)能具备较好的质量意识和标准意识,能严格执行视频监控相关标准,能具备较好的成本节约意识,能养成良好的工具使用和卫生清理习惯,养成严谨科学的工作态度。

2. 项目二:防盗报警系统的安装与调试

基本要求:

(1)能熟悉并遵循防盗报警相关国家规范和标准,能根据现场提供的防盗报警设备,按照相应要求使用 CAD 软件绘制出设备的端子接线图及端子说明,并根据所绘图纸进行相关设备的安装与接线;

(2)能够按要求将防盗报警系统的各个设备元器件安装在指定区域,安装应美观、牢固,安装的元器件包括报警主机、扩展模块、报警键盘、门磁开关、红外探测器、燃气探测器、紧急呼救按钮、声光警号等;

(3)能够按具体任务要求接好相应的线缆并做好相应的线路标号和设备标识,编制标号标识对照表,包括报警主机、扩展模块、报警键盘、门磁开关、红外探测器、燃气探测器、紧急呼救按钮、声光警号等设备和相应的连接线缆;

(4)能在设备安装完成后,按要求进行系统调试,根据相关要求实现防盗报警系统的功能,进行探测器灵敏度设置、防区设置、旁路设置、密码设置、布防撤防、报警联动等功能调试和测试,并达到相应的技术指标要求;

(5)能具备良好的安全用电意识,不带电进行连接或改接,具备较好的质量意识和标准意识,能严格执行防盗报警系统相关标准,能具备较好的成本节约意识,能养成良好的工具使用和卫生清理习惯,器材及临时工具勿放置超越肩部高度,操作完成后清理工位,具有团队协作精神,养成严谨科学的工作态度。

3. 项目三:门禁系统的安装与调试

基本要求:

(1)能熟悉并遵循门禁系统相关国家规范和标准,能根据现场提供的门禁系统设备,按照相应要求使用 CAD 软件绘制出设备的端子接线图及端子说明,并根据所绘图纸进行相关设备的安装与接线;

(2)能够按要求将门禁系统的各个设备元器件安装在指定区域,安装应美观、牢固,安装的元器件包括室外主机、室内分机、管理中心机、门禁控制器、读卡器、开门按钮、磁力锁、电锁、发卡器等；

（3）能够按具体任务要求接好相应的线缆并做好相应的线路标号和设备标识，编制标号标识对照表，包括室外主机、室内分机、管理中心机、门禁控制器、开门按钮、磁力锁、电锁等设备和相应的连接线缆；

（4）能在设备安装完成后，按要求进行系统调试，根据相关要求实现门禁系统的功能，进行卡片设置、密码开门、刷卡开门、按钮开门、内外呼叫、室内开门、呼叫保安、门禁联网控制等功能调试和测试，并达到相应的技术指标要求；

（5）能有较强的团队协作意识，能具备较好的质量意识和标准意识，能严格执行门禁系统相关标准，能具备较好的成本节约意识，能养成良好的工具使用和卫生清理习惯，能具备良好的安全用电意识，操作时佩带安全帽，工具仪表摆放规范整齐，不带电进行连接或改接，养成严谨科学的工作态度。

4. 项目四：巡更系统的安装与调试

基本要求：

（1）能够按要求正确安装巡更管理软件、巡更地点按钮等，能正确使用人员卡、巡更棒等设备；

（2）能正确设置通信方式与端口类型实现巡更棒与软件的连接与数据上传下载，实现巡更棒的设置和人员卡的配置等；

（3）能够按具体任务要求进行巡更线路、巡更人员、巡更地点、巡更事件、巡更时间安排、巡更计划设定及变更等功能设置；

（4）能有较强的团队协作意识，具备良好的施工操作意识，具备较好的质量意识和标准意识，能严格执行相关规范标准，能具有良好的工具使用和卫生清理习惯，具有严谨科学的工作态度，具有严谨、耐心、细致的工作作风。

5. 项目五：停车场道闸系统的安装与调试

基本要求：

（1）能正确安装停车场管理平台软件，并进行相应数据库安装与配置，使停车场管理软件能正常运行工作；

（2）能够按要求将停车场管理系统的各个设备元器件安装在指定区域，安装应美观、牢固，安装的设备元器件包括车牌识别摄像机、出入口控制机、道闸、车辆检测器、车辆感应线圈、发卡器等；

（3）能在设备安装完成后，按要求进行系统调试，根据相关要求实现停车场管理的功能，进行车牌识别区域调整、人员授权设置、车牌授权设置、卡片授权设置、出入口语音播报、出入口文字显示、收费设置、机闸升降等功能调试和测试，并达到相应的技术指标要求；

（4）能具备良好的安全用电意识，操作时佩带安全帽，工具仪表摆放规范整齐，不带电进行连接或改接，具备较好的质量意识和标准意识，能严格执行相关规范和标准，能具备较好的成本节约意识，能具备较好的团队协作精神，具有良好的工具使用和卫生清理习惯，养成严谨科学的工作态度。

模块二　消防报警及联动系统工程安装与调试

本模块以典型的消防报警及联动系统工程装调为主线，主要利用消防系统装调的相关专业知识和工程施工技能，完成火灾自动报警系统、消防通讯广播系统、消防联动与控制系统等典型消防报警和联动系统的布线和安装调试工作。基本涵盖了建筑智能化工程技术专业人才从事消防施工工作方面所需具备的核心专业技能。

1. 项目一：火灾自动报警系统安装与调试

基本要求：

（1）能熟悉并遵循消防相关国家规范和标准，能根据现场提供的消防报警设备，按照相应要求使用 CAD 软件绘制出设备的端子接线图及端子说明，并根据所绘图纸进行相关设备的安装与接线；

（2）能够按要求将消防报警系统的各个元器件安装在指定区域，安装应美观、牢固，安装的元器件包括消防报警主机，短路隔离器，点型感温火灾探测器，点型光电感烟火灾探测器，火灾声光报警器，手动火灾报警按钮，输入输出模块和消火栓按钮等；

（3）能够按具体任务要求接好相应的线缆并做好相应的线路标号和设备标识，编制标号标识对照表，包括消防报警主机，短路隔离器，点型感温火灾探测器，点型光电感烟火灾探测器，火灾声光报警器，手动火灾报警按钮，输入输出模块和消火栓按钮等设备和相应的连接线缆；

（4）能在设备安装完成后，按要求进行系统调试，并进行探测器测试、总线设备编码、输入输出模块联动测试、主机联动编程、报警声光联动等功能调试和测试，使其达到相应的技术指标要求；

（5）能具备良好的安全用电意识，操作时佩带安全帽，工具仪表摆放规范整齐，不带电进行连接或改接；能具备较好的质量意识和标准意识，能具备较好的成本节约意识，能具有较好的团队协作意识，具有良好的工具使用和卫生清理习惯，养成严谨科学的工作态度。

2. 项目二：消防通讯广播系统安装与调试

基本要求：

（1）能够按要求将消防通讯广播系统的各个设备元器件安装在指定区域，安装应美观、牢固，安装的元器件包括消防报警主机、消防电话主机、消防电话分机、消防广播主机、广播功率放大器、广播模块、广播扬声器和广播分配盘等；

（2）能够按具体任务要求接好相应的线缆并做好相应的线路标号和设备标识，编制标号标识对照表，包括消防报警主机、消防电话主机、消防电话分机、消防广播主机、广播功率放大器、广播模块、广播扬声器和广播分配盘等设备和相应的连接线缆；

（3）能在设备安装完成后，按要求进行系统调试，根据相关要求实现消防广播系统的功能，进行消防电话及广播模块设置、消防电话联动、消防广播联动、消防广播分区、消防广播切换等功能调试和测试，并达到相应的技术指标要求；

（4）能熟悉并遵循消防相关国家规范和标准，能有较强的团队协作意识，能具备较好的质量意识和标准意识，能具备较好的成本节约意识，能养成良好的工具使用和卫生清理习惯，能具备良好的安全用电意识，操作时佩带安全帽，工具仪表摆放规范整齐，不带电进行连接或改接，具有严谨、耐心、细致的工作作风。

3. 项目三：消防联动与控制系统安装与调试

基本要求：

（1）能熟悉并遵循消防相关国家规范和标准，能根据现场提供的消防联动设备，按照相应要求使用 CAD 软件绘制出设备的端子接线图及端子说明，并根据所绘图纸进行相关设备的安装与接线；

（2）能够按要求将消防联动控制系统的各个元器件安装在指定区域，安装应美观、牢固，安装的元器件包括消防联动控制主机、输入输出模块、水泵、排烟机、防火卷帘门、声光讯响器、消

防应急灯和应急疏散指示牌等;

(3)能够按具体任务要求接好相应的线缆并做好相应的线路标号和设备标识,编制标号标识对照表,包括消防联动控制主机、输入输出模块、水泵、排烟机、防火卷帘门、声光讯响器、消防应急灯和应急疏散指示牌等设备和相应的控制电路及连接线缆;

(4)能在设备安装完成后,按要求进行系统调试,根据相关要求实现消防联动的系统功能,进行输入输出联动控制、消防主机联动编程、应急设备联动、声光讯响器、水泵、排烟机、防火卷帘门联动等功能调试和测试,并达到相应的技术指标要求;

(5)能有较强的团队协作意识,能具备较好的质量意识和标准意识,能严格执行消防系统相关国家标准和规范,能具备较好的成本节约意识,能养成良好的工具使用和卫生清理习惯,能具备良好的安全用电意识,操作时佩带安全帽,工具仪表摆放规范整齐,不带电进行连接或改接,养成严谨科学的工作态度。

模块三　楼宇自动化系统工程安装与调试

本模块以典型的楼宇自动化系统工程装调为主线,主要利用 DDC 组网通讯控制、智能家居、广播会议系统装调等相关专业知识和工程施工技能,完成 DDC 楼宇灯控系统、中央空调和给排水 DDC 监测系统、智能家居系统、广播会议系统等典型楼宇自动化系统的组网布线和安装调试工作。基本涵盖了建筑智能化工程技术专业人才从事楼宇自控方面工作所需具备的核心专业技能。

1. 项目一:DDC 楼宇灯控系统安装与调试

基本要求:

(1)能熟悉并遵循相关国家规范和标准,能根据现场提供的 DDC 及照明设备,按照相应要求使用 CAD 软件绘制出设备的端子接线图及端子说明,并根据所绘图纸进行相关设备的安装与接线;

(2)能够按要求正确安装上位机组态软件、光照传感器、DDC 相应模块设备,照明线路、DDC 通信线路和控制线路等,并能够按具体任务做好相应的线路标号和设备标识;

(3)能了解常用传感器、执行器的安装与接线,了解传感器、执行器与 DDC 控制器的接线,能够使用 DDC 控制器对照明系统进行组网与控制编程,能结合 DDC 利用组态软件配置开发组态画面,完成照明系统的上位机控制、照明系统的 DDC 定时控制等功能,并满足相应的技术指标;

(4)能有较强的团队协作意识,能具备较好的质量意识和标准意识,能具备较好的成本节约意识,能养成良好的工具使用和卫生清理习惯,能具备良好的安全用电意识,操作时佩带安全帽,工具仪表摆放规范整齐,不带电进行连接或改接,具有严谨、耐心、细致的工作作风,养成严谨科学的工作态度。

2. 项目二:中央空调和给排水 DDC 监测系统安装与调试

基本要求:

(1)能熟悉并遵循相关国家规范和标准,能根据现场提供的 DDC 设备,按照相应要求使用 CAD 软件绘制出设备的端子接线图及端子说明,并能够绘制原理图,根据所绘图纸进行相关设备的安装与接线;

(2)能够按要求正确安装各类传感器、DDC 相应模块设备,DDC 数据通信线路等,并能够按具体任务做好相应的线路标号和设备标识;

(3)能利用各类传感器和相应的 DDC 模块实现前端模拟量和数字量信息的采集和处理,

能够使用 DDC 控制器对中央空调系统进行 PID 恒温控制编程、能够使用 DDC 控制器对给排水系统进行 PID 压力控制编程等,并满足相应的技术指标要求;

(4)能具备较好的质量意识和标准意识,能具备较好的成本节约意识,能养成良好的工具使用和卫生清理习惯,能具备良好的安全用电意识,不带电进行连接或改接,能有较强的团队协作精神,具有严谨、耐心、细致的工作作风,养成严谨科学的工作态度。

3. 项目三:智能家居系统安装与调试

基本要求:

(1)能够按要求将智能家居系统的各个设备元器件安装在指定区域,安装应美观、牢固,安装的元器件包括智能家居主机、智能家居照明控制模块、智能家居家电控制模块、智能窗帘模块、智能插座等;

(2)能够按具体任务要求接好相应的线缆并做好相应的线路标号和设备标识,包括智能家居主机、智能家居照明控制模块、智能家居家电控制模块、智能窗帘模块、智能插座等设备和相应的连接线缆;

(3)能在设备安装完成后,利用无线或有线的方式完成智能家居系统组网,并按要求进行系统调试,进行智能主机编程、智能照明控制、智能插座控制、智能家电控制、智能窗帘控制等功能调试和测试,并达到相应的技术指标要求;

(4)能熟悉并遵循相关国家规范和标准,能有较强的团队协作意识,能具备较好的质量意识和标准意识,能具备较好的成本节约意识,能养成良好的工具使用和卫生清理习惯,能具备良好的安全用电意识,操作时佩带安全帽,工具仪表摆放规范整齐,不带电进行连接或改接,具有严谨、耐心、细致的工作作风。

4. 项目四:智能广播与会议系统安装与调试

基本要求:

(1)能熟悉并遵循广播会议系统相关国家规范和标准,能根据现场提供的设备,按照相应要求使用 CAD 软件绘制出系统原理图、设备的端子接线图及端子说明,并根据所绘图纸进行相关设备的安装与接线;

(2)能够按要求正确辨别、选择和安装相应广播会议系统设备元器件,包括智能中央控制主机、前置放大器、纯后级功放、受控 DVD 播放器、远程分控寻呼台、电源管理器、受控调谐器、监听器、音箱、数字会议主机、调音台、主席单元、代表单元等;

(3)能在设备安装完成后,正确布线进行连接,并按要求进行系统调试,进行主机编程、电源有序管理、音箱功放测试、DVD 设置、远程分控、广播监听、多路调音、话筒测试等功能调试和测试,并达到相应的技术指标要求;

(4)能有较强的团队协作意识,能具备较好的质量意识和标准意识,能具备较好的成本节约意识,能养成良好的工具使用和卫生清理习惯,能具备良好的安全用电意识,不带电进行连接或改接,具有严谨、耐心、细致的工作作风。

模块四　施工组织管理与工程监理

本模块以建筑安装工程现场施工组织与管理常见工作任务为主线,主要利用工程施工、工程组织、工程管理等相关专业知识与综合技能,完成施工开工准备、施工进度安排、施工质量管理、施工安全管理、应急事故处理等工作。本模块基本涵盖了建筑智能化工程技术专业人才从事工程施工组织与管理方面工作所需具备的核心专业技能。

1. 项目一:工程施工组织与管理

基本要求：

（1）能够根据具体工程情况，进行施工场地平面布置，并对劳动力、材料、机械设备等生产资源进行配置，能对施工现场进行工程施工的准备工作，包括供水供电设计、场容管理、噪声管理等；

（2）能够编制施工调查报告、开工报告，能够进行施工方案的选择与确定，并能分辨是否合适；

（3）能够根据具体工程的情况，进行施工进度的安排和调整。编制施工质量、进度、安全技术组织措施，并在现场做好施工质量控制、进度控制、成本及安全文明管理，能对施工现场出现的事故进行判别和应急处理；

（4）能熟悉并遵循相关国家规范、标准和法律法规，有较强的团队协作意识，具有标准意识和质量意识，具有严谨务实、统筹兼顾的大局观，爱岗敬业、吃苦耐劳、勤奋工作的作风以及诚实、守信的优秀品质，具有良好职业道德，具有良好的心理素质和克服困难的能力。

模块五　智能化系统综合设计与装调

本模块以建筑智能化专业的主要设计和装调工作项目为主线，主要利用识图绘图、布线连接、造价预算、安防消防等相关专业知识与综合技能，完成某建筑物的综合布线、安防等设计工作和监控、门禁、消防等系统的整体装调工作。本模块基本涵盖了建筑智能化工程技术专业人才从事本专业相关设计和多系统联调施工工作所需具备的核心专业技能。

1. 项目一：智能化系统综合设计

基本要求：

（1）能综合运用所学知识，对指定的工程目标进行综合布线系统设计，能完成相应的材料设备清单及系统图纸等，能熟悉并严格遵循相关规范和标准，能注重系统设计的规范性，设计要求相应内容完整、整体构架合理、符合标准要求；

（2）能综合运用所学知识，对指定的工程目标进行安防系统设计，能完成相应的材料设备清单及系统图纸等，能熟悉并严格遵循相关规范和标准，能注重系统设计的规范性，设计要求相应内容完整、整体构架合理、符合标准要求；

（3）能具备全局观念，能严格遵循相关设计规范和标准，能具有团队协作的精神，具有严谨、耐心、细致的工作作风，具有标准意识和质量意识，具有严肃认真、规范高效的工作态度和良好的敬业诚信的职业道德观。

2. 项目二：智能化系统综合装调

基本要求：

（1）通过综合运用所学的专业知识，能独立完成门禁与室内安防报警系统的综合装调；

（2）通过综合运用所学的专业知识，能独立完成视频监控与周界防范报警系统的综合装调；

（3）通过综合运用所学的专业知识，能独立完成消防报警与联动系统的综合装调；

（4）通过综合运用所学的专业知识，能独立完成电话、网络系统的综合布线装调；

（5）能具备良好的安全用电意识，能具备较好的成本节约意识，能养成良好的工具使用和卫生清理习惯，具有标准意识和质量意识，能严格执行相关标准、工作程序与规范、工艺文件，养成严谨科学的工作态度，爱岗敬业，具有严谨、耐心、细致的工作作风。

（三）跨岗位综合技能

模块一　楼宇强弱电安装工程预算

本模块以各类建筑强弱电工程预算典型工作任务为主线，主要利用工程概预算等的相关造价知识和技巧,掌握安装工程量计算、安装工程量清单计价等主要预算计价流程和方法,能正确套用定额完成相关安装工程的预算编制。本模块基本涵盖了建筑智能化工程技术专业人才从事相关强弱电系统工程工作时所需的工程预算造价方面的跨岗位综合技能。

1. 项目一:安装工程量计算

基本要求:

(1)能熟悉并遵循相关国家规范和标准,能正确识读建筑电气工程、智能化工程施工图,可以按照图示尺寸测算各设备及主要材料的工程量;

(2)能正确使用办公软件创建"分部分项工程量清单"表格,表格布局合理、排版美观,能正确进行工程量计算,并提供管、线工程量计算过程资料;

(3)能具备全局观念,具有标准意识和质量意识,能严格遵循相关电气预算规范和标准,能具有团队协作的精神,具有严谨、耐心、细致的工作作风,具有严肃认真、规范高效的工作态度和良好的敬业诚信的职业道德观。

2. 项目二:安装工程量清单计价

基本要求:

(1)能熟悉并遵循相关国家规范和标准,能正确识读工程量清单,了解工程量清单所对应的设备及主要材料价格查询方式;

(2)能正确套用《建设工程工程量清单计价规范》,编制对应的项目工程量清单计价;能正确使用办公软件创建"分部分项工程量清单计价表"表格,表格布局合理、排版美观;

(3)能具备全局观念,具有标准意识和质量意识,能严格遵循相关电气预算规范和标准,能具有团队协作的精神,具有严谨、耐心、细致的工作作风,具有严肃认真、规范高效的工作态度和良好的敬业诚信的职业道德观。

3. 项目三:安装工程预算编制

基本要求:

(1)能熟悉并遵循相关国家规范和标准,能正确识读工程量清单,能正确查询工程量清单所对应的设备及主要材料价格,能了解工程量清单的自然单位与定额单位的区别;

(2)能正确测算主要材料的消耗率,能正确套用《全国统一安装工程预算定额》,编制对应的安装工程预(结)算表,并能正确创建"安装工程预(结)算表"表格,表格布局合理、排版美观;

(3)能具备全局观念,具有标准意识和质量意识,能严格遵循相关电气预算规范和标准,能具有团队协作的精神,具有严谨、耐心、细致的工作作风,具有严肃认真、规范高效的工作态度和良好的敬业诚信的职业道德观。

模块二 招投标与合同管理

本模块以工程招投标与合同管理的典型工作任务为主线,主要利用工程招投标、合同管理等相关专业知识和技能,掌握各种招标方式和合同编制管理技巧,完成招标文件编制、投标方案编制、合同谈判、合同编制、合同管理等工作。本模块基本涵盖了建筑智能化工程技术专业人才从事工程招投标与合同管理工作所需具备的跨岗位专业技能。

1. 项目一:工程招投标与合同管理

基本要求:

(1)能够根据工程施工招标的条件、程序及相关规定,掌握各种招标方式的特点,进而选择工程招标的方式;

(2)能够发布招标信息,编制招标文件,进行资格审查,熟悉与招标有关的主要法律法规;

（3）能够收集招投标信息，策划相应投标竞争方案，组织编制投标施工组织设计，以及进行投标报价；

（4）能够根据合同法的基本原则及合同文本的具体内容，能编制简单的合同文本，进行合同谈判，并在合同实施的过程中对合同进行管理；

（5）能够理解合同文本的具体内容，并根据实际情况情况进行索赔；

（6）熟悉并遵循相关国家法律法规，有较强的团队协作意识，能清楚明了表达意见和传播信息，营造和谐的谈判气氛，能积极与人协调沟通，预防合同风险，面对危机能沉着冷静化解矛盾，达到双方共赢，具备社会责任感，具有社会公益心，具有严谨、耐心、细致的工作作风，具有严肃认真、规范高效的工作态度。

四、评价标准

（一）评价方式

本专业技能考核采取过程考核与结果考核相结合，技能考核与职业素养考核相结合。根据考生操作的规范性、熟练程度和用时量等因素评价过程成绩，根据设计作品、运行测试结果和提交文档质量等因素评价成绩。

（二）分值分配

本专业技能考核满分为 100 分，其中专业技能占 80 分，职业素养与操作规范占 20 分。

（三）技能评价要点

根据模块中考核项目的不同，重点考核学生对该项目所必须掌握的技能和要求。虽然不同考试题目的技能侧重点有所不同，但完成任务的工作量和难易程度基本相同。各模块和项目的技能评价要点内容如表 1 所示。

表 1　建筑智能化工程技术专业技能考核评价要点

序号	类型	模块	项目	评价要点
1	专业基本技能	CAD 绘图	建筑配电系统图纸绘制	AUTOCAD 绘图软件环境配置正确，AUTOCAD 绘图软件安装正确； 正确进行 AutoCAD 软件图层处理、图块编辑、文字编辑和图表编辑等； 根据所给图例，正确进行平面图绘制； 根据所给图例，正确进行系统图绘制； 遵循相关国家规范和标准，遵守相关职业规范。
			建筑智能化系统图纸绘制	AUTOCAD 绘图软件环境配置正确，AUTOCAD 绘图软件安装正确； 正确进行 AutoCAD 软件图层处理、图块编辑、文字编辑和图表编辑等； 根据所给图例，正确进行接线图绘制； 根据所给图例，正确进行平面图绘制； 根据所给图例，正确进行系统图绘制； 遵循相关国家规范和标准，遵守相关职业规范。
		综合布线	综合布线介质及连接件安装	综合布线的跳线连接正确； 正确进行双绞线、同轴电缆、光纤等传输介质的连接和端接； 综合布线相应连接件如信息面板、配线架、光纤交接箱的使用和安装方法正确； 正确使用测试仪器对线缆和相应连接件进行测试与维修排故； 光调制解调器的安装、设置、调试正确； 正确使用工具，遵守安全用电的原则规范； 遵循相关国家规范和标准，遵守相关职业规范。

续表

序号	类型	模块	项目	评价要点
1	专业基本技能	综合布线	电话通讯系统安装与调试	正确熟练的制作电话线,正确安装电话信息插座,正确的组网搭建内部电话通讯网络; 安装电话程控交换机等语音通讯连接装置方法正确; 正确进行电话程控交换机的调试编程; 电话分机的安装与调试正确; 正确进行电话分机编程,实现分机间的通话; 正确使用工具,遵守安全用电的原则规范; 遵循相关国家规范和标准,遵守相关职业规范。
			有线电视及卫星电视接收系统安装与调试	正确熟练的制作电视线,正确安装电视信息插座; 有线电视及卫星电视接收系统组网布线方式正确; 正确选择和运用相关传输介质进行有线电视及卫星电视接收系统的搭建; 正确的辨别、选择,并正确的安装有线及卫星电视通信的相关设备(如放大器、分配器、分支器、有线电视面板、有线电视机顶盒、卫星电视接收机等); 正确的调试有线及卫星电视通信的相关设备(如放大器增益调节、输入输出信号测量、分配器插入损耗的测试、分支器插入损耗的测试、分支器分支损耗的测试、卫星接收机的调试等); 正确使用工具,遵守安全用电的原则规范; 遵循相关国家规范和标准,遵守相关职业规范。
			信息网络系统安装与调试	正确熟练的制作各类网线,正确安装网络信息插座; 信息网络系统组网布线方式正确; 正确选择和运用相关有线或无线介质进行信息网络的网络组网与搭建; 正确的对相关计算机网络设备如企业级路由器、中心交换机、网络服务器等进行辨别、选择和进行正确的安装调试,并能对组建的网络进行相关测试; 正确的对相关计算机无线网络设备如无线 AP、无线 AP 控制器、无线网络面板等进行辨别、选择和进行正确的安装调试,并能对组建的无线网络进行相关测试; 正确使用工具,遵守安全用电的原则规范; 遵循相关国家规范和标准,遵守相关职业规范。
			楼宇自控网络组网及调试	正确制作楼宇自控网络的信息传输线; 正确认知楼宇自控网络相应总线技术标准,并根据不同的总线标准选择相应的传输介质,制作相应的通信接头; 正确的对相关楼宇自控网络设备如各类 DDC 控制器、通讯模块等进行辨别; 正确选择相应规格和数量的传输介质进行楼宇自控网络组网安装调试; 正确对组建的楼控网络进行相关通信测试; 正确使用工具,遵守安全用电的原则规范; 遵循相关国家规范和标准,遵守相关职业规范。

续表

序号	类型	模块	项目	评价要点
2	岗位核心技能	安防系统工程安装与调试	视频监控系统的安装与调试	使用CAD软件绘制设备的端子接线图及端子说明正确; 根据所绘图纸正确进行相关设备的安装与接线; 按要求将视频监控系统的各个设备元器件如:摄像机、摄像机支架、电源、云台、解码器、硬盘录像机、网络键盘、视频矩阵、监视器等正确安装在指定区域,安装美观、牢固; 正确制作监控视频线,视频线接头制作迅速正确; 按具体任务要求正确接好摄像机、摄像机支架、电源、云台、解码器、硬盘录像机、网络键盘、视频矩阵、监视器等设备相应的连接线缆,相应的线路标号和设备标识正确,正确编制标号标识对照表; 根据相关标准正确进行视频监控系统的功能调试; 正确进行图像的清晰度、通道设置、录像设置、动态检测、报警联动、图像轮巡、网络调用等功能调试和测试,并达到相应的技术指标要求; 正确使用工具,遵守安全用电的原则规范; 遵循相关国家规范和标准,遵守相关职业规范。
			防盗报警系统的安装与调试	使用CAD软件绘制设备的端子接线图及端子说明正确; 根据所绘图纸正确进行相关设备的安装与接线; 按要求将防盗报警系统的各个设备元器件如:报警主机、扩展模块、报警键盘、门磁开关、红外探测器、燃气探测器、紧急呼救按钮、声光警号等正确安装在指定区域,安装美观、牢固; 按具体任务要求接好包括报警主机、扩展模块、报警键盘、门磁开关、红外探测器、燃气探测器、紧急呼救按钮、声光警号等设备和相应的连接线缆,相应的线路标号和设备标识正确,正确编制标号标识对照表; 正确进行探测器灵敏度设置、防区设置、旁路设置、密码设置、布防撤防、报警联动等功能调试和测试,并达到相应的技术指标要求; 正确使用工具,遵守安全用电的原则规范; 遵循相关国家规范和标准,遵守相关职业规范。
			门禁系统的安装与调试	使用CAD软件正确绘制出设备的端子接线图及端子说明,并根据所绘图纸正确进行相关设备的安装与接线; 按要求将门禁系统的各个设备元器件如:室外主机、室内分机、管理中心机、门禁控制器、读卡器、开门按钮、磁力锁、电锁、发卡器等正确安装在指定区域,安装美观、牢固; 按具体任务要求接好包括室外主机、室内分机、管理中心机、门禁控制器、开门按钮、磁力锁、电锁等设备和相应的连接线缆,相应的线路标号和设备标识正确,正确编制标号标识对照表; 正确进行卡片设置、密码开门、刷卡开门、按钮开门、内外呼叫、室内开门、呼叫保安、门禁联网控制等功能调试和测试,并达到相应的技术指标要求; 正确使用工具,遵守安全用电的原则规范; 遵循相关国家规范和标准,遵守相关职业规范。

续表

序号	类型	模块	项目	评价要点
2	岗位核心技能	安防系统工程安装与调试	巡更系统的安装与调试	正确安装巡更管理软件、巡更地点按钮等,能正确使用人员卡、巡更棒等设备; 正确设置通信方式与端口类型实现巡更棒与软件的连接与数据上传下载; 正确进行巡更棒的设置和人员卡的配置等; 按具体任务要求正确进行巡更线路、巡更人员、巡更地点、巡更事件、巡更时间安排、巡更计划设定及变更等功能设置; 遵循相关国家规范和标准,遵守相关职业规范。
			停车场道闸系统的安装与调试	正确安装停车场管理平台软件,正确进行相应数据库安装与配置; 按要求将停车场管理系统的各个设备元器件如:车牌识别摄像机、出入口控制机、道闸、车辆检测器、车辆感应线圈、发卡器等安装在指定区域,安装美观、牢固; 正确进行车牌识别区域调整、人员授权设置、车牌授权设置、卡片授权设置、出入口语音播报、出入口文字显示、收费设置、机闸升降等功能调试和测试,并达到相应的技术指标要求; 正确使用工具,遵守安全用电的原则规范; 遵循相关国家规范和标准,遵守相关职业规范。
		消防报警及联动系统工程安装与调试	火灾自动报警系统安装与调试	使用CAD软件正确绘制出设备的端子接线图及端子说明,相关设备的安装与接线正确,且符合图纸要求; 按要求将消防报警系统的各个元器件包括:消防报警主机,短路隔离器,点型感温火灾探测器,点型光电感烟火灾探测器,火灾声光报警器,手动火灾报警按钮,输入输出模块和消火栓按钮等正确安装在指定区域,安装美观、牢固; 按具体任务要求正确接好包括消防报警主机,短路隔离器,点型感温火灾探测器,点型光电感烟火灾探测器,火灾声光报警器,手动火灾报警按钮,输入输出模块和消火栓按钮等设备和相应的连接线缆,相应的线路标号和设备标识正确,正确编制标号标识对照表; 正确进行探测器测试、总线设备编码、输入输出模块联动测试、主机联动编程、报警声光联动等功能调试和测试,使其达到相应的技术指标要求; 正确使用工具,遵守安全用电的原则规范; 遵循相关国家规范和标准,遵守相关职业规范。
			消防通讯广播系统安装与调试	按要求将消防通讯广播系统的各个设备元器件包括:消防报警主机、消防电话主机、消防电话分机、消防广播主机、广播功率放大器、广播模块、广播扬声器和广播分配盘等正确安装在指定区域,安装美观、牢固; 按具体任务要求正确接好包括消防报警主机、消防电话主机、消防电话分机、消防广播主机、广播功率放大器、广播模块、广播扬声器和广播分配盘等设备和相应的连接线缆,相应的线路标号和设备标识正确,正确编制标号标识对照表; 正确进行消防电话及广播模块设置、消防电话联动、消防广播联动、消防广播分区、消防广播切换等功能调试和测试,并达到相应的技术指标要求; 正确使用工具,遵守安全用电的原则规范; 遵循相关国家规范和标准,遵守相关职业规范。

续表

序号	类型	模块	项目	评价要点
2	岗位核心技能	消防报警及联动系统工程安装与调试	消防联动与控制系统安装与调试	使用CAD软件正确绘制出设备的端子接线图及端子说明,相关设备的安装与接线正确,且符合图纸要求; 按要求将消防联动控制系统的各个元器件包括:消防联动控制主机、输入输出模块、水泵、排烟机、防火卷帘门、声光讯响器、消防应急灯和应急疏散指示牌等正确安装在指定区域,安装美观、牢固; 按具体任务要求正确接好包括消防联动控制主机、输入输出模块、水泵、排烟机、防火卷帘门、声光讯响器、消防应急灯和应急疏散指示牌等设备和相应的控制电路及连接线缆,相应的线路标号和设备标识正确,正确编制标号识别对照表; 正确进行输入输出联动控制、消防主机联动编程、应急设备联动、声光讯响器、水泵、排烟机、防火卷帘门联动等功能调试和测试,并达到相应的技术指标要求; 正确使用工具,遵守安全用电的原则规范; 遵循相关国家规范和标准,遵守相关职业规范。
		楼宇自动化系统工程安装与调试	DDC楼宇灯控系统安装与调试	使用CAD软件正确绘制出设备的端子接线图及端子说明,相关设备的安装与接线正确,且符合图纸要求; 按要求正确安装上位机组态软件、光照传感器、DDC相应模块设备,照明线路、DDC通信线路和控制线路等,并能够按具体任务正确完成相应的线路标号和设备标识; 常用传感器、执行器的安装与接线正确,传感器、执行器与DDC控制器的接线正确; 使用DDC控制器对照明系统进行正确的组网与控制编程; 结合DDC利用组态软件正确配置开发组态画面,完成照明系统的上位机控制、照明系统的DDC定时控制等功能,并满足相应的技术指标; 正确使用工具,遵守安全用电的原则规范; 遵循相关国家规范和标准,遵守相关职业规范。
			中央空调和给排水DDC监测系统	使用CAD软件正确绘制出设备的端子接线图及端子说明,正确绘制原理图,相关设备的安装与接线正确,且符合图纸要求; 正确安装各类传感器、DDC相应模块设备,DDC数据通信线路等,并能够按具体任务正确完成相应的线路标号和设备标识; 各类传感器和相应的DDC模块前端模拟量和数字量信息的采集和处理正确; 使用DDC控制器对中央空调系统进行正确的PID恒温控制编程,并满足相应的技术指标要求; 使用DDC控制器对给排水系统进行正确的PID压力控制编程等,并满足相应的技术指标要求; 正确使用工具,遵守安全用电的原则规范; 遵循相关国家规范和标准,遵守相关职业规范。
			智能家居系统安装与调试	按要求将智能家居系统的各个设备元器件包括智能家居主机、智能家居照明控制模块、智能家居家电控制模块、智能窗帘模块、智能插座等正确安装在指定区域,安装美观、牢固; 按具体任务要求正确接好包括智能家居主机、智能家居照明控制模块、智能家居家电控制模块、智能窗帘模块、智能插座等设备和相应的连接线缆,相应的线路标号和设备标识正确; 正确进行智能主机编程、智能照明控制、智能插座控制、智能家电控制、智能窗帘控制等功能调试和测试,并达到相应的技术指标要求; 正确使用工具,遵守安全用电的原则规范; 遵循相关国家规范和标准,遵守相关职业规范。

续表

序号	类型	模块	项目	评价要点
2	岗位核心技能	楼宇自动化系统工程安装与调试	智能广播与会议系统安装与调试	使用CAD软件正确绘制出设备的端子接线图及端子说明,正确绘制原理图,相关设备的安装与接线正确,且符合图纸要求; 正确辨别、选择和安装相应广播会议系统设备元器件,包括智能中央控制主机、前置放大器、纯后级功放、受控DVD播放器、远程分控寻呼台、电源管理器、受控调谐器、监听器、音箱、数字会议主机、调音台、主席单元、代表单元等; 正确进行主机编程、电源有序管理、音箱功放测试、DVD设置、远程分控、广播监听、多路调音、话筒测试等功能调试和测试,并达到相应的技术指标要求; 正确使用工具,遵守安全用电的原则规范; 遵循相关国家规范和标准,遵守相关职业规范。
		施工组织与管理	工程施工组织与管理	按现场情况,正确进行施工场地平面布置; 正确配置劳动力、材料、机械设备等生产资源; 正确进行工程施工的准备工作,包括供水供电设计、场容管理、噪声管理等; 根据具体工程的情况,正确编制施工调查报告开工报告; 正确分辨并进行施工方案的选择与确定; 根据工程具体情况,正确进行施工进度的安排和调整; 根据现场情况,正确编制施工质量、进度、安全技术组织措施; 在施工现场,正确做好施工质量控制、进度控制、成本及安全文明管理;正确判别施工现场出现的事故,并做好应急处理; 遵循相关国家规范、标准和法律法规,遵守相关职业规范。
		智能化系统综合设计与装调	智能化系统综合设计	对指定的工程目标正确进行综合布线系统设计,正确完成相应的材料设备清单及系统图纸等,设计要求相应内容完整、整体构架合理、符合标准要求; 对指定的目标正确进行安防系统设计,正确完成相应的材料设备清单及系统图纸等,设计要求相应内容完整、整体构架合理、符合标准要求; 遵循相关国家规范和标准,遵守相关职业规范。
			智能化系统综合装调	独立正确完成门禁与室内安防报警系统的综合装调; 独立正确完成视频监控与周界防范报警系统的综合装调; 独立正确完成消防报警与联动系统的综合装调; 独立正确完成电话、网络系统的综合布线装调; 正确使用工具,遵守安全用电的原则规范; 遵循相关国家规范和标准,遵守相关职业规范。
3	跨岗位综合技能	建筑强弱电安装工程预算	安装工程量计算	正确识读建筑电气工程、智能化工程施工图,按照图示尺寸正确测算各设备及主要材料的工程量; 正确使用办公软件创建"分部分项工程量清单"表格,表格布局合理、排版美观; 正确进行工程量计算,并提供管、线工程量计算过程资料; 遵循相关国家规范和标准,遵守相关职业规范。

续表

序号	类型	模块	项目	评价要点
3	跨岗位综合技能	建筑强弱电安装工程预算	安装工程量清单计价	正确识读工程量清单,工程量清单所对应的设备及主要材料价格查询方式正确; 正确套用《建设工程工程量清单计价规范》,正确编制对应的项目工程量清单计价; 正确使用办公软件创建"分部分项工程量清单计价表"表格,表格布局合理、排版美观; 遵循相关国家规范和标准,遵守相关职业规范。
			安装工程预算编制	正确识读工程量清单,正确查询工程量清单所对应的设备及主要材料价格; 正确分辨工程量清单的自然单位与定额单位的区别; 正确测算主要材料的消耗率; 正确套用《全国统一安装工程预算定额》,编制对应的安装工程预(结)算表; 正确创建"安装工程预(结)算表"表格,表格布局合理、排版美观; 遵循相关国家规范和标准,遵守相关职业规范。
		招投标与合同管理	工程招投标与合同管理	根据工程施工招标的条件、程序及相关规定,正确选择工程招标的方式; 正确发布招标信息,正确编制招标文件,根据招标有关的主要法律法规正确进行资格审查; 根据收集的招投标信息,正确策划相应投标竞争方案; 正确组织编制投标施工组织设计,进行投标报价; 根据合同法的基本原则及合同文本的具体内容,正确编制简单合同,进行合同谈判,在合同实施的过程中对合同进行正确管理; 正确理解合同文本的具体内容,并根据实际情况情况进行索赔; 遵循相关国家规范、标准和法律法规,遵守相关职业规范。

五、考核方式

本专业技能考核为现场操作考核,成绩评定采用过程考核与结果考核相结合。具体方式如下:

①学校参考模块选取:采用"2+5+1"模块选考方式,专业基本技能的 2 个模块和专业核心技能模块的 5 个模块都为必考模块,此外,学校根据专业特色在跨岗位综合技能选 1 个模块。

②学生参考模块确定:参考学生按规定比例随机抽取考试模块,其中,90%考生参考专业基本技能模块加岗位核心技能模块,10%考生参考跨岗位综合技能模块。各模块考生人数按四舍五入计算,剩余的尾数考生随机在模块中抽取应试模块。

③试题抽取方式:参考专业基本技能模块和岗位核心技能模块的学生在相应模块题库中各随机抽取 1 道试题抽出共 2 道试题进行考核,参考跨岗位综合技能模块的学生在所选模块题库中随机抽取 1 道试题考核。

六、附录

（一）相关法律法规

《中华人民共和国合同法》，全国人民代表大会 1999 年 3 月 15 日颁布

《中华人民共和国招标投标法》，全国人民代表大会常务委员会 1999 年 8 月 30 日颁布

《中华人民共和国产品质量法》，全国人民代表大会 2000 年 7 月 8 日颁布

《安全技术防范产品管理办法》国家质量技术监督局公安部 2000 年 9 月 1 日起联合颁布实施

（二）相关规范与标准

《民用建筑电气设计规范》JGJ16—2014

《低压配电设计规范》GB50054—2011

《民用闭路监视电视系统工程技术规范》GB50198—2011

《安全防范工程技术规范》GB50348—2004

《智能建筑设计标准》GBT50314—2015

《综合布线系统工程设计规范》GB/T50311—2007

《综合布线系统工程验收规范》GB/T50312—2007

《建筑照明设计标准》GB50034—2013

《智能建筑工程质量验收规范》GB50339—2013

《火灾自动报警设计规范》GB50116—2013

《建筑设计防火规范》GB50016—2014

《中华人民共和国公共安全行业标准》GA/T744—2013

《建筑电气工程施工质量验收规范》GB50303—2011

《建筑物电子信息系统防雷技术规范》GB50343—2012

《视频安防监控系统工程设计规范》GB50395—2007

《消防联动控制系统》GB16806—2006

《通信管道与通道工程设计规范》GB50373—2006

第二部分　建筑智能化工程技术专业技能考核题库

一、专业基本技能

模块一　CAD 绘图

项目一　电气配电图纸绘制

试题 J1-1-1：某小区电气工程图纸目录的绘制

（一）任务描述

某工程部分电气工程电子版 CAD 图纸遗失了，现要求按存档的纸质版图纸重新绘制，下图为相应图纸目录，请按以下要求进行绘制：

图 纸 目 录			图 别	电施图
			图 号	
			日 期	
建 设 单 位	长沙XX房地产实业有限公司		共 页	第 页
工 程 名 称	XX小区 八号、二十六号栋			

序号	图别图号	图 纸 内 容	图幅	备 注
1	电施—01	电气图纸总目录 电气设计说明 主要设备材料表	A1	
2	电施—02	弱电系统图 配电系统图	A1	
3	电施—03	基础接地平面图 屋顶层防雷平面图	A1	
4	电施—04	底层弱电平面图 底层弱电平面图	A1	
5	电施—05	一层电气平面图 二～五层电气平面图	A1	
6	电施—06	六层电气平面图 阁楼层电气平面图	A1	

使用标准图集号	1.《民用建筑防雷与接地装置》(98ZD501); 2.《利用建筑物金属体做防雷及接地装置安装》(03D501-3); 3.《等电位联接安装》(02D501-2); 4.《35KV及以下电缆敷设》(94D101-5); 5.《电缆桥架安装》(04D701-3)。

注册建筑师	注册结构工程师	填表人

（二）绘图要求

①图幅绘制要求：建立新图形文件，按照国标绘制有装订边的 A3（竖放）图框，表格绘制在图框内，布置合理。

②图层设置要求：新建粗实线、细实线和文字三个图层，自行设定三种不同的颜色，线型统一为"continuous"，粗实线线宽为 0.7mm，细实线线宽为 0.25mm。

③表格绘制要求：表格行列正确，表格边框为粗实线，按照国家标准选择合适的文字样式。

④保存：将图形文件以"姓名 . dwg"为文件名保存在 D 盘考生文件夹中。

（三）考点准备

考核场地：工位 20 个，每个工位配置安装了 AutoCAD 软件的电脑一台。

（四）考核时量

考试时间：90 分钟

（五）评分标准

序　号	考核内容	考核要点	配　分
1	图幅部分	绘制有装订边的 A3（竖放）图框，内外图框尺寸错误一处扣 5 分（10 分）。	10 分
2	图层部分	设置粗实线、细实线和文字三个图层，每个图层的名称、颜色、线型和线宽设置错误一处扣 2 分，扣完为止（20 分）。	20 分
3	图形部分	(1)表格行列绘制正确，少 1 行扣 1 分，少 1 列扣 1 分，扣完为止（12 分）； (2)文字标注准确，标错一个单元格扣 2 分，扣完为止（30 分）； (3)表格边框为粗实线，放错图层扣 3 分（3 分）； (4)将所绘制的图形以"姓名 . dwg"为文件名保存在 D 盘考生文件夹中，未按要求保存，不得分。（5 分）。	50 分
4	职业素养	(1)不依据相关 CAD 绘图规范和标准，不注重绘图的规范性，相应内容不完整、布局不合理、不符合标准要求（酌情扣 10 分以内）； (2)考试迟到、考核过程中做与考试无关的事、不服从考场安排等情况（酌情扣 10 分以内）；考核过程舞弊的，取消考试资格（成绩计 0 分）； (3)作业完成后未清理、清扫工作现场（扣 5 分）； (4)损坏电脑（扣 20 分）。	20 分

试题 J1-1-2：某地下车库电气工程图纸目录的绘制

（一）任务描述

某工程部分电气工程电子版 CAD 图纸遗失了，现要求按存档的纸质版图纸重新绘制，下图为相应图纸目录，请按以下要求进行绘制：

（二）绘图要求

①图幅绘制要求：建立新图形文件，按照国标绘制有装订边的 A3（竖放）图框，表格绘制在图框内，布置合理。

②图层设置要求：新建粗实线、细实线和文字三个图层，自行设定三种不同的颜色，线型统一为"continuous"，粗实线线宽为 0.7mm，细实线线宽为 0.25mm。

③表格绘制要求：表格行列正确，表格边框为粗实线，按照国家标准选择合适的文字样式。

④保存：将图形文件以"姓名 . dwg"为文件名保存在 D 盘考生文件夹中。

续表

序号	类型	模块	项目	评价要点
2	岗位核心技能	安防系统工程安装与调试	视频监控系统的安装与调试	使用 CAD 软件绘制设备的端子接线图及端子说明正确； 根据所绘图纸正确进行相关设备的安装与接线； 按要求将视频监控系统的各个设备元器件如：摄像机、摄像机支架、电源、云台、解码器、硬盘录像机、网络键盘、视频矩阵、监视器等正确安装在指定区域，安装美观、牢固； 正确制作监控视频线，视频线接头制作迅速正确； 按具体任务要求正确接好摄像机、摄像机支架、电源、云台、解码器、硬盘录像机、网络键盘、视频矩阵、监视器等设备相应的连接线缆，相应的线路标号和设备标识正确，正确编制标号标识对照表； 根据相关标准正确进行视频监控系统的功能调试； 正确进行图像的清晰度、通道设置、录像设置、动态检测、报警联动、图像轮巡、网络调用等功能调试和测试，并达到相应的技术指标要求； 正确使用工具，遵守安全用电的原则规范； 遵循相关国家规范和标准，遵守相关职业规范。
			防盗报警系统的安装与调试	使用 CAD 软件绘制设备的端子接线图及端子说明正确； 根据所绘图纸正确进行相关设备的安装与接线； 按要求将防盗报警系统的各个设备元器件如：报警主机、扩展模块、报警键盘、门磁开关、红外探测器、燃气探测器、紧急呼救按钮、声光警号等正确安装在指定区域，安装美观、牢固； 按具体任务要求接好包括报警主机、扩展模块、报警键盘、门磁开关、红外探测器、燃气探测器、紧急呼救按钮、声光警号等设备和相应的连接线缆，相应的线路标号和设备标识正确，正确编制标号标识对照表； 正确进行探测器灵敏度设置、防区设置、旁路设置、密码设置、布防撤防、报警联动等功能调试和测试，并达到相应的技术指标要求； 正确使用工具，遵守安全用电的原则规范； 遵循相关国家规范和标准，遵守相关职业规范。
			门禁系统的安装与调试	使用 CAD 软件正确绘制出设备的端子接线图及端子说明，并根据所绘图纸正确进行相关设备的安装与接线； 按要求将门禁系统的各个设备元器件如：室外主机、室内分机、管理中心机、门禁控制器、读卡器、开门按钮、磁力锁、电锁、发卡器等正确安装在指定区域，安装美观、牢固； 按具体任务要求接好包括室外主机、室内分机、管理中心机、门禁控制器、开门按钮、磁力锁、电锁等设备和相应的连接线缆，相应的线路标号和设备标识正确，正确编制标号标识对照表； 正确进行卡片设置、密码开门、刷卡开门、按钮开门、内外呼叫、室内开门、呼叫保安、门禁联网控制等功能调试和测试，并达到相应的技术指标要求； 正确使用工具，遵守安全用电的原则规范； 遵循相关国家规范和标准，遵守相关职业规范。

续表

序号	类型	模块	项目	评价要点
2	岗位核心技能	安防系统工程安装与调试	巡更系统的安装与调试	正确安装巡更管理软件、巡更地点按钮等,能正确使用人员卡、巡更棒等设备; 正确设置通信方式与端口类型实现巡更棒与软件的连接与数据上传下载; 正确进行巡更棒的设置和人员卡的配置等; 按具体任务要求正确进行巡更线路、巡更人员、巡更地点、巡更事件、巡更时间安排、巡更计划设定及变更等功能设置; 遵循相关国家规范和标准,遵守相关职业规范。
			停车场道闸系统的安装与调试	正确安装停车场管理平台软件,正确进行相应数据库安装与配置; 按要求将停车场管理系统的各个设备元器件如:车牌识别摄像机、出入口控制机、道闸、车辆检测器、车辆感应线圈、发卡器等安装在指定区域,安装美观、牢固; 正确进行车牌识别区域调整、人员授权设置、车牌授权设置、卡片授权设置、出入口语音播报、出入口文字显示、收费设置、机闸升降等功能调试和测试,并达到相应的技术指标要求; 正确使用工具,遵守安全用电的原则规范; 遵循相关国家规范和标准,遵守相关职业规范。
		消防报警及联动系统工程安装与调试	火灾自动报警系统安装与调试	使用CAD软件正确绘制出设备的端子接线图及端子说明,相关设备的安装与接线正确,且符合图纸要求; 按要求将消防报警系统的各个元器件包括:消防报警主机,短路隔离器,点型感温火灾探测器,点型光电感烟火灾探测器,火灾声光报警器,手动火灾报警按钮,输入输出模块和消火栓按钮等正确安装在指定区域,安装美观、牢固; 按具体任务要求正确接好包括消防报警主机,短路隔离器,点型感温火灾探测器,点型光电感烟火灾探测器,火灾声光报警按钮,输入输出模块和消火栓按钮等设备和相应的连接线缆,相应的线路标号和设备标识正确,正确编制标号标识对照表; 正确进行探测器测试、总线设备编码、输入输出模块联动测试、主机联动编程、报警声光联动等功能调试和测试,使其达到相应的技术指标要求; 正确使用工具,遵守安全用电的原则规范; 遵循相关国家规范和标准,遵守相关职业规范。
			消防通讯广播系统安装与调试	按要求将消防通讯广播系统的各个设备元器件包括:消防报警主机、消防电话主机、消防电话分机、消防广播主机、广播功率放大器、广播模块、广播扬声器和广播分配盘等正确安装在指定区域,安装美观、牢固; 按具体任务要求正确接好包括消防报警主机、消防电话主机、消防电话分机、消防广播主机、广播功率放大器、广播模块、广播扬声器和广播分配盘等设备和相应的连接线缆,相应的线路标号和设备标识正确,正确编制标号标识对照表; 正确进行消防电话及广播模块设置、消防电话联动、消防广播联动、消防广播分区、消防广播切换等功能调试和测试,并达到相应的技术指标要求; 正确使用工具,遵守安全用电的原则规范; 遵循相关国家规范和标准,遵守相关职业规范。

续表

序号	类型	模块	项目	评价要点
2	岗位核心技能	消防报警及联动系统工程安装与调试	消防联动与控制系统安装与调试	使用 CAD 软件正确绘制出设备的端子接线图及端子说明,相关设备的安装与接线正确,且符合图纸要求; 按要求将消防联动控制系统的各个元器件包括:消防联动控制主机、输入输出模块、水泵、排烟机、防火卷帘门、声光讯响器、消防应急灯和应急疏散指示牌等正确安装在指定区域,安装美观、牢固; 按具体任务要求正确接好包括消防联动控制主机、输入输出模块、水泵、排烟机、防火卷帘门、声光讯响器、消防应急灯和应急疏散指示牌等设备和相应的控制电路及连接线缆,相应的线路标号和设备标识正确,正确编制标号标识对照表; 正确进行输入输出联动控制、消防主机联动编程、应急设备联动、声光讯响器、水泵、排烟机、防火卷帘门联动等功能调试和测试,并达到相应的技术指标要求; 正确使用工具,遵守安全用电的原则规范; 遵循相关国家规范和标准,遵守相关职业规范。
		楼宇自动化系统工程安装与调试	DDC楼宇灯控系统安装与调试	使用 CAD 软件正确绘制出设备的端子接线图及端子说明,相关设备的安装与接线正确,且符合图纸要求; 按要求正确安装上位机组态软件、光照传感器、DDC 相应模块设备,照明线路、DDC 通信线路和控制线路等,并能够按具体任务正确完成相应的线路标号和设备标识; 常用传感器、执行器的安装与接线正确,传感器、执行器与 DDC 控制器的接线正确; 使用 DDC 控制器对照明系统进行正确的组网与控制编程; 结合 DDC 利用组态软件正确配置开发组态画面,完成照明系统的上位机控制、照明系统的 DDC 定时控制等功能,并满足相应的技术指标; 正确使用工具,遵守安全用电的原则规范; 遵循相关国家规范和标准,遵守相关职业规范。
			中央空调和给排水DDC监测系统	使用 CAD 软件正确绘制出设备的端子接线图及端子说明,正确绘制原理图,相关设备的安装与接线正确,且符合图纸要求; 正确安装各类传感器、DDC 相应模块设备,DDC 数据通信线路等,并能够按具体任务正确完成相应的线路标号和设备标识; 各类传感器和相应的 DDC 模块前端模拟量和数字量信息的采集和处理正确; 使用 DDC 控制器对中央空调系统进行正确的 PID 恒温控制编程,并满足相应的技术指标要求; 使用 DDC 控制器对给排水系统进行正确的 PID 压力控制编程等,并满足相应的技术指标要求; 正确使用工具,遵守安全用电的原则规范; 遵循相关国家规范和标准,遵守相关职业规范。
			智能家居系统安装与调试	按要求将智能家居系统的各个设备元器件包括智能家居主机、智能家居照明控制模块、智能家居家电控制模块、智能窗帘模块、智能插座等正确安装在指定区域,安装美观、牢固; 按具体任务要求正确接好包括智能家居主机、智能家居照明控制模块、智能家居家电控制模块、智能窗帘模块、智能插座等设备和相应的连接线缆,相应的线路标号和设备标识正确; 正确进行智能主机编程、智能照明控制、智能插座控制、智能家电控制、智能窗帘控制等功能调试和测试,并达到相应的技术指标要求; 正确使用工具,遵守安全用电的原则规范; 遵循相关国家规范和标准,遵守相关职业规范。

续表

序号	类型	模块	项目	评价要点
2	岗位核心技能	楼宇自动化系统工程安装与调试	智能广播与会议系统安装与调试	使用CAD软件正确绘制出设备的端子接线图及端子说明,正确绘制原理图,相关设备的安装与接线正确,且符合图纸要求; 正确辨别、选择和安装相应广播会议系统设备元器件,包括智能中央控制主机、前置放大器、纯后级功放、受控DVD播放器、远程分控寻呼台、电源管理器、受控调谐器、监听器、音箱、数字会议主机、调音台、主席单元、代表单元等; 正确进行主机编程、电源有序管理、音箱功放测试、DVD设置、远程分控、广播监听、多路调音、话筒测试等功能调试和测试,并达到相应的技术指标要求; 正确使用工具,遵守安全用电的原则规范; 遵循相关国家规范和标准,遵守相关职业规范。
		施工组织与管理	工程施工组织与管理	按现场情况,正确进行施工场地平面布置; 正确配置劳动力、材料、机械设备等生产资源; 正确进行工程施工的准备工作,包括供水供电设计、场容管理、噪声管理等; 根据具体工程的情况,正确编制施工调查报告开工报告; 正确分辨并进行施工方案的选择与确定; 根据工程具体情况,正确进行施工进度的安排和调整; 根据现场情况,正确编制施工质量、进度、安全技术组织措施; 在施工现场,正确做好施工质量控制、进度控制、成本及安全文明管理;正确判别施工现场出现的事故,并做好应急处理; 遵循相关国家规范、标准和法律法规,遵守相关职业规范。
		智能化系统综合设计与装调	智能化系统综合设计	对指定的工程目标正确进行综合布线系统设计,正确完成相应的材料设备清单及系统图纸等,设计要求相应内容完整、整体构架合理、符合标准要求; 对指定的目标正确进行安防系统设计,正确完成相应的材料设备清单及系统图纸等,设计要求相应内容完整、整体构架合理、符合标准要求; 遵循相关国家规范和标准,遵守相关职业规范。
			智能化系统综合装调	独立正确完成门禁与室内安防报警系统的综合装调; 独立正确完成视频监控与周界防范报警系统的综合装调; 独立正确完成消防报警与联动系统的综合装调; 独立正确完成电话、网络系统的综合布线装调; 正确使用工具,遵守安全用电的原则规范; 遵循相关国家规范和标准,遵守相关职业规范。
3	跨岗位综合技能	建筑强弱电安装工程预算	安装工程量计算	正确识读建筑电气工程、智能化工程施工图,按照图示尺寸正确测算各设备及主要材料的工程量; 正确使用办公软件创建"分部分项工程量清单"表格,表格布局合理、排版美观; 正确进行工程量计算,并提供管、线工程量计算过程资料; 遵循相关国家规范和标准,遵守相关职业规范。

续表

序号	类型	模块	项目	评价要点
3	跨岗位综合技能	建筑强弱电安装工程预算	安装工程量清单计价	正确识读工程量清单,工程量清单所对应的设备及主要材料价格查询方式正确; 正确套用《建设工程工程量清单计价规范》,正确编制对应的项目工程量清单计价; 正确使用办公软件创建"分部分项工程量清单计价表"表格,表格布局合理、排版美观; 遵循相关国家规范和标准,遵守相关职业规范。
			安装工程预算编制	正确识读工程量清单,正确查询工程量清单所对应的设备及主要材料价格; 正确分辨工程量清单的自然单位与定额单位的区别; 正确测算主要材料的消耗率; 正确套用《全国统一安装工程预算定额》,编制对应的安装工程预(结)算表; 正确创建"安装工程预(结)算表"表格,表格布局合理、排版美观; 遵循相关国家规范和标准,遵守相关职业规范。
		招投标与合同管理	工程招投标与合同管理	根据工程施工招标的条件、程序及相关规定,正确选择工程招标的方式; 正确发布招标信息,正确编制招标文件,根据招标有关的主要法律法规正确进行资格审查; 根据收集的招投标信息,正确策划相应投标竞争方案; 正确组织编制投标施工组织设计,进行投标报价; 根据合同法的基本原则及合同文本的具体内容,正确编制简单合同,进行合同谈判,在合同实施的过程中对合同进行正确管理; 正确理解合同文本的具体内容,并根据实际情况况进行索赔; 遵循相关国家规范、标准和法律法规,遵守相关职业规范。

五、考核方式

本专业技能考核为现场操作考核,成绩评定采用过程考核与结果考核相结合。具体方式如下:

①学校参考模块选取:采用"2＋5＋1"模块选考方式,专业基本技能的 2 个模块和专业核心技能模块的 5 个模块都为必考模块,此外,学校根据专业特色在跨岗位综合技能选 1 个模块。

②学生参考模块确定:参考学生按规定比例随机抽取考试模块,其中,90％考生参考专业基本技能模块加岗位核心技能模块,10％考生参考跨岗位综合技能模块。各模块考生人数按四舍五入计算,剩余的尾数考生随机在模块中抽取应试模块。

③试题抽取方式:参考专业基本技能模块和岗位核心技能模块的学生在相应模块题库中各随机抽取 1 道试题抽出共 2 道试题进行考核,参考跨岗位综合技能模块的学生在所选模块题库中随机抽取 1 道试题考核。

六、附录

（一）相关法律法规

《中华人民共和国合同法》，全国人民代表大会 1999 年 3 月 15 日颁布

《中华人民共和国招标投标法》，全国人民代表大会常务委员会 1999 年 8 月 30 日颁布

《中华人民共和国产品质量法》，全国人民代表大会 2000 年 7 月 8 日颁布

《安全技术防范产品管理办法》国家质量技术监督局公安部 2000 年 9 月 1 日起联合颁布实施

（二）相关规范与标准

《民用建筑电气设计规范》JGJ16—2014

《低压配电设计规范》GB50054—2011

《民用闭路监视电视系统工程技术规范》GB50198—2011

《安全防范工程技术规范》GB50348—2004

《智能建筑设计标准》GBT50314—2015

《综合布线系统工程设计规范》GB/T50311—2007

《综合布线系统工程验收规范》GB/T50312—2007

《建筑照明设计标准》GB50034—2013

《智能建筑工程质量验收规范》GB50339—2013

《火灾自动报警设计规范》GB50116—2013

《建筑设计防火规范》GB50016—2014

《中华人民共和国公共安全行业标准》GA/T744—2013

《建筑电气工程施工质量验收规范》GB50303—2011

《建筑物电子信息系统防雷技术规范》GB50343—2012

《视频安防监控系统工程设计规范》GB50395—2007

《消防联动控制系统》GB16806—2006

《通信管道与通道工程设计规范》GB50373—2006

第二部分 建筑智能化工程技术专业技能考核题库

一、专业基本技能

模块一 CAD 绘图

项目一 电气配电图纸绘制

试题 J1-1-1:某小区电气工程图纸目录的绘制

(一)任务描述

某工程部分电气工程电子版 CAD 图纸遗失了,现要求按存档的纸质版图纸重新绘制,下图为相应图纸目录,请按以下要求进行绘制:

（二）绘图要求

①图幅绘制要求：建立新图形文件，按照国标绘制有装订边的 A3（竖放）图框，表格绘制在图框内，布置合理。

②图层设置要求：新建粗实线、细实线和文字三个图层，自行设定三种不同的颜色，线型统一为"continuous"，粗实线线宽为 0.7mm，细实线线宽为 0.25mm。

③表格绘制要求：表格行列正确，表格边框为粗实线，按照国家标准选择合适的文字样式。

④保存：将图形文件以"姓名.dwg"为文件名保存在 D 盘考生文件夹中。

（三）考点准备

考核场地：工位 20 个，每个工位配置安装了 AutoCAD 软件的电脑一台。

（四）考核时量

考试时间：90 分钟

（五）评分标准

序　号	考核内容	考核要点	配　分
1	图幅部分	绘制有装订边的 A3（竖放）图框，内外图框尺寸错误一处扣 5 分（10 分）	10 分
2	图层部分	设置粗实线、细实线和文字三个图层，每个图层的名称、颜色、线型和线宽设置错误一处扣 2 分，扣完为止（20 分）。	20 分
3	图形部分	（1）表格行列绘制正确，少 1 行扣 1 分，少 1 列扣 1 分，扣完为止（12 分）； （2）文字标注准确，标错一个单元格扣 2 分，扣完为止（30 分）； （3）表格边框为粗实线，放错图层扣 3 分（3 分）； （4）将所绘制的图形以"姓名.dwg"为文件名保存在 D 盘考生文件夹中，未按要求保存，不得分。（5 分）。	50 分
4	职业素养	（1）不依据相关 CAD 绘图规范和标准，不注重绘图的规范性，相应内容不完整、布局不合理、不符合标准要求（酌情扣 10 分以内）； （2）考试迟到、考核过程中做与考试无关的事、不服从考场安排等情况（酌情扣 10 分以内）；考核过程舞弊的，取消考试资格（成绩计 0 分）； （3）作业完成后未清理、清扫工作现场（扣 5 分）； （4）损坏电脑（扣 20 分）。	20 分

试题 J1-1-2：某地下车库电气工程图纸目录的绘制

（一）任务描述

某工程部分电气工程电子版 CAD 图纸遗失了，现要求按存档的纸质版图纸重新绘制，下图为相应图纸目录，请按以下要求进行绘制：

（二）绘图要求

①图幅绘制要求：建立新图形文件，按照国标绘制有装订边的 A3（竖放）图框，表格绘制在图框内，布置合理。

②图层设置要求：新建粗实线、细实线和文字三个图层，自行设定三种不同的颜色，线型统一为"continuous"，粗实线线宽为 0.7mm，细实线线宽为 0.25mm。

③表格绘制要求：表格行列正确，表格边框为粗实线，按照国家标准选择合适的文字样式。

④保存：将图形文件以"姓名.dwg"为文件名保存在 D 盘考生文件夹中。

**设计院

| 建设单位 | **地下车库 | | | 工程代号 | |
| 工程名称 | 湖南筑诺置业投资发展有限公司 | | 日 期 | 电施图 | B 版 |

图 纸 目 录

序号	图别图号	图 纸 内 容	图幅	备注
1	电施—01	电气说明及图纸 电气安装图说明 主要设备材料表	A1	
2	电施—02	配电系统图	A1	
3	电施—03	消防系统图 火灾自动报警及联动控制系统图	A1	
4	电施—04	电气立干线及电缆敷设布置平面图	A1	
5	电施—05	地下一层动力平面图	A1	
6	电施—06	地下一层照明平面图	A1	
7	电施—07	地下一层报警总线平面图	A1	
8	电施—08	地下一层弱电平面图	A1	

| 使用标准图集号 | 1.《建筑物防雷设施安装及接地装置安装》(03D501-3);
2.《电缆敷设安装》(02D501-2);
3.《35KV以下架空电缆》(94D101-5);
4.《电缆桥架安装》(88SD169);
5.《民用建筑电气装置》(04FD01);
6.《民用建筑电气装置安装》(04FD02)。 |
| 注册建筑师 | 注册结构工程师 | 审核 | 填表人 |

(三)考点准备

考核场地:工位 20 个,每个工位配置安装了 AutoCAD 软件的电脑一台。

(四)考核时量

考试时间:90 分钟

(五)评分标准

序号	考核内容	考核要点	配分
1	图幅部分	绘制有装订边的 A3(竖放)图框,内外图框尺寸错误一处扣 5 分(10 分)。	10 分
2	图层部分	设置粗实线、细实线和文字三个图层,每个图层的名称、颜色、线型和线宽设置错误一处扣 2 分,扣完为止(20 分)。	20 分
3	图形部分	(1)表格行列绘制正确,少 1 行扣 1 分,少 1 列扣 1 分,扣完为止(12 分); (2)文字标注准确,标错一个单元格扣 2 分,扣完为止(30 分); (3)表格边框为粗实线,放错图层扣 3 分(3 分); (4)将所绘制的图形以"姓名.dwg"为文件名保存在 D 盘考生文件夹中,未按要求保存,不得分。(5 分)	50 分
4	职业素养	(1)不依据相关 CAD 绘图规范和标准,不注重绘图的规范性,相应内容不完整、布局不合理、不符合标准要求(酌情扣 10 分以内); (2)考试迟到、考核过程中做与考试无关的事、不服从考场安排等情况(酌情扣 10 分以内);考核过程舞弊的,取消考试资格(成绩计 0 分); (3)作业完成后未清理、清扫工作现场(扣 5 分); (4)损坏电脑(扣 20 分)。	20 分

试题 J1-1-3:某小区电气工程设备材料表的绘制

(一)任务描述

某工程部分电气工程电子版 CAD 图纸遗失了,现要求按存档的纸质版图纸重新绘制,下图为相应设备材料表,请按以下要求进行绘制:

主要设备材料表

图例	名 称 及 规 格	型 号 及 规 格	单位	数量	备 注
	配电箱、屏				
	照明配电箱	详见系统图及平面图	台	略	
	弱电户用汇接箱	详见系统图或平面图说明	台	略	土建施工时在此处预留 1个300*400*120mm礼洞
	弱电总箱/单元箱	详见系统图或平面图说明	台	略	土建施工时在此处预留 2个300*400*120mm礼洞
	照明灯具				
	普通灯头+灯泡	1*25W/220V	套	略	
	玻璃单吸顶环形荧光灯	1*25W/220V	套	略	
	开关与插座				
	声/光控延时开关	10A/220V	套	略	梯间及公共走道照明专用
	单联单控开关	10A/220V	套	略	
	双联单控开关	10A/220V	套	略	
	单扣二三极安全插座	10A/220V	套	略	卫生间须为防水防溅型
	电视插座		套	略	
	数据插座(RJ45)		套	略	
	可视对讲系统门口主机		套	略	底层入口大门上安装
	可视对讲系统户用分机		套	略	安装底边距地1.5米

(二)绘图要求

①图幅绘制要求:建立新图形文件,按照国标绘制有装订边的 A3(竖放)图框,表格绘制在图框内,布置合理。

②图层设置要求:新建粗实线、细实线、文字和电气元件图例四个图层,自行设定四种不同的颜色,线型统一为"continuous",粗实线线宽为 0.7mm,细实线线宽为 0.25mm。

③表格绘制要求:表格行列正确,表格边框为粗实线,按照国家标准选择合适的文字样式。

图例绘制要求:图例绘制准确,图面整洁;

保存:将图形文件以"姓名.dwg"为文件名保存在 D 盘考生文件夹中。

(三)考点准备

考核场地:工位 20 个,每个工位配置安装了 AutoCAD 软件的电脑一台。

(四)考核时量

考试时间:90 分钟

(五)评分标准

序　号	考核内容	考核要点	配　分
1	图幅部分	绘制有装订边的 A3(竖放)图框,内外图框尺寸错误一处扣 5 分(10 分)。	10 分
2	图层部分	设置粗实线、细实线、文字和电气元件图例四个图层,每个图层的名称、颜色、线型和线宽设置错误一处扣 1 分,扣完为止(15 分)。	15 分
3	图形部分	(1)表格行列绘制正确,少 1 行扣 1 分,少 1 列扣 1 分,扣完为止(10 分); (2)文字标注准确,标错一个单元格扣 1 分,扣完为止(15 分); (3)表格边框为粗实线,放错图层扣 2 分(2 分); (4)图例绘制精确,错一处均不得分,共 26 分(26 分); (5)将所绘制的图形以"姓名 .dwg"为文件名保存在 D 盘考生文件夹中,未按要求保存,不得分。(2 分)	55 分
4	职业素养	(1)不依据相关 CAD 绘图规范和标准,不注重绘图的规范性,相应内容不完整、布局不合理、不符合标准要求(酌情扣 10 分以内); (2)考试迟到、考核过程中做与考试无关的事、不服从考场安排等情况(酌情扣 10 分以内),考核过程舞弊的,取消考试资格(成绩计 0 分); (3)作业完成后未清理、清扫工作现场(扣 5 分); (4)损坏电脑(扣 20 分)。	20 分

试题 J1-1-4:某学校电气工程设备材料表的绘制

(一)任务描述

某工程部分电气工程电子版 CAD 图纸遗失了,现要求按存档的纸质版图纸重新绘制,下图为相应设备材料表,请按以下要求进行绘制:

主要设备表

序号	图例	名称	规格	单位	数量	备注
1		照明配电箱		台	按实	详见说明
2		双管荧光灯	2×18W	盏	按实	详见说明
3		吸顶灯	22W	盏	按实	吸顶安装
4		应急疏散指示标识灯	1W 应急时间≥30min	盏	按实	详见说明
5		应急照明灯	5W 应急时间≥30min	盏	按实	挂墙2.6m安装
6		应急疏散指示标识灯	1W 应急时间≥30min	盏	按实	详见说明
7		密闭灯	50W	盏	按实	详见说明
8		单管荧光灯	18W	盏	按实	详见说明
9		应急疏散指示标志灯	1W 应急时间≥30min	盏	按实	详见说明
10		安全型二三极暗装插座	250V 10A	个	按实	详见说明
11		空调插座	250V 16A	个	按实	详见说明
12		开关	250V 10A	个	按实	嵌墙1.3m安装
13		双联开关	250V 10A	个	按实	嵌墙1.3m安装
14		三联开关	250V 10A	个	按实	嵌墙1.3m安装
15		红外延迟开关	250V 10A	个	按实	吸顶安装
16		四联开关	250V 10A	个	按实	嵌墙1.3m安装
17		排气扇	55W	台	按实	距顶0.2m
18		风扇	75W	台	按实	详见说明
19		扬声器	5W	个	按实	挂墙2.8m安装
20		弱电接线箱		个	按实	嵌墙1.5m安装
21		弱电交接箱		个	按实	嵌墙0.3m安装
22		网络插座		个	按实	嵌墙0.3m安装
23		电视插座		个	按实	嵌墙0.3m安装
24		全球彩色摄像机		个	按实	专业厂家安装
25		半球彩色摄像机		个	按实	专业厂家安装
26		局部等电位联结端子箱		个	按实	嵌墙0.3m安装

（二）绘图要求

①图幅绘制要求：建立新图形文件，按照国标绘制有装订边的 A3（竖放）图框，表格绘制在图框内，布置合理。

②图层设置要求：新建粗实线、细实线、文字和电气元件图例四个图层，自行设定四种不同的颜色，线型统一为"continuous"，粗实线线宽为 0.7mm，细实线线宽为 0.25mm。

③表格绘制要求：表格行列正确，表格边框为粗实线，按照国家标准选择合适的文字样式。

图例绘制要求：图例绘制准确，图面整洁；

保存：将图形文件以"姓名.dwg"为文件名保存在 D 盘考生文件夹中。

（三）考点准备

考核场地：工位 20 个，每个工位配置安装了 AutoCAD 软件的电脑一台。

（四）考核时量

考试时间：90 分钟

（五）评分标准

序　号	考核内容	考核要点	配　分
1	图幅部分	绘制有装订边的 A3（竖放）图框，内外图框尺寸错误一处扣 5 分（10 分）。	10 分
2	图层部分	设置粗实线、细实线、文字和电气元件图例四个图层，每个图层的名称、颜色、线型和线宽设置错误一处扣 1 分，扣完为止（15 分）。	15 分
3	图形部分	（1）表格行列绘制正确，少 1 行扣 1 分，少 1 列扣 1 分，扣完为止（10 分）； （2）文字标注准确，标错一个单元格扣 1 分，扣完为止（15 分）； （3）表格边框为粗实线，放错图层扣 2 分（2 分）； （4）电气图例绘制精确，每个 1 分，错一处均不得分，共 26 分（26 分）； （5）将所绘制的图形以"姓名.dwg"为文件名保存在 D 盘考生文件夹中，未按要求保存，不得分（2 分）。	55 分
4	职业素养	（1）不依据相关 CAD 绘图规范和标准，不注重绘图的规范性，相应内容不完整、布局不合理、不符合标准要求：（酌情扣 10 分以内）； （2）考试迟到、考核过程中做与考试无关的事、不服从考场安排等情况（酌情扣 10 分以内），考核过程舞弊的，取消考试资格（成绩计 0 分）； （3）作业完成后未清理、清扫工作现场（扣 5 分）； （4）损坏电脑（扣 20 分）。	20 分

试题 J1-1-5：某值班室电气工程设备材料表的绘制

（一）任务描述

某工程部分电气工程电子版 CAD 图纸遗失了，现要求按存档的纸质版图纸重新绘制，下图为相应设备材料表，请按以下要求进行绘制：

（二）绘图要求

①图幅绘制要求：建立新图形文件，按照国标绘制有装订边的 A3（横放）图框，表格绘制在图框内，布置合理。

②图层设置要求：新建粗实线、细实线、文字和电气元件图例四个图层，自行设定四种不同

主要设备表

序号	图例	名称	规格	单位	数量	备注
1		照明配电箱		台	1	距地1.6m暗装
2		吸顶灯	LED 12W	盏	1	吸顶安装
3		防水防尘灯	LED 12W	盏	1	吸顶安装
4		双管荧光灯	2×28W	盏	2	吸顶安装
5		空调插座	250V 16A	个	2	距地1.8m暗装
6		安全型二三极暗装插座	250V 10A	个	4	距地0.3m暗装
7		带保护接点密闭插座	250V 10A	个	2	距地1.5m暗装
8		开关	250V 10A	个	2	距地1.3m暗装
9		双联开关	250V 10A	个	1	距地1.3m暗装
10		信息插座		个	2	距地0.3m暗装
11		电视插座		个	1	距地0.3m暗装
12		弱电交接线箱		个	1	距地0.3m暗装
13		总等电位联结端子箱		个	1	距地0.5m暗装

的颜色,线型统一为"continuous",粗实线线宽为0.7mm,细实线线宽为0.25mm。

③表格绘制要求:表格行列正确,表格边框为粗实线,按照国家标准选择合适的文字样式。

④图例绘制要求:图例绘制准确,图面整洁,所有电气元件创建成块。

⑤保存:将图形文件以"姓名.dwg"为文件名保存在D盘考生文件夹中。

(三)考点准备

考核场地:工位20个,每个工位配置安装了AutoCAD软件的电脑一台。

(四)考核时量

考试时间:90分钟

(五)评分标准

序 号	考核内容	考核要点	配 分
1	图幅部分	绘制有装订边的A3(横放)图框,内外图框尺寸错误一处扣5分(10分)。	10分
2	图层部分	设置粗实线、细实线、文字和电气元件图例四个图层,每个图层的名称、颜色、线型和线宽设置错误一处扣1分,扣完为止(15分)。	15分
3	图形部分	(1)表格行列绘制正确,少1行扣1分,少1列扣1分,扣完为止(10分); (2)文字标注准确,标错一个单元格扣1分,扣完为止(5分); (3)表格边框为粗实线,放错图层扣2分(2分); (4)电气图例绘制精确,每个一分,错一处均不得分,所有电气元件创建成块,未创建扣2分,扣完为止(35分); (5)将所绘制的图形以"姓名.dwg"为文件名保存在D盘考生文件夹中,未按要求保存,不得分。(3分)。	55分
4	职业素养	(1)不依据相关CAD绘图规范和标准,不注重绘图的规范性,相应内容不完整、布局不合理、不符合标准要求(酌情扣10分以内); (2)考试迟到,考核过程中做与考试无关的事,不服从考场安排等情况(酌情扣10分以内);考核过程舞弊的,取消考试资格(成绩计0分); (3)作业完成后未清理、清扫工作现场(扣5分); (4)损坏电脑(扣20分)。	20分

试题 J1-1-6:某栋住宅楼的配电箱系统图绘制

(一)任务描述

某工程部分电气工程电子版 CAD 图纸遗失了,现要求按存档的纸质版图纸重新绘制,下图为相应系统图,请按以下要求进行绘制:

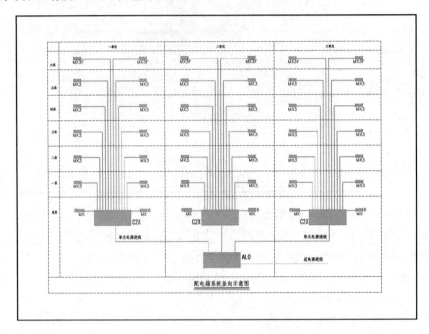

配电箱系统竖向示意图

(二)绘图要求

①图幅绘制要求:建立新图形文件,按照国标绘制有装订边的 A3(横放)图框,图形绘制在图框内,布置合理。

②图层设置要求:新建图框、虚线、配电箱、配电箱接线和文字五个图层,自行设定五种不同的颜色,实线线型为"continuous",虚线线型为"dashed",粗实线线宽为 0.7mm,细实线线宽为 0.25mm。

③保存:将图形文件以"姓名.dwg"为文件名保存在 D 盘考生文件夹中。

(三)考点准备

考核场地:工位 20 个,每个工位配置安装了 AutoCAD 软件的电脑一台。

(四)考核时量

考试时间:90 分钟

(五)评分标准

序　号	考核内容	考核要点	配　分
1	图幅部分	绘制有装订边的 A3(横放)图框,内外图框尺寸错误一处扣 5 分(10 分)。	10 分
2	图层部分	设置图框、虚线、配电箱、配电箱接线和文字五个图层,每个图层的名称、颜色、线型和线宽设置错误一处扣 1 分,扣完为止(20 分)。	20 分

续表

序号	考核内容	考核要点	配分
3	图形部分	(1)文字标注准确,错一处扣1分,扣完为止(15分); (2)配电箱排列整齐,少一个扣1分,扣完为止(15分); (3)配电箱系统接线对称,接错一根扣1分,扣完为止(15分); (4)将所绘制的图形以"姓名.dwg"为文件名保存在D盘考生文件夹中,未按要求保存,不得分。(5分)。	50分
4	职业素养	(1)不依据相关CAD绘图规范和标准,不注重绘图的规范性,相应内容不完整、布局不合理、不符合标准要求:(酌情扣10分以内) (2)考试迟到、考核过程中做与考试无关的事、不服从考场安排等情况(酌情扣10分以内);考核过程舞弊的,取消考试资格(成绩计0分); (3)作业完成后未清理、清扫工作现场(扣5分); (4)损坏电脑(扣20分)。	20分

试题J1-1-7:某小区住户配电箱接线图的绘制

(一)任务描述

某工程部分电气工程电子版CAD图纸遗失了,现要求按存档的纸质版图纸重新绘制,下图为相应配电箱接线图,请按以下要求进行绘制:

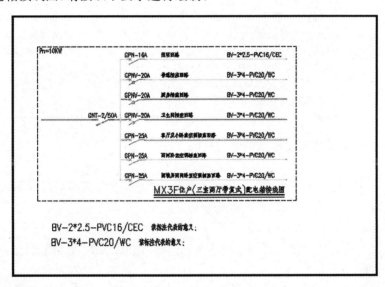

(二)绘图要求

①图幅绘制要求:建立新图形文件,按照国标绘制有装订边的A3(横放)图框,图形绘制在图框内,布置合理。

②图层设置要求:新建图框、虚线、电气元件、元件内接线以及文字标注五个图层,自行设定五种不同的颜色,实线线型为"continuous",虚线线型为"dashed",粗实线线宽为0.7mm,细实线线宽为0.25mm。

③图形绘制要求:所有电气元件建块并描述配电线路标注的意义。

④保存:将图形文件以"姓名.dwg"为文件名保存在D盘考生文件夹中。

（三）考点准备

考核场地：工位 20 个，每个工位配置安装了 AutoCAD 软件的电脑一台。

（四）考核时量

考试时间：90 分钟

（五）评分标准

序　号	考核内容	考核要点	配　分
1	图幅部分	绘制有装订边的 A3（横放）图框，内外图框尺寸错误一处扣 5 分（10 分）。	10 分
2	图层部分	设置图框、虚线、电气元件、元件内接线以及文字标注五个图层，每个图层的名称、颜色、线型和线宽设置错误一处扣 1 分，扣完为止（20 分）。	20 分
3	图形部分	（1）文字标注准确，错一处扣 1 分，扣完为止（15 分）； （2）电气元件绘制精确，每个 3 分，错一处均不得分，所有电气元件创建成块，未创建扣 2 分，扣完为止（15 分）； （3）配电线路排列整齐，少一条支路扣 1 分，扣完为止（5 分）； （4）描述配电线路标注的意义，描述错误 1 条扣 5 分（10 分）； （5）将所绘制的图形以"姓名.dwg"为文件名保存在 D 盘考生文件夹中，未按要求保存，不得分。（5 分）	50 分
4	职业素养	（1）不依据相关 CAD 绘图规范和标准，不注重绘图的规范性，相应内容不完整、布局不合理、不符合标准要求（酌情扣 10 分以内）； （2）考试迟到、考核过程中做与考试无关的事、不服从考场安排等情况（酌情扣 10 分以内），考核过程舞弊的，取消考试资格（成绩计 0 分）； （3）作业完成后未清理、清扫工作现场（扣 5 分）； （4）损坏电脑（扣 20 分）。	20 分

试题 J1-1-8：某教学楼配电箱接线图的绘制

（一）任务描述

某工程部分电气工程电子版 CAD 图纸遗失了，现要求按存档的纸质版图纸重新绘制，下图为相应配电箱接线图，请按以下要求进行绘制：

（二）绘图要求

①图幅绘制要求：建立新图形文件，按照国标绘制有装订边的 A3（横放）图框，图形绘制在图框内，布置合理。

②图层设置要求：新建图框、虚线、电气元件、元件内接线以及文字标注五个图层，自行设定五种不同的颜色，实线线型为"continuous"，虚线线型为"dashed"，粗实线线宽为 0.7mm，细实线线宽为 0.25mm。

③图形绘制要求：所有电气元件建块并描述配电线路标注的意义。

④保存：将图形文件以"姓名.dwg"为文件名保存在 D 盘考生文件夹中。

（三）考点准备

考核场地：工位 20 个，每个工位配置安装了 AutoCAD 软件的电脑一台。

（四）考核时量

考试时间：90 分钟

（五）评分标准

序 号	考核内容	考核要点	配 分
1	图幅部分	绘制有装订边的 A3(横放)图框,内外图框尺寸错误一处扣 5 分(10 分)。	10 分
2	图层部分	设置图框、虚线、电气元件、元件内接线以及文字标注五个图层,每个图层的名称、颜色、线型和线宽设置错误一处扣 1 分,扣完为止(20 分)。	20 分
3	图形部分	(1)文字标注准确,错一处扣 1 分,扣完为止(15 分); (2)电气元件绘制精确,每个 3 分,错一处均不得分,所有电气元件创建成块,未创建扣 2 分,扣完为止(15 分); (3)配电线路排列整齐,少一条支路扣 1 分,扣完为止(5 分); (4)描述配电线路标注的意义,描述错误 1 条扣 5 分(10 分); (5)将所绘制的图形以"姓名.dwg"为文件名保存在 D 盘考生文件夹中,未按要求保存,不得分。(5 分)	50 分
4	职业素养	(1)不依据相关 CAD 绘图规范和标准,不注重绘图的规范性,相应内容不完整、布局不合理、不符合标准要求(酌情扣 10 分以内); (2)考试迟到、考核过程中做与考试无关的事、不服从考场安排等情况(酌情扣 10 分以内),考核过程舞弊的,取消考试资格(成绩计 0 分); (3)作业完成后未清理、清扫工作现场(扣 5 分); (4)损坏电脑(扣 20 分)。	20 分

试题 J1-1-9:某 10kV 变配电房高压屏接线图的绘制

(一)任务描述

某工程部分电气工程电子版 CAD 图纸遗失了,现要求按存档的纸质版图纸重新绘制,下图为相应 10kV 变配电房高压屏接线图,请按以下要求进行绘制:

(二)绘图要求

①图幅绘制要求:建立新图形文件,按照国标绘制有装订边的 A3(竖放)图框,图形绘制在

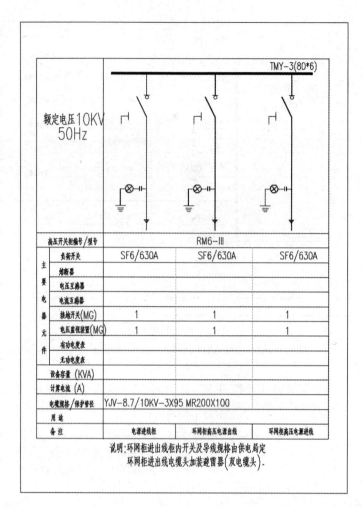

图框内,布置合理。

②图层设置要求:新建图框、表格、接线图以及文字标注四个图层,自行设定四种不同的颜色,实线线型为"continuous",粗实线线宽为 0.7mm,细实线线宽为 0.25mm。

③保存:将图形文件以"姓名.dwg"为文件名保存在 D 盘考生文件夹中。

(三)考点准备

考核场地:工位 20 个,每个工位配置安装了 AutoCAD 软件的电脑一台。

(四)考核时量

考试时间:90 分钟

(五)评分标准

序　号	考核内容	考核要点	配　分
1	图幅部分	绘制有装订边的 A3(竖放)图框,内外图框尺寸错误一处扣 5 分(10 分)。	10 分
2	图层部分	设置图框、表格、接线图以及文字标注四个图层,每个图层的名称、颜色、线型和线宽设置错误一处扣 1 分,扣完为止(15 分)。	15 分

续表

序 号	考核内容	考核要点	配 分
3	图形部分	(1)文字标注准确,错一处扣1分,扣完为止(15分); (2)表格行列绘制正确,少1行扣1分,少1列扣1分,扣完为止(20分); (3)接线图排列整齐,少一条支路扣1分,少一个电气元件扣2分,扣完为止(15分); (4)将所绘制的图形以"姓名.dwg"为文件名保存在D盘考生文件夹中,未按要求保存,不得分。(5分)	55分
4	职业素养	(1)不依据相关CAD绘图规范和标准,不注重绘图的规范性,相应内容不完整、布局不合理、不符合标准要求(酌情扣10分以内); (2)考试迟到、考核过程中做与考试无关的事、不服从考场安排等情况(酌情扣10分以内),考核过程舞弊的,取消考试资格(成绩计0分); (3)作业完成后未清理、清扫工作现场(扣5分); (4)损坏电脑(扣20分)。	20分

试题 J1-1-10：某箱式变电站系统图的绘制

(一)任务描述

某工程部分电气工程电子版CAD图纸遗失了,现要求按存档的纸质版图纸重新绘制,下图为相应的箱式变电站系统图,请按以下要求进行绘制：

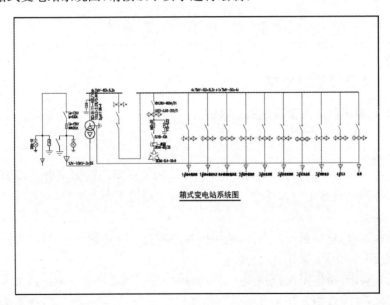

箱式变电站系统图

(二)绘图要求

①图幅绘制要求:建立新图形文件,按照国标绘制有装订边的A3(竖放)图框,图形绘制在图框内,布置合理。

②图层设置要求:新建图框、电气元件、元件内接线以及文字标注四个图层,自行设定四种不同的颜色,实线线型为"continuous",粗实线线宽为0.7mm,细实线线宽为0.25mm。

③保存:将图形文件以"姓名.dwg"为文件名保存在D盘考生文件夹中。

（三）考点准备

考核场地：工位20个，每个工位配置安装了AutoCAD软件的电脑一台。

（四）考核时量

考试时间：90分钟

（五）评分标准

序　号	考核内容	考核要点	配　分
1	图幅部分	绘制有装订边的A3（竖放）图框，内外图框尺寸错误一处扣5分（10分）。	10分
2	图层部分	设置图框、电气元件、元件内接线以及文字标注四个图层，每个图层的名称、颜色、线型和线宽设置错误一处扣1分，扣完为止（15分）。	15分
3	图形部分	（1）文字标注准确，错一处扣1分，扣完为止（15分）； （2）系统图排列整齐，少一条支路扣1分，少一个电气元件扣2分，扣完为止（35分）； （3）将所绘制的图形以"姓名.dwg"为文件名保存在D盘考生文件夹中，未按要求保存，不得分。（5分）	55分
4	职业素养	（1）不依据相关CAD绘图规范和标准，不注重绘图的规范性，相应内容不完整、布局不合理、不符合标准要求（酌情扣10分以内）； （2）考试迟到、考核过程中做与考试无关的事、不服从考场安排等情况（酌情扣10分以内），考核过程舞弊的，取消考试资格（成绩计0分）； （3）作业完成后未清理、清扫工作现场（扣5分）； （4）损坏电脑（扣20分）。	20分

项目二　智能化系统图纸绘制

试题J1-2-1：室内防盗报警接线图的绘制

（一）任务描述

某单位进行工程施工前，需要先用CAD软件绘制一套室内防盗报警接线图，以便现场施工技术员可以按图接线施工，具体接线图如下所示，请按以下要求进行绘制：

（二）绘图要求

①图幅绘制要求：建立新图形文件，按照国标绘制有装订边的A3（横放）图框，图形绘制在图框内，布置合理。

②图层设置要求：新建图框、安防电气模块、模块内接线以及文字标注四个图层，自行设定四种不同的颜色，实线线型为"continuous"，粗实线线宽为0.7mm，细实线线宽为0.25mm。

③保存：将图形文件以"姓名.dwg"为文件名保存在D盘考生文件夹中。

（三）考点准备

考核场地：工位20个，每个工位配置安装了AutoCAD软件的电脑一台。

（四）考核时量

考试时间：90分钟

（五）评分标准

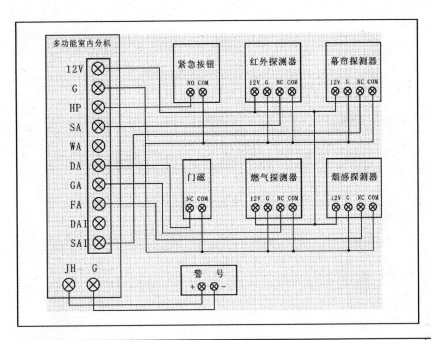

序 号	考核内容	考核要点	配 分
1	图幅部分	绘制有装订边的 A3（横放）图框，内外图框尺寸错误一处扣 5 分（10 分）。	10 分
2	图层部分	设置图框、安防电气模块、模块内接线以及文字标注四个图层，每个图层的名称、颜色、线型和线宽设置错误一处扣 1 分，扣完为止（15 分）。	15 分
3	图形部分	（1）文字标注准确，标错一处扣 1 分，扣完为止（10 分）； （2）安防模块排列整齐，少一个扣 2 分，扣完为止（10 分）； （3）安防模块接线对称，接错一根扣 2 分，扣完为止（30 分）； （4）将所绘制的图形以"姓名.dwg"为文件名保存在 D 盘考生文件夹中，未按要求保存，不得分。（5 分）	55 分
4	职业素养	（1）不依据相关 CAD 绘图规范和标准，不注重绘图的规范性，相应内容不完整、布局不合理、不符合标准要求（酌情扣 10 分以内）； （2）考试迟到、考核过程中做与考试无关的事、不服从考场安排等情况（酌情扣 10 分以内），考核过程舞弊的，取消考试资格（成绩计 0 分）； （3）作业完成后未清理、清扫工作现场（扣 5 分）； （4）损坏电脑（扣 20 分）。	20 分

试题 J1-2-2：监控系统接线图的绘制

（一）任务描述

某单位进行工程施工前，需要先用 CAD 软件绘制一套监控系统接线图，以便现场施工技术员可以按图接线施工，具体接线图如下所示，请按以下要求进行绘制：

（二）绘图要求

①图幅绘制要求：建立新图形文件，按照国标绘制有装订边的 A3（横放）图框，图形绘制在图框内，布置合理。

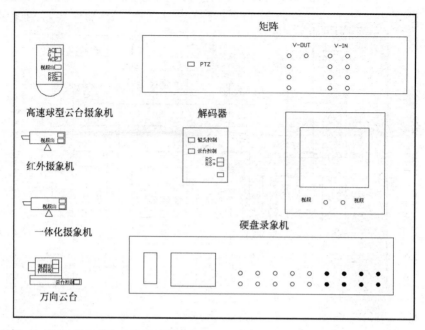

②图层设置要求:新建图框、监控电气模块、模块内接线以及文字标注四个图层,自行设定四种不同的颜色,实线线型为"continuous",粗实线线宽为 0.7mm,细实线线宽为 0.25mm。

③自行绘制完成各模块之间的连接线路。

④保存:将图形文件以"姓名.dwg"为文件名保存在 D 盘考生文件夹中。

(三)考点准备

考核场地:工位 20 个,每个工位配置安装了 AutoCAD 软件的电脑一台。

(四)考核时量

考试时间:90 分钟

(五)评分标准

序 号	考核内容	考核要点	配 分
1	图幅部分	绘制有装订边的 A3(横放)图框,内外图框尺寸错误一处扣 5 分(10 分)。	10 分
2	图层部分	设置图框、监控电气模块、模块内接线以及文字标注四个图层,每个图层的名称、颜色、线型和线宽设置错误一处扣 1 分,扣完为止(15 分)。	15 分
3	图形部分	(1)文字标注准确,标错一处扣 1 分,扣完为止(10 分); (2)监控模块排列整齐,少一个扣 2 分,扣完为止(10 分); (3)监控模块接线对称,接错一根扣 2 分,扣完为止(30 分); (4)将所绘制的图形以"姓名.dwg"为文件名保存在 D 盘考生文件夹中,未按要求保存,不得分。(5 分)	55 分
4	职业素养	(1)不依据相关 CAD 绘图规范和标准,不注重绘图的规范性,相应内容不完整、布局不合理、不符合标准要求(酌情扣 10 分以内); (2)考试迟到,考核过程中做与考试无关的事,不服从考场安排等情况(酌情扣 10 分以内),考核过程舞弊的,取消考试资格(成绩计 0 分); (3)作业完成后未清理、清扫工作现场(扣 5 分); (4)损坏电脑(扣 20 分)。	20 分

试题 J1-2-3：门禁系统图的绘制

（一）任务描述

某公司为考核新进的员工，要求其根据给定的门禁系统图利用 CAD 软件进行图纸绘制，具体系统图如下所示，请按以下要求进行绘制：

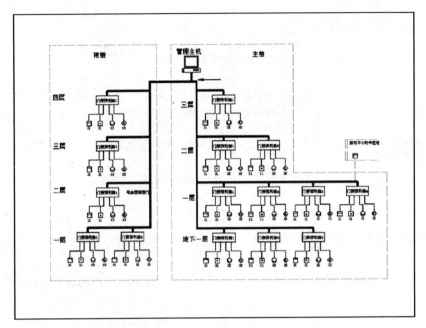

（二）绘图要求

①图幅绘制要求：建立新图形文件，按照国标绘制有装订边的 A3（横放）图框，图形绘制在图框内，布置合理。

②图层设置要求：新建图框、虚线框、主干线、门禁控制器以及文字标注五个图层，自行设定五种不同的颜色，实线线型为"continuous"，粗实线线宽为 0.7mm，细实线线宽为 0.25mm。

③保存：将图形文件以"姓名.dwg"为文件名保存在 D 盘考生文件夹中。

（三）考点准备

考核场地：工位 20 个，每个工位配置安装了 AutoCAD 软件的电脑一台。

（四）考核时量

考试时间：90 分钟

（五）评分标准

序　号	考核内容	考核要点	配　分
1	图幅部分	绘制有装订边的 A3（横放）图框，内外图框尺寸错误一处扣 5 分（10 分）。	10 分
2	图层部分	设置图框、虚线框、主干线、门禁控制器以及文字标注五个图层，每个图层的名称、颜色、线型和线宽设置错误一处扣 1 分，扣完为止（15 分）。	15 分

续表

序号	考核内容	考核要点	配分
3	图形部分	(1)文字标注准确,标错一处扣2分,扣完为止(20分); (2)将读卡器、门按钮、门磁和磁力锁四个元件建块,少一个或者创建错误扣5分,扣完为止(20分); (3)门禁控制器模块排列整齐,接线对称,接错一根扣1分,扣完为止(10分); (4)将所绘制的图形以"姓名.dwg"为文件名保存在D盘考生文件夹中,未按要求保存,不得分。(5分)	55分
4	职业素养	(1)不依据相关CAD绘图规范和标准,不注重绘图的规范性,相应内容不完整、布局不合理、不符合标准要求(酌情扣10分以内); (2)考试迟到,考核过程中做与考试无关的事,不服从考场安排等情况(酌情扣10分以内);考核过程舞弊的,取消考试资格(成绩计0分); (3)作业完成后未清理、清扫工作现场(扣5分); (4)损坏电脑(扣20分)。	20分

试题 J1-2-4:安防系统接线图的绘制

(一)任务描述

某公司为考核新进的员工,要求其利用 CAD 软件对给定的门禁安防模块进行接线图绘制,具体模块如下图所示,请按以下要求进行绘制:

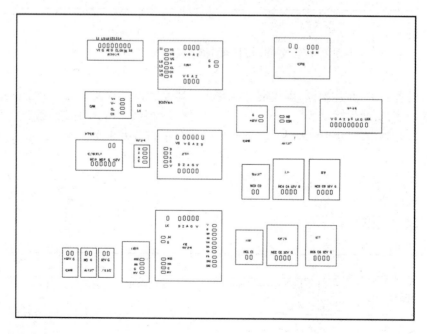

(二)绘图要求

①图幅绘制要求:建立新图形文件,按照国标绘制有装订边的 A3(横放)图框,图形绘制在图框内,布置合理。

②图层设置要求:新建图框、安防门禁模块、接线三个图层,自行设定三种不同的颜色,实线线型为"continuous",粗实线线宽为 0.7mm,细实线线宽为 0.25mm。

③自行绘制完成各模块之间的连接线路。

④保存:将图形文件以"姓名.dwg"为文件名保存在 D 盘考生文件夹中。

(三)考点准备

考核场地:工位 20 个,每个工位配置安装了 AutoCAD 软件的电脑一台。

(四)考核时量

考试时间:90 分钟

(五)评分标准

序　号	考核内容	考核要点	配　分
1	图幅部分	绘制有装订边的 A3(横放)图框,内外图框尺寸错误一处扣 5 分(10 分)。	10 分
2	图层部分	设置图框、安防门禁模块、接线三个图层,每个图层的名称、颜色、线型和线宽设置错误一处扣 1 分,扣完为止(10 分)。	10 分
3	图形部分	(1)移动安防门禁模块,排列整齐,摆放位置正确合理,少一个扣 1 分,酌情处理,扣完为止(15 分); (2)模块间接线正确对称,接错一根扣 2 分,酌情处理,扣完为止(40 分); (3)将所绘制的图形以"姓名.dwg"为文件名保存在 D 盘考生文件夹中,未按要求保存,不得分。(5 分)	60 分
4	职业素养	(1)不依据相关 CAD 绘图规范和标准,不注重绘图的规范性,相应内容不完整、布局不合理、不符合标准要求(酌情扣 10 分以内); (2)考试迟到、考核过程中做与考试无关的事、不服从考场安排等情况(酌情扣 10 分以内),考核过程舞弊的,取消考试资格(成绩计 0 分); (3)作业完成后未清理、清扫工作现场(扣 5 分); (4)损坏电脑(扣 20 分)。	20 分

试题 J1-2-5:消防系统接线图的绘制

(一)任务描述

某公司为考核新进的员工,要求其利用 CAD 软件对给定的消防系统模块进行接线图绘制,具体模块如下图所示,请按以下要求进行绘制:

(二)绘图要求

①图幅绘制要求:建立新图形文件,按照国标绘制有装订边的 A3(横放)图框,图形绘制在图框内,布置合理。

②图层设置要求:新建图框、消防系统模块、接线三个图层,自行设定三种不同的颜色,实线线型为"continuous",粗实线线宽为 0.7mm,细实线线宽为 0.25mm。

③自行绘制完成各模块之间的连接线路。

④保存:将图形文件以"姓名.dwg"为文件名保存在 D 盘考生文件夹中。

(三)考点准备

考核场地:工位 20 个,每个工位配置安装了 AutoCAD 软件的电脑一台。

(四)考核时量

考试时间:90 分钟

(五)评分标准

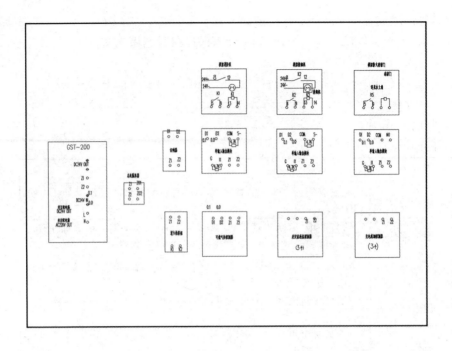

序 号	考核内容	考核要点	配 分
1	图幅部分	绘制有装订边的 A3（横放）图框，内外图框尺寸错误一处扣 5 分（10 分）。	10 分
2	图层部分	设置图框、消防系统模块、接线三个图层，每个图层的名称、颜色、线型和线宽设置错误一处扣 1 分，扣完为止（10 分）。	10 分
3	图形部分	（1）移动消防系统模块，排列整齐，摆放位置正确合理，少一个扣 1 分，酌情处理，扣完为止（15 分）； （2）模块间接线正确对称，接错一根扣 2 分，酌情处理，扣完为止（40 分）； （3）将所绘制的图形以"姓名 . dwg"为文件名保存在 D 盘考生文件夹中，未按要求保存，不得分。（5 分）	60 分
4	职业素养	（1）不依据相关 CAD 绘图规范和标准，不注重绘图的规范性，相应内容不完整、布局不合理、不符合标准要求（酌情扣 10 分以内）； （2）考试迟到、考核过程中做与考试无关的事、不服从考场安排等情况（酌情扣 10 分以内），考核过程舞弊的，取消考试资格（成绩计 0 分）； （3）作业完成后未清理、清扫工作现场（扣 5 分）； （4）损坏电脑（扣 20 分）。	20 分

试题 J1-2-6：DDC 监控及照明控制系统接线图

（一）任务描述

某公司为考核新进的员工，要求其利用 CAD 软件对给定的 DDC 监控及照明控制系统模块进行接线图绘制，具体模块如下图所示，请按以下要求进行绘制：

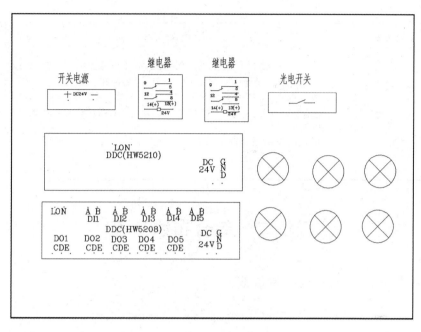

（二）绘图要求

①图幅绘制要求：建立新图形文件，按照国标绘制有装订边的 A3（横放）图框，图形绘制在图框内，布置合理。

②图层设置要求：新建图框、DDC 监控及照明控制系统模块、接线三个图层，自行设定三种不同的颜色，实线线型为"continuous"，粗实线线宽为 0.7mm，细实线线宽为 0.25mm。

③自行绘制完成各模块之间的连接线路。

④保存：将图形文件以"姓名.dwg"为文件名保存在 D 盘考生文件夹中。

（三）考点准备

考核场地：工位 20 个，每个工位配置安装了 AutoCAD 软件的电脑一台。

（四）考核时量

考试时间：90 分钟

（五）评分标准

序 号	考核内容	考核要点	配 分
1	图幅部分	绘制有装订边的 A3（横放）图框，内外图框尺寸错误一处扣 5 分（10 分）。	10 分
2	图层部分	设置图框、DDC 监控及照明控制系统模块、接线三个图层，每个图层的名称、颜色、线型和线宽设置错误一处扣 1 分，扣完为止（10 分）。	10 分
3	图形部分	（1）移动 DDC 监控及照明控制系统模块，排列整齐，摆放位置正确合理，少一个扣 1 分，酌情处理，扣完为止（15 分）； （2）模块间接线正确对称，接错一根扣 2 分，酌情处理，扣完为止（40 分）； （3）将所绘制的图形以"姓名.dwg"为文件名保存在 D 盘考生文件夹中，未按要求保存，不得分。（5 分）	60 分

续表

序 号	考核内容	考核要点	配 分
4	职业素养	(1)不依据相关CAD绘图规范和标准,不注重绘图的规范性,相应内容不完整、布局不合理、不符合标准要求(酌情扣10分以内); (2)考试迟到、考核过程中做与考试无关的事,不服从考场安排等情况(酌情扣10分以内),考核过程舞弊的,取消考试资格(成绩计0分); (3)作业完成后未清理、清扫工作现场(扣5分); (4)损坏电脑(扣20分)。	20分

模块二　综合布线工程

项目一　综合布线介质及连接件安装

试题 J2-1-1:信息面板的安装与调试

(一)任务描述

完成对信息面板(网络、电话)的现场安装、接线与综合测试,并将需要安装的元器件安装在模拟墙面的指定区域。

具体包括:

①对信息插座面板含底盒(网络、电话各1个)及对应的1个110配线架、RJ-45网络配线架进行安装与接线,要求安装位置选择正确,安装牢固,接线规范。

②制作两根电话跳线和两根网络跳线,通过网络测试仪对安装好的信息面板进行通信测试,要求通信正常。

(二)实施条件

考核场地:模拟安装室一间,工位20个,每个工位配置网络机柜一台。

考点提供的设备材料、工具清单见表1和表2。

表1　设备材料清单表

序 号	名 称	单 位	数 量	备 注
1	网络面板	个	1	
2	电话面板	个	1	
3	86底盒	个	2	
4	网线	米	5	
5	电话线	米	5	
6	RJ45水晶头	个	10	
7	RJ11水晶头	个	10	
8	螺丝	批	1	
9	110配线架	台	1	
10	网络配线架	台	1	

表2　工具清单表

序　号	名　　称	单　位	数　量	备　注
1	螺丝刀	把	4	大十字、小十字、大一字、小一字各一把
2	打线器	把	1	
3	剥线刀	把	1	
4	网络测线仪	把	1	
5	尖嘴钳	把	1	
6	压线钳	把	1	
7	剪刀	把	1	

（三）考核时量

考试时间：90分钟。

（四）评分标准

序　号	考核内容	考核要点	教师考核评分
1	信息面板的安装	（1）选用正确的安装工具，选错一个工具扣1分，扣完为止（10分）； （2）信息面板安装应牢固，面板要求横平竖直。面板位置不水平，面板松动，每次扣10分）（20分）； （3）接线应符合工艺标准，端接信息模块时，线序接错或者少接一根线每处扣2分；接线不合工艺要求每处扣2分，扣完为止（20分）。	40分
3	信息面板的调试	（1）制作两根电话跳线，两根跳线一端分别接电话面板和110配线架，另一端接网络测试仪，测试仪的指示灯应依次闪亮。一个不亮扣10分，扣完为止（20分）； （2）制作两根网络跳线，两根跳线一端分别接网络面板和网络配线架的网络插孔，另一端接网络测试仪，测试仪的指示灯应依次闪亮。一个不亮扣3分，扣完为止（20分）。	40分
4	职业素养	（1）工具、仪表、材料、作品摆放不整齐，着装不整齐、不规范，每项扣2分； （2）作业完成后未清理、清扫工作现场扣5分； （3）考核的过程中浪费耗材扣5分； （4）损坏工具、设备的扣20分； （5）不穿戴相关防护用品扣2分，发生安全事故本次考核不合格。	20分

试题J2-1-2：110配线架（100对）的安装与调试

（一）任务描述

某公司需对机房线路进行改造，现要求完成对110配线架的现场安装、接线与测试，并将需要安装的元器件安装在指定的区域。具体包括：

①用建筑电气CAD软件绘制出110配线架的端子（30对大对数）接线图及端子说明，将所绘制的工程图以110配线架＋所抽具体工位号命名，保存在电脑桌面上。

②按图纸对2个110配线架进行安装与接线（30对大对数）。要求安装牢固，接线规范。

③对安装好的110配线架进行通信测试。要求用万用表测量打好的配线架线路是否有接

错或短路断路情况(要求按线序打配线架)。

(二)实施条件

考核场地:模拟安装室一间,工位20个,每个工位配置网络机柜一台。

考点提供的材料、工具清单见表1和表2

表1 材料清单表

序 号	名 称	单 位	数 量	备 注
1	110配线架	个	2	
2	30对大对双绞线	米	10	
3	辅材	批	1	

表2 工具清单表

序 号	名 称	单 位	数 量	
1	螺丝刀	把	4	大十字、小十字、大一字、小一字各一把
2	万用表	个	1	
3	打线刀	把	1	
4	剥线器	把	1	

(三)考核时量

考试时间:90分钟。

(四)评分标准

序 号	考核内容	考核要点	教师考核评分
1	110配线架的接线图绘制	(1)标注出设备的主要端子说明(10分); (2)使用CAD绘制设备端子接线图(10分)。	20分
2	110配线架的安装	(1)选用正确的安装工具(5分); (2)110配线架安装应牢固(5分); (3)30对大对数双绞线接线线序正确,标准,接线满足工艺要求,错一处扣2分,扣完为止(20分)。	30分
3	110配线架的测试	(1)用万用表测量打好的配线架是否有错序,错一处扣2分,扣完为止(10分); (2)用万用表测量打好的配线架是否有短路情况,错一处扣2分,扣完为止(10分); (3)用万用表测量打好的配线架是否有断路情况,错一处扣2分,扣完为止(10分)。	30分
4	职业素养	(1)工具、仪表、材料、作品摆放不整齐,着装不整齐、不规范,每项扣2分; (2)作业完成后未清理、清扫工作现场扣5分; (3)考核的过程中浪费耗材扣5分; (4)损坏工具、设备的扣20分; (5)不穿戴相关防护用品扣2分,发生安全事故本次考核不合格。	20分

试题 J2-1-3：超五类 24 口配线架的安装与调试

（一）任务描述

某公司为了方便公司员工上网，准备给公司每个办公室安装一个网络信息点（设一到十共十个信息点）。在网络机柜通过超五类 24 口配线架，用网络跳线连接网络交换机，实现互联网连接。现要求完成超五类 24 口配线架的现场安装、接线与调试，并将需要安装的元器件安装在指定的区域。具体包括：

①用建筑电气 CAD 软件绘制出超五类 24 口配线架的端子接线图及端子说明，所绘制工程图以超五类 24 口配线架＋所抽具体工位号命名，保存在电脑桌面上。

②按图纸用对超五类 24 口配线架、理线器、网络信息点（信息插座）、网络交换机进行安装与接线，要求安装牢固，接线规范。

③对安装好的超五类 24 口配线架与 10 个信息点进行网络通信测试。要求（a）在配线架标出每一个信息点对应的线标；（b）确保每个信息点通信正常。

（二）实施条件

考核场地：模拟安装室一间，工位 20 个。每个工位配置安装了建筑电气 CAD 的电脑一台。

考点提供的材料、工具清单见表 1 和表 2

表 1 材料清单表

序　号	名　　称	单　位	数　量	备　注
1	超五类 24 口配线架	个	1	
2	网络信息面板	个	10	
3	理线器	个	1	
4	超五类网线	根	10	
5	网络跳线	根	11	
6	千兆网络交换机	个	1	
7	辅材	批	1	

表 2 工具清单表

序　号	名　　称	单　位	数　量	
1	螺丝刀	把	4	大十字、小十字、大一字、小一字各一把
2	测线仪	台	1	
3	打线刀	把	1	
4	剥线器	把	1	

（三）考核时量

考试时间：90 分钟。

（四）评分标准

序 号	考核内容	考核要点	教师考核评分
1	超五类 24 口配线架的接线图绘制	(1)标注出设备的主要端子说明(10分); (2)使用 CAD 绘制设备端子接线图(10分)。	20分
2	超五类 24 口配线架的安装与接线	(1)选用正确的安装工具(过程)(5分); (2)超五类 24 口配线架安装应牢固(5分); (3)网线制作标准,接线应满足工艺要求(10分)。	20分
3	超五类 24 口配线架的测试	(1)在配线架标出每一个信息点对应的线标(10分); (2)测试每个信息点通信是否正常,1个通扣 2分(20分); (3)与网络交换机线路连接正常(10分)。	40分
4	职业素养	(1)工具、仪表、材料、作品摆放不整齐,着装不整齐、不规范,每项扣 2分; (2)作业完成后未清理、清扫工作现场扣 5分; (3)考核的过程中浪费耗材扣 5分; (4)损坏工具、设备的扣 20分; (5)不穿戴相关防护用品扣 2分,发生安全事故本次考核不合格。	20分

试题 J2-1-4:网络交换机的安装与调试

(一)任务描述

某公司为了方便公司员工上网,准备给公司每个办公室安装一个网络信息点(12 个信息点),在网络机柜通过超五类 24 口配线架,用网络跳线连接网络交换机,实现互联网连接。现要求完成对网络交换机(24 口)的现场安装与接线,并将需要安装的元器件安装在指定的区域。具体包括:

①用建筑电气 CAD 软件绘制出网络交换机的端子接线图及端子说明,将所绘制的工程图以网络交换机+所抽具体工位号命名,保存在电脑桌面上。

②按所绘制工程图制作标准网线,并进行配线架、12 个网络信息插座及网络交换机的安装与接线,要求安装牢固,接线规范。

③对安装好的网络交换机与网络面板、配线架、理线器进行设置和调试,要求用测线仪测试任意一个网络信息插座面板的通信是否正常。

(二)实施条件

考核场地:模拟安装室一间,工位 20 个。每个工位配置安装了建筑电气 CAD 的电脑一台。

考点提供的材料、工具清单见表1和表2

表 1 材料清单表

序 号	名 称	单 位	数 量	备 注
1	24 口交换机	台	1	大十字、小十字、大一字、小一字各一把
2	网络面板	个	12	
3	24 口网络配线架	个	1	
4	理线器	个	1	
5	网络跳线	根	25	
6	辅材	批	1	

表 2　工具清单表

序　号	名　　称	单　位	数　量	
1	测线仪	台	1	
2	螺丝刀	把	4	

（三）考核时量

考试时间：90 分钟。

（四）评分标准

序　号	考核内容	考核要点	教师考核评分
1	24 口交换机组网的接线图绘制	（1）标注出设备的主要端子说明（10 分）； （2）使用 CAD 绘制设备端子接线图（10 分）。	20 分
2	24 口交换机的组网安装接线	（1）网络插座面板安装正确，错一处扣 1 分（10 分）； （2）24 口交换机安装牢固，位置选择正确，接口处理标准正确（10 分）； （3）网线制作标准，接线满足工艺要求，错一根扣 5 分（10 分）； （4）配线架线路安排规范标准，线路标记准确，线序正确，错一处扣 1 分（10 分）。	40 分
3	24 口交换机的调试	测试 12 个网络面板与交换机的通信是否正常，错一处扣 2 分，扣完为止（20 分）。	20 分
4	职业素养	（1）工具、仪表、材料、作品摆放不整齐，着装不整齐、不规范，每项扣 2 分； （2）作业完成后未清理、清扫工作现场扣 5 分； （3）考核的过程中浪费耗材扣 5 分； （4）损坏工具、设备的扣 20 分； （5）不穿戴相关防护用品扣 2 分，发生安全事故本次考核不合格。	20 分

试题 J2-1-5：抽屉式光纤配线架的安装与测试

（一）任务描述

某在建小区要安装视频监控系统和可视对讲系统，要求各单元楼的通信通过光纤连接到监控中心，同时安装抽屉式光纤配线架，并熔接光纤。现要求现场安装抽屉式光纤配线架，并熔接，并将需要安装的元器件安装在指定的区域。

具体包括：

①安装抽屉式光纤配线架、耦合器，去掉 4 芯光纤的外护套，完成 4 芯光纤的固线处理，要求安装牢固，接线规范。

②完成 4 芯光纤的熔接、成端及盘纤处理，并使用红光笔找出相对的光纤并做好标记。

（二）实施条件

考核场地：模拟安装室一间，工位 20 个。每两个工位配光纤熔接机一台，网络机柜一台。

考点提供的材料、工具清单见表 1 和表 2

表1 材料清单表

序　号	名　称	单　位	数　量	备　注
1	抽屉式光纤配线架	条	1	
2	光纤	根	1	4芯
3	尾纤	根	4	
4	耦合器	个	4	
5	辅材	批	1	

表2 工具清单表

序　号	名　称	单　位	数　量	
1	螺丝刀	把	4	大十字、小十字、大一字、小一字各一把
2	红光笔	支	1	
3	记号笔	支	1	

（三）考核时量

考试时间：90分钟。

（四）评分标准

序　号	考核内容	考核要点	教师考核评分
1	抽屉式光纤配线架的安装	（1）抽屉式光纤配线架安装应牢固（10分）； （2）光耦合器选择及安装正确（10分）； （3）4芯光纤去皮及固线方法正确，安装牢固、标准、规范，酌情扣分（10分）。	30分
2	抽屉式光纤配线架光纤的熔接	（1）4芯光纤熔接色序正确，熔接方法正确，损耗在0.02DB以内（10分）； （2）光纤耦合器的安装、尾纤的连接稳固，酌情扣分（10分）； （3）盘纤走纤标准、规范、满足工艺要求，酌情扣分（10分）。	30分
3	抽屉式光纤配线架的测试	光纤熔接正确，正确使用红光笔找出相对的光纤并做好标记，错一处扣5分（20分）。	20分
4	职业素养	（1）工具、仪表、材料、作品摆放不整齐，着装不整齐、不规范，每项扣2分； （2）作业完成后未清理、清扫工作现场扣5分； （3）考核的过程中浪费耗材扣5分； （4）损坏工具、设备的扣20分； （5）不穿戴相关防护用品扣2分，发生安全事故本次考核不合格。	20分

试题J2-1-6：光纤收发器的装调

（一）任务描述

某在建小区安装视频监控系统和可视对讲系统，要求各单元楼的通信通过光纤连接到监控中心，并通过光纤收发器接收。现要求现场安装光纤收发器并接线，同时将需要安装的元器件安装在指定的模拟区域。具体包括：

①通过红光笔分别找到监控系统和可视对讲系统的光纤，并对光纤线做好标号。

②将光纤收发器安装到光纤收发器机箱内，并从光纤终端盒利用光纤跳线分别接好监控

系统和可视对讲系统的光纤,要求可通过判断终端盒耦合器的类型,正确选择光纤跳线类型和规格,光纤收发器、耦合器、尾纤跳线安装牢固,接线规范。

③调试光纤收发器。要求(a)检查光纤收发器的工作通信状态;(b)用仪器测量并记录光纤收发器的传送速度。

(二)实施条件

考核场地:模拟安装室一间,工位20个。每个工位配置光纤熔接机一台。

考点提供的材料、工具清单见表1和表2

表1 材料清单表

序　号	名　　称	单　位	数　量	备　注
1	光纤收发器	对	2	
2	光终端盒	个	2	
3	光纤跳线	根	4	
4	光纤收发器机箱	个	1	
5	网络机柜	台	1	
6	辅材	批	1	

表2 工具清单表

序　号	名　　称	单　位	数　量	
1	螺丝刀	把	4	大十字、小十字、大一字、小一字各一把
2	光纤测量仪	台	1	
3	红光笔	支	1	
4	记号笔	支	1	

(三)考核时量

考试时间:90分钟。

(四)评分标准

序　号	考核内容	考核要点	教师考核评分
1	光纤判别	(1)用红光笔找出要连接的光纤(错一根扣5分,扣完为止)(10分); (2)光纤标号正确错一根扣5分,扣完为止)(10分)。	20分
2	光纤收发器安装与接线	(1)光纤跳线类型和规格选择正确(10分); (2)光纤收发器正确安装在机箱内(10分); (3)光纤跳线与光纤收发器的连线正确、牢固、满足工艺要求(错一根扣5分,扣完为止)(20分)。	40分
3	光纤收发器的调试	(1)光纤收发器通信正常(10分); (2)用仪器正确测量并记录光纤收发器的传送速度(10分)。	20分
4	职业素养	(1)工具、仪表、材料、作品摆放不整齐,着装不整齐、不规范,每项扣2分; (2)作业完成后未清理、清扫工作现场扣5分; (3)考核的过程中浪费耗材扣5分; (4)损坏工具、设备的扣20分; (5)不穿戴相关防护用品扣2分;发生安全事故本次考核不合格。	20分

试题 J2-1-7：家用弱电箱的装调

（一）任务描述

弱电箱亦称为智能家居布线箱或多媒体箱，主要用于对家庭弱电信号线统一布线管理，有利于家庭整体美观，是现代住宅小区弱电工程里必不可少的组成部分。现要求现场安装弱电箱并安装网络、电话、电视、电源模块，并将需要安装的元器件安装在模拟墙面的指定区域。具体包括：

①用建筑电气 CAD 软件绘制出弱电箱的端子接线图及端子说明，将所绘制的工程图以弱电箱＋所抽具体工位号命名，保存在电脑桌面上。

②按图纸安装弱电箱（要求安装网络、电话、电视、电源模块）。要求安装牢固，规范。

③检查各模块是否安装正确。要求(a)自行按标准制作相关网络、电话、电视测试线，并正确使用仪器测量各模块（网络、电话、电视、电源）；(b)检测模块是否有错线、短、断路问题，并正确记录和排除故障。

（二）实施条件

考核场地：模拟安装室一间，工位 20 个。每个工位配置安装了建筑电气 CAD 电脑一台。

考点提供的材料、工具清单见表 1 和表 2

表 1　材料清单表

序　号	名　　称	单　位	数　量	备　注
1	弱电箱	个	1	
2	电源模块	个	2	
3	电视模块	个	2	
4	电话模块	个	2	
5	网络模块	个	2	
6	各类线材及接头（网络、电话、电视等）	根	6	
7	辅材	批	1	

表 2　工具清单表

序　号	名　　称	单　位	数　量	
1	螺丝刀	把	4	大十字、小十字、大一字、小一字各一把
2	万用表	台	1	
3	测线仪	台	1	
4	剥线钳	把	1	

（三）考核时量

考试时间：90 分钟。

（四）评分标准

序　号	考核内容	考核要点	教师考核评分
1	弱电箱的接线图绘制	(1)标注出设备的主要模块(网络、电话、电视、电源)接线端子说明(10分); (2)使用CAD绘制设备主要模块(网络、电话、电视、电源)端子接线图(10分)。	20分
2	弱电箱的安装	(1)选用正确的安装方法(过程)(10分); (2)弱电箱安装要平稳、牢固、符合标准要求(10分); (3)各模块(网络、电话、电视、电源)安装应满足工艺要求(10分)。	30分
3	弱电箱的检测	(1)正确制作各类(网络、电话、电视)标准测试线(10分); (2)正确使用仪器测量各模块(网络、电话、电视、电源)(10分); (3)检测模块是否有错线、短、断路问题,正确记录并排除故障(10分)。	30分
4	职业素养	(1)工具、仪表、材料、作品摆放不整齐,着装不整齐、不规范,每项扣2分; (2)作业完成后未清理、清扫工作现场扣5分; (3)考核的过程中浪费耗材扣5分; (4)损坏工具、设备的扣20分; (5)不穿戴相关防护用品扣2分,发生安全事故本次考核不合格。	20分

试题 J2-1-8:光纤续接盒(户外型)的安装与测试

(一)任务描述

近几年宽带接入网高速发展,各地通信运营商快速推进家庭光纤接入,加速向"光纤城市"目标迈进,光纤通信工程在我们的日常生活中随处可见。现有一小区需在室外进行光纤对接,要求对光纤通信工程中常用的光纤续接盒(户外型)进行现场安装与接线,并对4芯光纤进行对接熔接。具体要求:

①使用正确安装工具,正确进行光纤续接盒安装,做好防水处理。

②进出光纤(一进一出)正确去除外护套,并正确固定安装。

③正确使用光纤熔接机进行4芯光纤熔接处理,光纤熔接色序正确。

④光纤熔接光损耗不能大于0.02dB。

⑤正确走纤盘纤,光纤盘整洁美观(光纤弯曲半径大于等于40mm)。

(二)实施条件

考核场地:模拟安装室一间,工位20个。每个工位配置光纤熔接机一台。

考点提供的材料、工具清单见表1和表2

表1　材料清单表

序　号	名　　称	单　位	数　量	备　注
1	光纤续接盒	个	1	
2	光纤	根	4	4芯
3	辅材	批	1	

表 2　工具清单表

序　号	名　　称	单　位	数　量	
1	螺丝刀	把	4	大十字、小十字、大一字、小一字各一把
2	光纤熔接工具	套	1	
3	内六角扳手	套	1	

（三）考核时量

考试时间：90 分钟。

（四）评分标准

序　号	考核内容	考核要点	教师考核评分
1	光纤续接盒的安装	（1）正确安装工具，正确进行光纤续接盒安装，做好防水处理（10分）； （2）光纤正确去除外护套，并正确固定安装（10分）。	20分
2	光纤续接盒的盘纤与熔纤	（1）正确使用光纤熔接机进行 4 芯光纤熔接处理，光纤熔接色序正确，不符合一处扣 5 分（20分）； （2）每根光纤熔接光损耗不能大于 0.02dB，不符合一处扣 5 分（20分）； （3）正确走纤盘纤，光纤盘整洁美观（光纤弯曲半径大于等于40mm）（20分）。	60分
3	职业素养	（1）工具、仪表、材料、作品摆放不整齐，着装不整齐、不规范，每项扣 2 分； （2）作业完成后未清理、清扫工作现场扣 5 分； （3）考核的过程中浪费耗材扣 5 分； （4）损坏工具、设备的扣 20 分； （5）不穿戴相关防护用品扣 2 分，发生安全事故本次考核不合格。	20分

试题 J2-1-9：光纤终端盒的安装应用

（一）任务描述

近几年宽带接入网高速发展，各地通信运营商快速推进家庭光纤接入，加速向"光纤城市"目标迈进，光纤通信工程在我们的日常生活中随处可见。现有一小区需进行光纤布线及成端处理，现要求对光纤通信工程中常用的光纤终端盒进行现场安装与接线。

具体包括：

①正确进行光纤终端盒安装，将光纤耦合器正确安装在终端盒上，尾纤连接耦合器应稳固。

②进出光纤正确去除外护套，并正确固定安装。

③正确使用光纤熔接机进行 8 芯光纤与尾纤的熔接处理，光纤熔接色序正确。

④光纤熔接光损耗不能大于 0.02dB。

⑤正确走纤盘纤，光纤盘整洁美观（光纤弯曲半径大于等于 40mm）。

（二）实施条件

考核场地：模拟安装室一间，工位 20 个。每个工位配置光纤熔接机一台。

考点提供的材料、工具清单见表1和表2

表 1 材料清单表

序 号	名 称	单 位	数 量	备 注
1	光纤终端盒	个	1	
2	光纤	根	1	8芯
3	耦合器	个	8	
4	尾纤	根	8	
5	辅材	批	1	

表 2 工具清单表

序 号	名 称	单 位	数 量	
1	螺丝刀	把	4	大十字、小十字、大一字、小一字各一把
2	光纤熔接工具	套	1	
3	钳子、扳手	套	1	

（三）考核时量

考试时间：90分钟。

（四）评分标准

序 号	考核内容	考核要点	教师考核评分
1	光纤终端盒的安装	（1）正确进行光纤终端盒安装，将光纤耦合器正确安装在终端盒上，尾纤连接耦合器稳固（10分）； （2）光纤正确去除外护套，并正确固定安装（10分）。	20分
2	光纤终端盒的盘纤与熔纤	（1）正确使用光纤熔接机进行8芯光纤熔接处理，光纤熔接色序正确，不符合一处扣3分（20分）； （2）每根光纤熔接光损耗不能大于0.02dB，不符合一处扣3分（20分）； （3）正确走纤盘纤，光纤盘整洁美观（光纤弯曲半径大于等于40mm）。（20分）。	60分
3	职业素养	（1）工具、仪表、材料、作品摆放不整齐，着装不整齐、不规范，每项扣2分； （2）作业完成后未清理、清扫工作现场扣5分； （3）考核的过程中浪费耗材扣5分； （4）损坏工具、设备的扣20分； （5）不穿戴相关防护用品扣2分，发生安全事故本次考核不合格。	20分

试题 J2-1-10：光纤交接箱（户外型）的安装应用

（一）任务描述

近几年宽带接入网高速发展，各地通信运营商快速推进家庭光纤接入，加速向"光纤城市"目标迈进，光纤通信工程在我们的日常生活中随处可见。现有一小区需在室外进行光纤对接，要求对光纤通信工程中常用的光纤交接箱进行现场安装与接线。

具体包括：

①用建筑电气CAD软件绘制出光纤交接箱的端子接线图及端子说明，将所绘制的工程图以光纤交接箱＋所抽具体工位号命名，保存在电脑桌面上。

②按所绘制工程图进行光纤交接箱的安装，要求安装牢固接线规范。

③在安装好的光纤交接箱内进行连线与盘纤走线。要求：按图纸正确对进出纤进行分配，将8芯光纤进线通过在盘纤盒中重新熔接及盘纤后，分2路输出，每路4芯输出，进出光纤（尾纤）走纤、光纤跳线要规范美观。

（二）实施条件

考核场地：模拟安装室一间，工位20个。每个工位配置光纤熔接机一台，安装了AUTO-CAD的电脑一台。

考点提供的材料、工具清单见表1和表2

表1　材料清单表

序　号	名　　称	单　位	数　量	备　　注
1	光纤交接箱	个	1	
2	光纤终端盒	个	2	
3	光纤跳线	根	8	
4	光纤	根	3	一根8芯二根4芯
5	尾纤	批	1	
6	辅材	批	1	

表2　工具清单表

序　号	名　　称	单　位	数　量	
1	螺丝刀	把	4	大十字、小十字、大一字、小一字各一把
2	光纤熔接工具	套	1	
3	扳手	套	1	
4	尖嘴钳	把	1	

（三）考核时量

考试时间：90分钟。

（四）评分标准

序　号	考核内容	考核要点	教师考核评分
1	光纤交接箱的接线图绘制	(1)标注出设备的主要端子说明(10分)； (2)使用CAD绘制光纤分配接线图(20分)。	30分
2	光纤交接箱的安装与接线	(1)正确进行光纤熔接及盘纤处理，色序正确(20分)； (2)进出光纤(尾纤)走纤、光纤跳线要规范美观(10分)； (3)按图纸正确对进出纤进行分配(20分)。	50分

续表

序　号	考核内容	考核要点	教师考核评分
3	职业素养	（1）工具、仪表、材料、作品摆放不整齐，着装不整齐、不规范，每项扣2分； （2）作业完成后未清理、清扫工作现场扣5分； （3）考核的过程中浪费耗材扣5分； （4）损坏工具、设备的扣20分； （5）不穿戴相关防护用品扣2分，发生安全事故本次考核不合格。	20分

试题 J2-1-11：帽式光缆接头盒（户外型）的安装接线

（一）任务描述

近几年宽带接入网高速发展，各地通信运营商快速推进家庭光纤接入，加速向"光纤城市"目标迈进，光纤通信工程在我们的日常生活中随处可见。现有一小区需在室外进行光纤熔接，要求对常用的帽式光缆接头盒（户外型）进行现场的安装与接线。

具体包括：

①用建筑电气CAD软件绘制出帽式光缆接头盒（进行一进两出光纤分配）的端子接线图及端子说明，将所绘制的工程图以帽式光缆接头盒＋所抽具体工位号命名，保存在电脑桌面上。

②使用正确安装工具，正确进行帽式光缆接头盒安装，做好防水处理。

③进出光纤（1进2出）正确去除外护套，并正确固定安装。

④正确使用光纤熔接机进行光纤熔接处理，要求1根8芯光纤分成2根4芯光纤，光纤熔接色序正确。

⑤光纤熔接光损耗不能大于0.02dB。

⑥正确走纤盘纤，光纤盘整洁美观（光纤弯曲半径大于等于40mm）。

（二）实施条件

考核场地：模拟安装室一间，工位20个。每个工位配置光纤熔接机一台，安装了AUTOCAD的电脑一台。

考点提供的材料、工具清单见表1和表2

表1　材料清单表

序　号	名　称	单　位	数　量	备　注
1	帽式光缆接头盒	个	1	
2	光纤	根	3	1根8芯2根4芯
3	辅材	批	1	

表2　工具清单表

序　号	名　称	单　位	数　量	
1	螺丝刀	把	4	大十字、小十字、大一字、小一字各一把
2	光纤熔接工具	套	1	
3	内六角扳手	套	1	

（三）考核时量

考试时间：90分钟。

（四）评分标准

序　号	考核内容	考核要点	教师考核评分
1	帽式光缆接头盒的安装	（1）正确安装工具，正确进行帽式光缆接头盒安装，做好防水处理（10分）； （2）光纤正确去除外护套，并正确固定安装（10分）。	20分
2	帽式光缆接头盒的盘纤与熔纤	（1）正确使用光纤熔接机进行光纤熔接处理，光纤熔接色序正确，不符合一处扣3分（20分）； （2）每根光纤熔接光损耗不能大于0.02dB，不符合一处扣3分（20分）； （3）正确走纤盘纤，光纤盘整洁美观（光纤弯曲半径大于等于40mm）（20分）。	60分
3	职业素养	（1）工具、仪表、材料、作品摆放不整齐，着装不整齐、不规范，每项扣2分； （2）作业完成后未清理、清扫工作现场扣5分； （3）考核的过程中浪费耗材扣5分； （4）损坏工具、设备的扣20分； （5）不穿戴相关防护用品扣2分，发生安全事故本次考核不合格。	20分

试题 J2-1-12：接续保护盒（室内型）的安装接线

（一）任务描述

近几年宽带接入网高速发展，各地通信运营商快速推进家庭光纤接入，加速向"光纤城市"目标迈进，光纤通信工程在我们的日常生活中随处可见。现有一小区需在室内对光纤进行接续保护，要求对光纤通信网络工程中常用的器材接续保护盒（室内型）进行现场安装与接线。具体包括：

①用建筑电气CAD软件绘制出接续保护盒（进行一进两出光纤分配）的端子接线图及端子说明，将所绘制的工程图以接续保护盒＋所抽具体工位号命名，保存在电脑桌面上。

②安装连接接续保护盒。要求：（1）安装8分6光缆分支保护盒（2）安装1分2皮缆分支保护盒（3）接续保护盒安装标准规范、固定牢固。

③接续保护盒的测试。要求（1）使用正确的工具和方法完成光纤冷接头成端处理（2）用光纤测量仪测量冷接头的光损（插入损耗不大于0.5dB）。

（二）实施条件

考核场地：模拟安装室一间，工位20个。每个工位配置光纤熔接机一台，安装了AUTO-CAD的电脑一台。

考点提供的材料、工具清单见表1和表2

表1　材料清单表

序号	名称	单位	数量	备注
1	光缆分支保护盒	个	1	
2	皮缆分支保护盒	个	1	
3	光纤	根	3	1根8芯光纤、1根2芯皮线光纤
4	辅材	批	1	

表2　工具清单表

序号	名称	单位	数量	
1	螺丝刀	把	4	大十字、小十字、大一字、小一字各一把
2	切割刀	把	1	
3	光纤开剥器	把	1	
4	剥离器	把	1	
5	切割定长器	把	1	
6	剥线钳	把	1	
7	光纤测量仪	台	1	

（三）考核时量

考试时间：90分钟。

（四）评分标准

序号	考核内容	考核要点	教师考核评分
1	接续保护盒的接线图绘制	（1）标注出设备的主要端子说明（10分）； （2）使用CAD绘制光纤接线图（10分）。	20分
2	接续保护盒的安装	（1）正确安装8分6光缆分支保护盒（10分）； （2）正确安装1分2皮缆分支保护盒（10分）； （3）接续保护盒安装标准、固定牢固（10分）。	30分
3	接续保护盒的测试	（1）正确制作标准光纤冷接头（错一根扣5分，扣完为止）（10分）； （2）用光纤测量仪测量冷接子的光损（插入损耗不大于0.5Bd）（错一根扣5分，扣完为止）（10分）。	30分
4	职业素养	（1）工具、仪表、材料、作品摆放不整齐，着装不整齐、不规范，每项扣2分； （2）作业完成后未清理、清扫工作现场扣5分； （3）考核的过程中浪费耗材扣5分； （4）损坏工具、设备的扣20分； （5）不穿戴相关防护用品扣2分，发生安全事故本次考核不合格。	20分

试题J2-1-13：光纤分光器的安装应用

（一）任务描述

近几年宽带接入网高速发展，各地通信运营商快速推进家庭光纤接入，加速向"光纤城市"

目标迈进,光纤通信工程在我们的日常生活中随处可见。现有一小区需对光纤分光器(机架式1分16路)进行现场安装与接线。具体包括:

①用建筑电气 CAD 软件绘制出光纤分光器的端子接线图及端子说明以及光纤分光图,将所绘制的工程图以光纤分光器+所抽具体工位号命名,保存在电脑桌面上;

②按绘制的图纸安装光纤分光器并将分光器进行跳线接线,要求安装牢固,接线规范;

③正确测量并记录各分光侧输出端口插入损耗值。

(二)实施条件

考核场地:模拟安装室一间,工位 20 个。每个工位配置光纤熔接机一台,安装了 AUTO-CAD 的电脑一台。

考点提供的材料、工具清单见表1和表2

表 1　材料清单表

序　号	名　　　称	单　位	数　量	备　　　注
1	光纤分光器	个	1	1分16路
2	光纤跳线	根	20	
3	网络机柜	台	1	
4	辅材	批	1	

表 2　工具清单表

序　号	名　　　称	单　位	数　量	
1	螺丝刀	把	4	大十字、小十字、大一字、小一字各一把
2	光纤测量仪	台	1	
3	记号笔	支	1	

(三)考核时量

考试时间:90 分钟。

(四)评分标准

序　号	考核内容	考核要点	教师考核评分
1	光纤分光器的接线图绘制	(1)标注出设备的主要端子说明(10分); (2)使用 CAD 绘制光纤接线图和光纤分光图(10分)。	20分
2	光纤分光器的安装	(1)选用正确的安装工具,正确安装固定光纤分光器(15分); (2)光纤跳线连接正确规范,接线应满足工艺要求(15分)。	30分
3	光纤分光器的安装	(1)正确使用仪器测量插入损耗值(过程)(15分); (2)正确记录每个输出端的插入损耗值(15分)。	30分
4	职业素养	(1)工具、仪表、材料、作品摆放不整齐,着装不整齐、不规范,每项扣2分; (2)作业完成后未清理、清扫工作现场扣5分; (3)考核的过程中浪费耗材扣5分; (4)损坏工具、设备的扣20分; (5)不穿戴相关防护用品扣2分,发生安全事故本次考核不合格。	20分

试题 J2-1-14：单端口光端机（电信家庭型）的安装调试

（一）任务描述

近几年宽带接入网高速发展，各地通信运营商快速推进家庭光纤接入，加速向"光纤城市"目标迈进，光纤通信工程在我们的日常生活中随处可见。现有一小区家庭需要安装单端口光端机（电信家庭型），要求对单端口光端机（电信家庭型）进行现场的安装与接线。具体包括：

①用建筑电气 CAD 软件绘制出单端口光端机（电信家庭型）的端子接线图及其端子说明，将所绘制的工程图以单端口光端机（电信家庭型）＋所抽具体工位号命名，保存在电脑桌面上。

②正确安装单端口光端机（电信家庭型）与入屋光纤、路由器和电脑，要求连线规范。

③将连好的单端口光端机（电信家庭型）与入屋光纤、路由器和电脑进行联合调试。要求：(a)用电脑进入单端口光端机设置界面，对单端口光端机进行网络设置；(b)选择路由功能并输入正确的用户密码连接网络；(c)登录路由器设置路由器 IP：192.168.X.X（地址不能以单端口光端机一样）；(d)正确选择路由器网络接入类型。

（二）实施条件

考核场地：模拟安装室一间，工位 20 个。每个工位配置光纤熔接机一台，安装了 AUTO-CAD 的电脑一台。

考点提供的材料、工具清单见表 1 和表 2

表1　材料清单表

序　号	名　　称	单　位	数　量	备　　注
1	单端口光端机	台	1	
2	路由器	台	1	
3	皮线光缆	米	5	单芯
4	冷接子	个	1	
5	网络跳线	根	1	
6	辅材	批	1	

表2　工具清单表

序　号	名　　称	单　位	数　量	
1	剥纤器	把	1	
2	剥线器	把	1	
3	切割刀	把	1	

（三）考核时量

考试时间：90 分钟。

（四）评分标准

序　号	考核内容	考核要点	评　分
1	单端口光端机的接线图纸绘制	(1)标注出设备的主要端子说明(10分); (2)使用CAD绘制光猫接线图(10分)。	20分
2	单端口光端机的安装与接线	(1)正确制作光纤冷接头(10分); (2)正确安装单端口光端机,正确连接入户光纤、光猫、路由器和电脑(10分)。	20分
3	单端口光端机的调试	(1)用电脑进入单端口光端机设置界面,对单端口光端机进行网络设置(10分); (2)正确选择路由功能并输入用户密码连接网络(10分); (3)正确登录路由器并设置路由器IP(192.168.X.X)(10分); (4)选择路由器网络接入类型(10分)。	40分
4	职业素养	(1)工具、仪表、材料、作品摆放不整齐,着装不整齐、不规范,每项扣2分; (2)作业完成后未清理、清扫工作现场扣5分; (3)考核的过程中浪费耗材扣5分; (4)损坏工具、设备的扣20分; (5)不穿戴相关防护用品扣2分,发生安全事故本次考核不合格。	20分

项目二　电话通讯系统安装与调试

试题 J2-2-1:程控电话交换机的安装与调试

(一)任务描述

某酒店为了满足顾客需求,提升酒店的服务水平,决定给每一间客房安装一部电话,可以酒店内部通话和拨打外线电话。要求为酒店安装程控电话交换系统。现要求对该系统中的程控电话交换机进行现场的安装接线调试,并将需要安装的元器件安装在模拟墙面指定的区域上。

具体包括:

①用建筑电气CAD软件绘制出程控电话交换机的端子接线图及端子说明,所绘制工程图以程控电话交换机+所抽具体工位号命名,保存在电脑桌面上。

②制作电话线,并按图纸对程控电话交换机、电话机进行安装与接线。要求安装牢固,接线规范。

③对安装好的程控电话交换机与电话机进行调试控制。要求设置程控电话交换机的各参数(系统设置、分机设置、计费设置)、修改3个分机等级(分别为限制市话、长话、国际长话)、通信测试(分机与分机之间的通话)。

(二)实施条件

考核场地:模拟安装室一间,工位20个,每个工位配置安装了AUTOCAD的电脑一台。

考点提供的材料、工具清单见表1和表2。

表 1　材料清单表

序　号	名　　称	单　位	数　量	备　注
1	程控电话交换机	台	1	
2	电话机	个	3	
3	电话跳线	根	5	
4	辅材	批	1	

表 2　工具清单表

序　号	名　　称	单　位	数　量	备　注
1	螺丝刀	把	4	大十字、小十字、大一字、小一字各一把
2	万用表	台	1	
3	尖嘴钳	把	1	

（三）考核时量

考试时间：90 分钟。

（四）评分标准

序　号	考核内容	考核要点	配　分
1	程控电话交换机的接线图绘制	（1）标注出设备的主要端子说明（10分）（每少一个扣2分，扣完为止）； （2）使用 CAD 绘制设备端子接线图（10分）（每少一处扣2分，扣完为止）。	20分
2	程控电话交换机的安装	（1）制作标准的电话线，用万用表测试线路是否正常（过程）（10分）（酌情扣分，扣完为止）； （2）正确选择程控中心交换机安装位置，安装标准、规范、牢固（10分）（可酌情扣分，扣完为止）； （3）程控电话交换机与电话分机的接线满足工艺要求（10分）（可酌情扣分，扣完为止）。	30分
3	程控电话交换机的调试	（1）设置程控电话交换机的各参数（系统设置、分机设置、计费设置等）（10分）（每少一项，扣2~3分，扣完为止）； （2）修改3个分机等级分别为（限制市话、长话、国际长话）（10分）；（每少一项，扣2~3分，扣完为止） （3）通信测试（实现分机与分机之间的通话）（10分）。	30分
4	职业素养	（1）工具、仪表、材料、作品摆放不整齐，着装不整齐、不规范，每项扣2分； （2）作业完成后未清理、清扫工作现场扣5分； （3）考核的过程中浪费耗材扣5分； （4）损坏工具、设备的扣20分； （5）不穿戴相关防护用品扣2分，发生安全事故本次考核不合格。	20分

试题 J2-2-2：电话机的安装与调试

（一）任务描述

某酒店为了满足顾客需求，提升酒店的服务水平，决定给每一间客房安装一部电话，可以酒店内部通话和拨打外线电话。要求为酒店安装程控电话交换系统。现要求对该系统中的电话机进行现场的安装接线调试。

具体包括：

①用建筑电气 CAD 软件绘制出电话机的端子接线图及端子说明，所绘制工程图以电话机＋所抽具体工位号命名，保存在电脑桌面上。

②制作标准电话线，按图纸对 5 台电话机与电话程控交换机进行安装与接线，要求安装美观牢固，接线规范。

③对安装好的 5 台电话机与电话程控交换机进行调试控制。要求：分配分机号码分别为 501、502、503、504、505，分机间能正常通话，并设置分机叫醒功能为早上 8：00 叫醒。

（二）实施条件

考核场地：模拟安装室一间，工位 20 个，每个工位配置安装了 AUTOCAD 的电脑一台。

考点提供的材料、工具清单见表 1 和表 2。

表 1　材料清单表

序　号	名　　称	单　位	数　量	备　注
1	程控电话交换机	台	1	
2	电话机	个	5	
3	电话跳线	根	5	
4	辅材	批	1	

表 2　工具清单表

序　号	名　　称	单　位	数　　量	
1	螺丝刀	把	4	大十字、小十字、大一字、小一字各一把
2	万用表	台	1	
3	网络钳	把	1	
4	尖嘴钳	把	1	

（三）考核时量

考试时间：90 分钟。

（四）评分标准

序　号	考核内容	考核要点	配　分
1	电话机的接线图绘制	（1）标注出设备的主要端子说明（10 分）（每少一个扣 2 分，扣完为止）； （2）使用 CAD 绘制设备端子接线图（10 分）（每少一处扣 2 分，扣完为止）。	30 分
2	电话机的安装	（1）制作标准的电话线，用万用表测试线路是否正常（过程）（10 分）（酌情扣分，扣完为止）； （2）正确选择电话分机安装位置，安装标准、规范、牢固（10 分）（可酌情扣分，扣完为止）； （3）电话交换机与电话分机的接线满足工艺要求（10 分）（可酌情扣分，扣完为止）。	20 分

续表

序 号	考核内容	考核要点	配 分
3	电话机的调试	(1)正确分配5个分机号码(10分); (2)各分机能正常通话(10分); (3)正确设置分机叫醒功能(10分)。	30分
4	职业素养	(1)工具、仪表、材料、作品摆放不整齐,着装不整齐、不规范,每项扣2分; (2)作业完成后未清理、清扫工作现场扣5分; (3)考核的过程中浪费耗材扣5分; (4)损坏工具、设备的扣20分; (5)不穿戴相关防护用品扣2分,发生安全事故本次考核不合格。	20分

项目三　有线电视及卫星电视接收系统安装与调试

试题 J2-3-1:放大器(有线电视)的装调

(一)任务描述

某旅馆为了给客人更好的服务,对旅馆内所有的房间安装一台电视机。要求对有线电视相关设备进行安装,并现场对有线电视的放大器做现场调试。将需要安装的元器件安装在模拟墙面指定的区域上。

具体包括:

①用建筑电气 CAD 软件绘制出放大器的端子接线图及端子说明,所绘制工程图以放大器+所抽具体工位号命名,保存在电脑桌面上。

②按图纸对放大器、分配器、分支器进行安装与接线。要求安装牢固,接线规范。

③将放大器与分配器、分支器进行安装联调。要求:(a)放大器到分支器的线长(放大器要尽量远离电视机要求超过5米);(b)要求接入电视信号发射机发出输出 60DBμv,调整放大器均衡使输出电平在 94-102DBμv 之间;(c)用场强仪测量并记录放大器、分配器、分支器各个输了端的电平值。

(二)实施条件

考核场地:模拟安装室一间,工位20个,每个工位配置安装了 AUTOCAD 的电脑一台,电视信号发射机一台。

考点提供的材料、工具清单见表1和表2

表1　材料清单表

序 号	名 称	单 位	数 量	备 注
1	放大器	台	1	
2	分支器	个	1	
3	分配器	个	1	
4	SYWV-75-5	米	10	
5	辅材	批	1	

表2 工具清单表

序 号	名 称	单 位	数 量	
1	螺丝刀	把	4	大十字、小十字、大一字、小一字各一把
2	场强仪	台	1	
2	万用表	个	1	
4	剥线器	把	1	
5	尖嘴钳	把	1	

（三）考核时量

考试时间：90分钟。

（四）评分标准

序 号	考核内容	考核要点	配 分
1	放大器接线图的绘制	(1)标注出设备的主要端子说明(10分)(遗漏或标注错误每处扣2分,扣完为止); (2)使用CAD绘制设备端子接线图(10分)(遗漏或错误每处扣1分,扣完为止)。	20分
2	放大器的安装	(1)选用正确的安装工具(过程)(10分)(工具的选用不合理每次扣2分,扣完为止); (2)放大器安装应牢固(10分)(可酌情扣分,扣完为止); (3)接线应满足工艺要求(10分)(不满足工艺要求每根线扣1分,扣完为止)。	30分
3	放大器的调试	(1)放大器到分配器的线长(要求超过5米)(10分)(每短缺0.5米扣2分); (2)要求接入电视信号发射机发出输出60DBμv,调整放大器均衡使输出电平在94-102DBμv之间;(10分)(调试方法不正确扣5分,未达要求功能扣5分); (3)用场强仪测量并记录放大器、分配器、分支器各个输了端的电平值(10分)(测量方法不正确扣5分,未安要求记录扣5分)。	30分
4	职业素养	(1)工具、仪表、材料、作品摆放不整齐,着装不整齐,不规范,每项扣2分; (2)作业完成后未清理、清扫工作现场扣5分; (3)考核的过程中浪费耗材扣5分; (4)损坏工具、设备的扣20分; (5)不穿戴相关防护用品扣2分,发生安全事故本次考核不合格。	20分

试题J2-3-2：分配器（有线电视）的装调

（一）任务描述

某旅馆为了给客人更好的服务,对旅馆内所有的房间安装一台电视机。要求对有线电视相关设备进行安装,并现场对有线电视的分配器做现场接线调试。将需要安装的元器件安装在模拟墙面指定的区域上。

具体包括：

①用建筑电气CAD软件绘制出分配器的端子接线图及端子说明,所绘制工程图以分配

器＋所抽具体工位号命名,保存在电脑桌面上。

②按图纸对分配器进行安装与接线。要求安装牢固,接线规范。

③将分配器与放大器、分支器进行安装联调。要求:(a)用场强仪测量并记录放大器、分支器分配器输出的信号;(b)说明分配器与分支器的区别。

(二)实施条件

考核场地:模拟安装室一间,工位20个,每个工位配置安装了建筑电气CAD的电脑一台,电视信号发射机一台。

考点提供的材料、工具清单见表1和表2

表1 材料清单表

序 号	名 称	单 位	数 量	备 注
1	分配器	个	1	一分四
2	放大器	个	1	
3	分支器	个	1	
4	SYWV-75-5	米	10	
5	辅材	批	1	

表2 工具清单表

序 号	名 称	单 位	数 量	
1	螺丝刀	把	4	大十字、小十字、大一字、小一字各一把
2	场强仪	台	1	
3	万用表	个	1	
4	剥线器	把	1	
5	尖嘴钳	把	1	

(三)考核时量

考试时间:90分钟。

(四)评分标准

序 号	考核内容	考核要点	配 分
1	分配器接线的图绘制	(1)标注出设备的主要端子说明(10分)(遗漏或标注错误每处扣2分,扣完为止); (2)使用CAD绘制设备端子接线图(10分)(遗漏或错误每处扣1分,扣完为止)。	20分
2	分配器的安装	(1)选用正确的安装工具(过程(10分)(工具的选用不合理每次扣2分,扣完为止); (2)分配器安装应牢固(10分)(可酌情扣分,扣完为止); (3)接线应满足工艺要求(10分)(不满足工艺要求每根线扣1分,扣完为止)。	30分
3	分配器的调试	(1)用场强仪测量并记录放大器、分支器分配器输出的信号(15分)(不能正确使用测试仪器扣5分,不完整记录一处扣2分); (2)说明分配器与分支器的区别(15分)(可酌情扣分)。	30分

续表

序　号	考核内容	考核要点	配　分
4	职业素养	(1)工具、仪表、材料、作品摆放不整齐，着装不整齐、不规范，每项扣2分； (2)作业完成后未清理、清扫工作现场扣5分； (3)考核的过程中浪费耗材扣5分； (4)损坏工具、设备的扣20分； (5)不穿戴相关防护用品扣2分，发生安全事故本次考核不合格。	20分

试题 J2-3-3：分支器(有线电视)的装调

(一)任务描述

某旅馆为了给客人更好的服务，对旅馆内所有的房间安装一台电视机。要求对有线电视相关设备进行安装，并现场对有线电视的分支器做现场接线调试。将需要安装的元器件安装在模拟墙面指定的区域上。

具体包括：

①用建筑电气 CAD 软件绘制出分支器的端子接线图及端子说明，所绘制工程图以分支器＋所抽具体工位号命名，保存在电脑桌面上。

②按图纸对分支器与放大器、分配器进行安装与接线。要求安装牢固，接线规范。

③将安装好的分支器与放大器、分配器进行调试。要求：(a)用场强仪测量并记录分支器与放大器、分配器输出的信号；(b)说明分配器与分支器的区别。

(二)实施条件

考核场地：模拟安装室一间，工位 20 个，每个工位配置安装了 AUTOCAD 的电脑一台，电视信号发射机一台。

考点提供的材料、工具清单见表 1 和表 2

表 1　材料清单表

序　号	名　称	单　位	数　量	备　注
1	分支器	个	1	四分
2	放大器	个	1	
4	分配器	个	1	
5	SYWV-75-5	米	10	
6	辅材	批	1	

表 2　工具清单表

序　号	名　称	单　位	数　量	
1	螺丝刀	把	4	大十字、小十字、大一字、小一字各一把
2	场强仪	台	1	
3	万用表	个	1	
4	剥线器	把	1	
5	尖嘴钳	把	1	

（三）考核时量

考试时间：90分钟。

（四）评分标准

序　号	考核内容	考核要点	配　分
1	分支器接线图的绘制	（1）标注出设备的主要端子说明（10分）（遗漏或标注错误每处扣2分，扣完为止）； （2）使用CAD绘制设备端子接线图（10分）（遗漏或错误每处扣1分，扣完为止）。	20分
2	分支器的安装	（1）选用正确的安装工具（过程）（5分）（工具的选用不合理每次扣2分，扣完为止）； （2）分支器安装应牢固（5分）（可酌情扣分，扣完为止）； （3）接线应满足工艺要求（10分）（不满足工艺要求每根线扣1分，扣完为止）； （4）测试线路功能（过程）（10分）（不能正确使用测试仪器扣5分，不能实现功能扣5分）。	30分
3	分支器的调试	（1）用场强仪测量并记录放大器、分支器分配器输出的信号（15分）（不能正确使用测试仪器扣5分，不完整记录一处扣2分）； （2）说明分配器与分支器的区别（15分）（可酌情扣分）。	30分
4	职业素养	（1）工具、仪表、材料、作品摆放不整齐，着装不整齐、不规范，每项扣2分； （2）作业完成后未清理、清扫工作现场扣5分； （3）考核的过程中浪费耗材扣5分； （4）损坏工具、设备的扣20分； （5）不穿戴相关防护用品扣2分，发生安全事故本次考核不合格。	20分

试题 J2-3-4：有线电视面板的装调

（一）任务描述

某旅馆为了给客人更好的服务，对旅馆内所有的房间安装一台电视机。要求对有线电视相关设备进行安装，并现场对有线电视面板做现场接线调试。将需要安装的元器件安装在模拟墙面指定的区域上。

具体包括：

①用建筑电气CAD软件绘制出有线电视面板的端子接线图及端子说明，所绘制工程图以有线电视面板＋所抽具体工位号命名，保存在电脑桌面上。

②按图纸对有线电视面板与放大器、分配器、分支器进行安装与接线。要求安装牢固，接线规范。

③将有线电视面板与放大器、分配器、分支器进行安装联调。要求：（a）调整放大器上的增益钮，使有线电视面板输出信号电平需等于60dBuV；（b）用场强仪测量并记录分支器与放大器、分配器输出的信号。

（二）实施条件

考核场地：模拟安装室一间，工位20个，每个工位配置安装了AUTOCAD的电脑一台，电视信号发射机一台。

考点提供的材料、工具清单见表1和表2

表1　材料清单表

序　号	名　　称	单　位	数　量	备　注
1	有线电视面板	个	1	
2	分配器	台	1	
3	分支器	台	1	
4	放大器	个	1	
5	SYWV-75-5	米	10	
6	辅材	批	1	

表2　工具清单表

序　号	名　　称	单　位	数　量	
1	螺丝刀	把	4	大十字、小十字、大一字、小一字各一把
2	场强仪	台	1	
3	万用表	个	1	
4	剥线器	把	1	
5	尖嘴钳	把	1	

（三）考核时量

考试时间：90分钟。

（四）评分标准

序　号	考核内容	考核要点	配　分
1	有线电视面板接线图的绘制	（1）标注出设备的主要端子说明（10分）（遗漏或标注错误每处扣2分，扣完为止）； （2）使用CAD绘制设备端子接线图（10分）（遗漏或错误每处扣2分，扣完为止）。	20分
2	有线电视面板的安装	（1）选用正确的安装工具（过程）（10分）（工具的选用不合理每次扣2分，扣完为止）； （2）有线电视面板安装应牢固（10分）（可酌情扣分，扣完为止）； （3）接线应满足工艺要求（10分）（不满足工艺要求每根线扣1分，扣完为止）。	30分
3	有线电视面板的调试	（1）调整放大器上的增益钮，使有线电视面板输出信号电平需等于60dBuV（15分）（不能正确使用测试仪器扣5分，不能实现功能扣10分）； （2）用场强仪测量并记录分支器与放大器、分配器输出的信号（10分）（测量方法不正确扣5分，不完整记录一处扣2分）。	30分
4	职业素养	（1）工具、仪表、材料、作品摆放不整齐，着装不整齐、不规范，每项扣2分； （2）作业完成后未清理、清扫工作现场扣5分； （3）考核的过程中浪费耗材扣5分； （4）损坏工具、设备的扣20分； （5）不穿戴相关防护用品扣2分，发生安全事故本次考核不合格。	20分

试题 J2-3-5：有线电视机顶盒的装调

（一）任务描述

某旅馆为了给客人更好的服务，对旅馆内所有的房间安装一台电视机。要求对有线电视相关设备进行安装，并现场对有线电视机顶盒做现场接线调试。将需要安装的元器件安装在模拟墙面指定的区域上。

具体包括：

①用建筑电气 CAD 软件绘制出有线电视机顶盒的端子接线图及端子说明，所绘制工程图以有线电视机顶盒＋所抽具体工位号命名，保存在电脑桌面上。

②按图纸对有线电视机顶盒与放大器、分支器、分配器、数字电视机进行安装与接线。要求安装牢固，接线规范。

③将有线电视机顶盒与放大器、分支器、分配器、数字电视机进行安装联调。要求：1. 切换到电视视频模式（用 AV2），2. 进入导航界面自动搜索节目。

（二）实施条件

考核场地：模拟安装室一间，工位 20 个，每个工位配置安装了 AUTOCAD 的电脑一台。

考点提供的材料、工具清单见表 1 和表 2

表 1　材料清单表

序 号	名 称	单 位	数 量	备 注
1	有线电视机顶盒	台	1	
2	放大器	个	1	
3	数字电视机	台	1	
4	分支器	个	1	
5	分配器	个	1	
6	SYWV-75-5	米	10	
7	辅材	批	1	

表 2　工具清单表

序 号	名 称	单 位	数 量	
1	螺丝刀	把	4	大十字、小十字、大一字、小一字各一把
2	场强仪	台	1	
3	剥线器	把	1	
4	尖嘴钳	把	1	

（三）考核时量

考试时间：90 分钟。

（四）评分标准

序 号	考核内容	考核要点	配 分
1	有线电视机顶盒接线图的绘制	(1)标注出设备的主要端子说明(10分)(遗漏或标注错误每处扣2分,扣完为止); (2)使用 CAD 绘制设备端子接线图(10分)(遗漏或错误每处扣2分,扣完为止)。	20 分
2	有线电视机顶盒的安装	(1)选用正确的安装工具(过程)(10分)(工具的选用不合理每次扣2分,扣完为止); (2)有线电视机顶盒安装应牢固(10分)(可酌情扣分,扣完为止); (3)接线应满足工艺要求(10分)(不满足工艺要求每根线扣1分,扣完为止); (4)测试线路功能(过程)(10分)(不能正确使用测试仪器扣5分,不能实现功能扣5分)。	40 分
3	有线电视机顶盒的调试	(1)切换到电视视频模式(用 AV2)(10分)(调试方法不正确扣5分,未达要求功能扣5分); (2)进入导航界面自动搜索节目(调试方法不正确扣5分,未达要求功能扣5分)。	20 分
4	职业素养	(1)工具、仪表、材料、作品摆放不整齐,着装不整齐、不规范,每项扣2分; (2)作业完成后未清理、清扫工作现场扣5分; (3)考核的过程中浪费耗材扣5分; (4)损坏工具、设备的扣20分; (5)不穿戴相关防护用品扣2分,发生安全事故本次考核不合格。	20 分

试题 J2-3-6:卫星电视接收机的装调

(注:未经许可,私自安装、使用卫星接收设备是违法行为)

(一)任务描述

某偏僻村庄村民为了能收看电视节目,要安装卫星电视接收器接收电视信号。现要求对卫星电视接收机做现场安装接线调试。将需要安装的元器件安装在模拟墙面指定的区域上。

具体包括:

①用建筑电气 CAD 软件绘制出卫星电视接收机的端子接线图及端子说明,所绘制工程图以卫星电视接收机+所抽具体工位号命名,保存在电脑桌面上。

②按图纸对卫星电视接收机进行安装与接线。要求安装牢固,接线规范。

③将卫星电视接收机与卫星天线、高频头、电视机进行安装联调。要求:(a)设置卫星电视接收机的接收频道频率;(b)调节天线的方向角度确保能收到节目信号。

(二)实施条件

考核场地:模拟安装室一间,工位 20 个,每个工位配置安装了建筑电气 CAD 的电脑一台。

表 1 材料清单表

序 号	名 称	单 位	数 量	备 注
1	卫星电视接收机	个	1	
2	卫星天线	套	1	
3	高频头	个	4	
4	电视机	台	1	
5	SYWV-75-5	米	10	
6	辅材	批	1	

表2 工具清单表

序 号	名 称	单 位	数 量	
1	螺丝刀	把	4	大十字、小十字、大一字、小一字各一把
2	场强仪	台	1	
3	剥线器	把	1	
4	尖嘴钳	把	1	

（三）考核时量

考试时间：90分钟。

（四）评分标准

序 号	考核内容	考核要点	配 分
1	卫星电视接收机接线图的绘制	（1）标注出设备的主要端子说明（10分）（遗漏或标注错误每处扣2分，扣完为止）； （2）使用CAD绘制设备端子接线图（10分）（遗漏或错误每处扣1分，扣完为止）。	20分
2	卫星电视接收机安装	（1）选用正确的安装工具（过程）（10分）（工具的选用不合理每次扣2分，扣完为止）； （2）有线电视机顶盒安装应牢固（10分）（可酌情扣分，扣完为止）； （3）接线应满足工艺要求（10分）（不满足工艺要求每根线扣1分，扣完为止）。	30分
3	卫星电视接收机的调试	（1）设置卫星电视接收机的接收频道频率（10分）（调试方法不正确扣5分，未达要求功能扣5分）； （2）调节天线的方向角度确保能收到节目信号（20分）（调试方法不正确扣5分，未达要求功能扣5分）。	30分
4	职业素养	（1）工具、仪表、材料、作品摆放不整齐，着装不整齐、不规范，每项扣2分； （2）作业完成后未清理、清扫工作现场扣5分； （3）考核的过程中浪费耗材扣5分； （4）损坏工具、设备的扣20分； （5）不穿戴相关防护用品扣2分，发生安全事故本次考核不合格。	20分

项目四　信息网络系统安装与调试

试题J2-4-1：企业级路由器（无线覆盖系统）的装调

（一）任务描述

某酒店为了满足顾客需求，提升酒店的服务水平，决定给客人提供无线上网服务，要求为酒店安装无线网络覆盖系统。现要求安装无线网络覆盖系统中相关设备，并对企业级路由器进行现场接线调试。将需要安装的元器件安装在模拟墙面指定的区域上。

具体包括：

①用建筑电气CAD软件绘制出程控交换机的端子接线图及端子说明，所绘制工程图以程控交换机＋所抽具体工位号命名，保存在电脑桌面上。

②按图纸对企业级路由器、网络机柜、中心交换机、服务器、楼道交换机、无线 AP、面板无线 AP 进行安装与接线。要求安装牢固,接线规范。

③对安装好的企业级路由器与服务器、中心交换机、楼道交换机、无线 AP 进行调试控制。要求:(a)安装并启动 TCP/IP 协议、设置电脑 IP 并检查电脑以路由器之间的网络是否连通;(b)设置上网方式(动、静态地址设置);(c)'设置多 WAN 连接模式、IP;(d)设置 LANMAC 地址克隆;(e)设置 DHCP 服务器。

(二)实施条件

考核场地:模拟安装室一间,工位 20 个,每个工位配置安装了 AUTOCAD 的电脑一台。

考点提供的材料、工具清单见表 1 和表 2

表 1　材料清单表

序　号	名　　称	单　位	数　量	备　注
1	企业级路由器	台	1	
2	中心交换机	台	1	
3	服务器	台	1	
4	楼道交换机	台	1	
5	无线 AP	个	1	
6	面板无线 AP	个	1	
7	网络跳线	根	10	
8	网络机柜	台	1	
9	辅材	批	1	

表 2　工具清单表

序　号	名　　称	单　位	数　量	
1	螺丝刀	把	4	大十字、小十字、大一字、小一字各一把
2	测线仪	台	1	
3	网络钳	把	1	
4	尖嘴钳	把	1	

(三)考核时量

考试时间:90 分钟。

(四)评分标准

序　号	考核内容	考核要点	配　分
1	企业级路由器接线图的绘制	(1)标注设备主要端子说明(10 分)(遗漏或标注错误每处扣 2 分,扣完为止); (2)使用 CAD 绘制设备端子接线图(10 分)(遗漏或错误每处扣 1 分,扣完为止)。	20 分

续表

序 号	考核内容	考核要点	配 分
2	企业级路由器的安装	（1）选用正确的安装工具（过程）（5分）（工具的选用不合理每次扣2分，扣完为止）； （2）企业级路由器安装应牢固（5分）（可酌情扣分，扣完为止）； （3）接线应满足工艺要求（10分）（不满足工艺要求每根线扣1分，扣完为止）； （4）测试线路功能（过程）（10分）（不能正确使用测试仪器扣5分，不能实现功能扣5分）。	30分
3	企业级路由器的调试	（1）安装并启动 TCP/IP 协议、设置电脑 IP 并检查电脑以路由器之间的网络是否连通（6分）（安装协议不成功扣2分，设置 IP 不正确扣2分，网络不通扣2分）； （2）设置上网方式（动、静态地址设置）（6分）（动态地址设置不正确扣3分，静态地址设置不正确扣3分）； （3）设置多 WAN 连接模式、IP（6分）（多 WAN 连接模式设置不正确扣3分，IP 设置不正确扣3分）； （4）设置 LAN MAC 地址克隆（6分）（设置不正确扣6分）； （5）设置 DHCP 服务器（6分）（设置不正确扣6分）。	30分
4	职业素养	（1）工具、仪表、材料、作品摆放不整齐，着装不整齐、不规范，每项扣2分； （2）作业完成后未清理、清扫工作现场扣5分； （3）考核的过程中浪费耗材扣5分； （4）损坏工具、设备的扣20分； （5）不穿戴相关防护用品扣2分，发生安全事故本次考核不合格。	20分

试题 J2-4-2：中心交换机的装调

（一）任务描述

某酒店为了满足顾客需求，提升酒店的服务水平，决定给客人提供无线上网服务，要求为酒店安装无线网络覆盖系统。现要求安装无线网络覆盖系统中相关设备，并对无线网络覆盖系统中的中心交换机进行现场的接线调试。将需要安装的元器件安装在模拟墙面指定的区域上。

具体包括：

①用建筑电气 CAD 软件绘制出中心交换机的端子接线图及端子说明，所绘制工程图以中心交换机＋所抽具体工位号命名，保存在电脑桌面上。

②按图纸对中心交换机进行安装与接线。要求安装牢固，接线规范。

③对安装好的中心交换机与服务器、企业级路由器、中心交换机、楼道交换机、无线 AP 进行调试控制。要求：安装并启动 TCP/IP 协议、设置电脑 IP 并检查电脑与路由器之间的网络是否连通、设置上网方式（动、静态地址设置）、设置多 WAN 连接模式与 IP、设置 LAN MAC 地址克隆、设置 DHCP 服务器。

（二）实施条件

考核场地：模拟安装室一间，工位20个，每个工位配置安装了 AUTOCAD 的电脑一台。

考点提供的材料、工具清单见表1和表2。

表1 材料清单表

序 号	名 称	单 位	数 量	备 注
1	企业级路由器	台	1	
2	中心交换机	台	1	
3	服务器	台	1	
4	楼道交换机	台	1	
5	无线AP	个	1	
6	网络跳线	根	10	
7	辅材	批	1	

表2 工具清单表

序 号	名 称	单 位	数 量	
1	螺丝刀	把	4	大十字、小十字、大一字、小一字各一把
2	测线仪	台	1	
3	网络钳	把	1	
4	尖嘴钳	把	1	

(三)考核时量

考试时间:90分钟。

(四)评分标准

序 号	考核内容	考核要点	配 分
1	中心交换机接线图的绘制	(1)标注出设备的主要端子说明(10分)(遗漏或标注错误每处扣2分,扣完止); (2)使用CAD绘制设备端子接线图(10分)(遗漏或错误每处扣1分,扣完止)。	20分
2	中心交换机的安装	(1)选用正确的安装工具(过程)(5分)(工具的选用不合理每次扣2分,扣完为止); (2)中心交换机安装应牢固(5分)(可酌情扣分,扣完为止); (3)接线应满足工艺要求(10分)(不满足工艺要求每根线扣1分,扣完为止); (4)测试线路功能(过程)(10分)(不能正确使用测试仪器扣5分,不能实现功能扣5分)。	30分
3	中心交换机的调试	(1)安装并启动TCP/IP协议、设置电脑IP并检查电脑以路由器之间的网络是否连通(6分)(安装协议不成功扣2分,设置IP不正确扣2分,网络不通扣2分); (2)设置上网方式(动、静态地址设置)(6分)(动态地址设置不正确扣3分,静态地址设置不正确扣3分); (3)设置多WAN连接模式、IP(6分)(多WAN连接模式设置不正确扣3分,IP设置不正确扣3分); (4)设置LAN MAC地址克隆(6分)(设置不正确扣6分); (5)设置DHCP服务器(6分)(设置不正确扣6分)。	30分

续表

序　号	考核内容	考核要点	配　分
4	职业素养	（1）工具、仪表、材料、作品摆放不整齐，着装不整齐、不规范，每项扣2分； （2）作业完成后未清理、清扫工作现场扣5分； （3）考核的过程中浪费耗材扣5分； （4）损坏工具、设备的扣20分； （5）不穿戴相关防护用品扣2分，发生安全事故本次考核不合格。	20分

试题 J2-4-3：服务器的安装与调试

（一）任务描述

某酒店为了满足顾客需求，提升酒店的服务水平，决定给客人提供无线上网服务，要求为酒店安装无线网络覆盖系统。现要求安装无线网络覆盖系统中相关设备，并对服务器进行现场的安装接线调试。将需要安装的服务器安装在模拟环境的指定区域上。

具体包括：

①用建筑电气 CAD 软件绘制出服务器的端子接线图及端子说明，所绘制工程图以服务器＋所抽具体工位号命名，保存在电脑桌面上。

②按图纸对服务器、企业级路由器、中心交换机、楼道交换机、无线 AP 的硬件进行安装与接线。要求安装牢固，接线规范。

③在安装好的服务器与企业级路由器、中心交换机、楼道交换机、无线 AP 进行调试设置与调试。要求：(a)安装并启动 TCP/IP 协议、设置电脑 IP 并检查电脑与路由器之间的网络是否连通；(b)控制软件的安装与设备管理设置。

（二）实施条件

考核场地：模拟安装室一间，工位 20 个，每个工位配置安装了 AUTOCAD 的电脑一台。

考点提供的材料、工具清单见表1和表2。

表1　材料清单表

序号	名　　称	单　位	数　量	备　注
1	企业级路由器	台	1	
2	中心交换机	台	1	
3	服务器	台	1	
4	楼道交换机	台	1	
5	软件安装盘	张	1	
6	无线 AP	个	1	
7	网络跳线	根	2	
8	辅材	批	1	

表2　工具清单表

序号	名　　称	单　位	数　量
1	测线仪	台	1
2	螺丝刀	把	4
3	尖嘴钳	把	1

（三）考核时量

考试时间：90分钟。

（四）评分标准

序　号	考核内容	考核要点	配　分
1	服务器接线图的绘制	（1）标注出设备的主要端子说明（10分）（遗漏或标注错误每处扣2分，扣完为止）； （2）使用CAD绘制设备端子接线图（10分）（遗漏或错误每处扣1分，扣完为止）。	20分
2	服务器的安装	（1）选用正确的安装工具（过程）（5分）（工具的选用不合理每次扣2分，扣完为止）； （2）服务器安装应牢固（5分）（可酌情扣分，扣完为止）； （3）接线应满足工艺要求（10分）（不满足工艺要求每根线扣1分，扣完为止）； （4）测试线路功能（过程）（10分）（不能正确使用测试仪器扣5分，不能实现功能扣5分）。	30分
3	服务器的调试	（1）安装并启动TCP/IP协议、设置电脑IP并检查电脑与路由器之间的网络是否连通（15分）（未安装协议，扣5分，网络不通，扣10分）； （2）控制软件的安装与设备管理设置（15分）（未安装，扣10分，相关参数未设置，扣5分）。	30分
4	职业素养	（1）工具、仪表、材料、作品摆放不整齐，着装不整齐、不规范，每项扣2分； （2）作业完成后未清理、清扫工作现场扣5分； （3）考核的过程中浪费耗材扣5分； （4）损坏工具、设备的扣20分； （5）不穿戴相关防护用品扣2分，发生安全事故本次考核不合格。	20分

试题J2-4-4：无线AP的装调

（一）任务描述

某酒店为了满足顾客需求，提升酒店的服务水平，决定给客人提供无线上网服务，要求为酒店安装无线网络覆盖系统。现要求安装无线网络覆盖系统中相关设备，并对无线AP（吸顶式）进行现场的安装接线调试。将需要安装的元器件安装在模拟墙面指定的区域上。

具体包括：

①用建筑电气CAD软件绘制出无线AP的端子接线图及端子说明，所绘制工程图以无线AP＋所抽具体工位号命名，保存在电脑桌面上。

②按图纸对无线AP进行安装与接线。要求安装美观牢固，接线规范。

③对安装好的无线AP与服务器、企业级路由器、中心交换机、楼道交换机、无线AP进行调试控制。要求：设置无线AP的IP地址（设为192.168.1.10）、修改无线AP的名称（抽具体工位号命名）、设置工作模式（为AP）。

（二）实施条件

考核场地：模拟安装室一间，工位20个，每个工位配置安装了AUTOCAD的电脑一台。

考点提供的材料、工具清单见表1和表2。

表1 材料清单表

序 号	名 称	单 位	数 量	备 注
1	企业级路由器	台	1	
2	中心交换机	台	1	
3	服务器	台	1	
4	楼道交换机	台	1	
5	无线 AP	个	1	
6	网络跳线	根	2	
7	辅材	批	1	

表2 工具清单表

序 号	名 称	单 位	数 量	备 注
1	螺丝刀	把	4	大十字、小十字、大一字、小一字各一把
2	测线仪	台	1	
3	尖嘴钳	把	1	

(三)考核时量

考试时间:90分钟。

(四)评分标准

序 号	考核内容	考核要点	配 分
1	无线 AP 接线图的绘制	(1)标注出设备的主要端子说明(10分)(遗漏或标注错误每处扣2分,扣完为止); (2)使用 CAD 绘制设备端子接线图(10分)(遗漏或错误每处扣1分,扣完为止)。	20分
2	无线 AP 的安装	(1)选用正确的安装工具(过程)(5分)(工具的选用不合理每次扣2分,扣完为止); (2)无线 AP 安装应美观牢固(5分)(可酌情扣分,扣完为止); (3)接线应满足工艺要求(10分)(不满足工艺要求每根线扣1分,扣完为止); (4)测试线路功能(过程)(10分)(不能正确使用测试仪器扣5分,不能实现功能扣5分)。	30分
3	无线 AP 的调试	(1)设置无线 AP 的 IP 地址(10分)(未设置或错误扣10分); (2)修改无线 AP 的名称(10分)(未设置或错误扣10分); (3)设置工作模式(为 AP)(10分)(未设置或错误扣10分)。	30分
4	职业素养	(1)工具、仪表、材料、作品摆放不整齐,着装不整齐、不规范,每项扣2分; (2)作业完成后未清理、清扫工作现场扣5分; (3)考核的过程中浪费耗材扣5分; (4)损坏工具、设备的扣20分; (5)不穿戴相关防护用品扣2分,发生安全事故本次考核不合格。	20分

项目五 楼宇自控网络组网及调试

试题 J2-5-1:楼宇自控网络 DDC 控制器的总线连接与通信测试 1

(一)任务描述

某公司需要对某建筑进行楼宇自动化控制系统设计及装调,控制的对象包括灯光、空调、给排水等等,现决定通过采用 DDC 控制的方式来实现。现要求将相关 DDC 控制设备进行联网安装和通信调试。具体包括:

①正确识别并选择 DDC 控制器 HW-BA5208(以下简称 5208)、HW-BA5210(以下简称 5210),并利用 CAD 软件绘制出 DDC 组网端子接线图及端子说明,将所绘制的工程图以 DDC 控制器+所抽具体工位号命名,保存在桌面上。

②根据总线传输要求,制作好信号传输线缆,连接好 DDC 控制器和 Lon Works USB 接口网卡,实现电脑和 DDC 控制器 HW-BA5208、HW-BA5210 的组网通信连接。

③通过电脑实现与 DDC 控制器的通信测试,并记录两个控制器的设备地址。

(二)实施条件

材料、工具清单见表1和表2。

表 1 材料清单表

序 号	名 称	单 位	数 量	备 注
1	DDC 控制器 HW-BA5208	个	1	
2	DDC 控制器 HW-BA5210	个	1	
3	电脑	台	1	
4	屏蔽信号线	根	1	
5	AUTOCAD 软件	套	1	
6	Lon Works USB 接口网卡	个	1	

表 2 工具清单表

序 号	名 称	单 位	数 量	
1	螺丝刀	把	2	
2	万用表	台	1	
3	剥线器	把	1	
4	尖嘴钳	把	1	

(三)考核时量

考试时间:90 分钟。

(四)评分标准

序 号	考核内容	考核要点	配 分
1	DDC 控制器接线图绘制	(1)标注出设备的主要端子说明(10分); (2)使用 CAD 绘制设备端子接线图(10分)。	20 分

续表

序 号	考核内容	考核要点	配 分
2	DDC 控制器的组网接线	(1)接线满足工艺要求,标识清晰、合理 10 分(可酌情扣分,扣完为止); (2)通信线路连接正确 10 分(可酌情扣分,扣完为止); (3)正确使用工具和仪表 10 分(可酌情扣分,扣完为止)。	30 分
3	DDC 控制器的通信调试	(1)准确实现电脑与 DDC 控制器的通信测试 10 分(可酌情扣分,扣完为止); (2)正确获取 HW-BA5208 设备地址 10 分(可酌情扣分,扣完为止); (3)正确获取 HW-BA5210 设备地址 10 分(可酌情扣分,扣完为止)。	30 分
4	职业素养	(1)具备良好的安全用电意识,工具、仪表、材料、作品摆放不整齐,着装不整齐、规范,不穿戴相关防护用品等,每项扣 2 分; (2)具备较好的质量意识和标准意识,安装接线不符合相关作业规范,施工操作不按照相关行业标准进行,每项扣 2 分; (3)具备较好的成本节约意识与团队协作意识,安装接线过程中不注意节约线材,每项扣 2 分; (4)具有良好的工具使用和卫生清理习惯,作业完成后未清理、清扫工作现场扣 5 分。	20 分

试题 J2-5-2:楼宇自控网络 DDC 控制器的总线连接与通信测试 2

(一)任务描述

某公司需要对某建筑进行楼宇自动化控制系统设计及装调,控制的对象包括灯光、空调、给排水等等,现决定通过采用 DDC 控制的方式来实现。现要求将相关 DDC 控制设备进行联网安装和通信调试。具体包括:

①正确识别 DDC 控制器 TH-BA1108(以下简称 1108),并利用 CAD 软件绘制出 DDC 组网端子接线图及端子说明,将所绘制的工程图以 DDC 控制器+所抽具体工位号命名,保存在桌面上。

②根据总线传输要求,制作好信号传输线缆,连接好 DDC 控制器和 Lon Works USB 接口网卡,实现电脑和 DDC 控制器 TH-BA1108 的组网通信连接。

③通过电脑实现与 DDC 控制器的通信测试,并记录控制器的设备地址。

(二)实施条件

材料、工具清单见表 1 和表 2。

表 1   材料清单表

序 号	名 称	单 位	数 量	备 注
1	DDC 控制器 TH-BA1108	个	1	
2	电脑	台	1	
3	屏蔽信号线	根	1	
4	AUTOCAD 软件	套	1	
5	Lon Works USB 接口网卡	个	1	
6	辅材	套	1	

表2　工具清单表

序　号	名　　称	单　位	数　量	
1	螺丝刀	把	2	
2	万用表	台	1	
3	剥线器	把	1	
4	尖嘴钳	把	1	

（三）考核时量

考试时间:90分钟。

（四）评分标准

序　号	考核内容	考核要点	配　分
1	DDC控制器接线图绘制	(1)标注出设备的主要端子说明(10分); (2)使用CAD绘制设备端子接线图(10分)。	20分
2	DDC控制器的组网接线	(1)接线满足工艺要求,标识清晰、合理10分(可酌情扣分,扣完为止); (2)通信线路连接正确10分(可酌情扣分,扣完为止); (3)正确使用工具和仪表10分(可酌情扣分,扣完为止)。	30分
3	DDC控制器的通信调试	(1)准确实现电脑与DDC控制器的通信测试15分(可酌情扣分,扣完为止); (2)正确获取TH-BA1108设备地址15分(可酌情扣分,扣完为止)。	30分
4	职业素养	(1)具备良好的安全用电意识,工具、仪表、材料、作品摆放不整齐,着装不整齐、规范,不穿戴相关防护用品等,每项扣2分; (2)具备较好的质量意识和标准意识,安装接线不符合相关作业规范,施工操作不按照相关行业标准进行,每项扣2分; (3)具备较好的成本节约意识与团队协作意识,安装接线过程中不注意节约线材,每项扣2分; (4)具有良好的工具使用和卫生清理习惯,作业完成后未清理、清扫工作现场扣5分。	20分

试题J2-5-3:楼宇自控网络DDC编程与组网1

（一）任务描述

某公司需要对某建筑进行楼宇自动化控制系统组网调试,控制的对象包括灯光、空调、给排水等等,现决定通过采用DDC控制的方式来实现。现要求将相关DDC控制设备进行软件编程和组网。具体包括:

①将DDC控制器与电脑进行线路连接,打开LonMaker软件,新建一个工程项目"test1",将其路径指定为"E:\"。

②通过LonMaker软件实现对DDC控制器HW-BA5208(以下简称5208)的组网。

③通过LonMaker软件实现对DDC控制器HW-BA5210(以下简称5210)的组网。

④通过LonMaker软件实现5208模块Plug_in程序的注册与调用,并利用Plug_in程序实现对5208模块DO1和DO2的控制。

（二）实施条件

材料、工具清单见表1和表2。

表 1　材料清单表

序　号	名　　称	单　位	数　量	备　注
1	DDC 控制器 HW-BA5208	个	1	
2	DDC 控制器 HW-BA5210	个	1	
3	电脑	台	1	
4	屏蔽信号线	根	1	
5	LonMaker 软件	套	1	
6	Lon Works USB 接口网卡	个	1	

表 2　工具清单表

序　号	名　　称	单　位	数　量
1	螺丝刀	把	2
2	万用表	台	1
3	剥线器	把	1
4	尖嘴钳	把	1

（三）考核时量

考试时间：90 分钟。

（四）评分标准

序　号	考核内容	考核要点	配　分
1	LonMaker 软件的使用	（1）正确使用 LonMaker 软件，将项目路径设置为指定位置，完成新建项目，进入开发界面10分（可酌情扣分，扣完为止）； （2）DDC 通信线路连接正确10分（可酌情扣分，扣完为止）。	20 分
2	DDC 控制器的组网	（1）通过 LonMaker 正确设置参数，实现 5210 模块的组网连接 15分（可酌情扣分，扣完为止）； （2）通过 LonMaker 正确设置参数，实现 5208 模块的组网连接 15分（可酌情扣分，扣完为止）。	30 分
3	Plug_in 程序的注册与调用	（1）正确查找 5208 的 Plug_in 程序，完成注册与添加 10 分（可酌情扣分，扣完为止）； （2）正确调用 Plug_in 程序，实现对 DO1 的控制 10 分（可酌情扣分，扣完为止）； （3）正确调用 Plug_in 程序，实现对 DO2 的控制 10 分（可酌情扣分，扣完为止）。	30 分
4	职业素养	（1）具备良好的安全用电意识，工具、仪表、材料、作品摆放不整齐，着装不整齐、规范，不穿戴相关防护用品等，每项扣2分； （2）具备较好的质量意识和标准意识，安装接线不符合相关作业规范，施工操作不按照相关行业标准进行，每项扣2分； （3）具备较好的成本节约意识与团队协作意识，安装接线过程中不注意节约线材，每项扣2分； （4）具有良好的工具使用和卫生清理习惯，作业完成后未清理、清扫工作现场扣5分。	20 分

试题 J2-5-4:楼宇自控网络 DDC 编程与组网 2

(一)任务描述

某公司需要对某建筑进行楼宇自动化控制系统组网调试,控制的对象包括灯光、空调、给排水等等,现决定通过采用 DDC 控制的方式来实现。现要求将相关 DDC 控制设备进行软件编程和组网。具体包括:

①将 DDC 控制器与电脑进行线路连接,打开 LonMaker 软件,新建一个工程项目"test2",将其路径指定为"E:\"。

②通过 LonMaker 软件实现对 DDC 控制器 HW-BA5208(以下简称 5208)的组网。

③通过 LonMaker 软件实现对 DDC 控制器 HW-BA5210(以下简称 5210)的组网。

④利用 LonMaker 软件对定时控制模块 5210 进行编程,并实现对控制器 5208 的输出口 DO1 的定时开启与关闭。定时控制要求如下表所示。

定时控制时间表

时间列表	日程(周)
①6:00 开②7:50 关③10:15 开④14:50 关	周一到周五
⑤13:30 开⑥16:00 关	周六到周日

(二)实施条件

材料、工具清单见表 1 和表 2。

表 1 材料清单表

序 号	名 称	单 位	数 量	备 注
1	DDC 控制器 HW-BA5208	个	1	
2	DDC 控制器 HW-BA5210	个	1	
3	电脑	台	1	
4	屏蔽信号线	根	1	
5	LonMaker 软件	套	1	
6	Lon Works USB 接口网卡	个	1	

表 2 工具清单表

序 号	名 称	单 位	数 量	
1	螺丝刀	把	2	
2	万用表	台	1	
3	剥线器	把	1	
4	尖嘴钳	把	1	

(三)考核时量

考试时间:90 分钟。

(四)评分标准

序　号	考核内容	考核要点	配　分
1	LonMaker 软件的使用	(1)正确使用 LonMaker 软件,将项目路径设置为指定位置,完成新建项目,进入开发界面 10 分(可酌情扣分,扣完为止); (2)DDC 通信线路连接正确 10 分(可酌情扣分,扣完为止)。	20 分
2	DDC 控制器的组网	(1)通过 LonMaker 正确设置参数,实现 5210 模块的组网连接 15 分(可酌情扣分,扣完为止); (2)通过 LonMaker 正确设置参数,实现 5208 模块的组网连接 15 分(可酌情扣分,扣完为止)。	30 分
3	DDC 模块定时控制	(1)按照要求正确对定时模块进行编程设置 10 分(可酌情扣分,扣完为止); (2)实现对 5208 模块 DO1 的定时控制 10 分(可酌情扣分,扣完为止)。	20 分
4	职业素养	(1)具备良好的安全用电意识,工具、仪表、材料、作品摆放不整齐,着装不整齐、规范,不穿戴相关防护用品等,每项扣 2 分; (2)具备较好的质量意识和标准意识,安装接线不符合相关作业规范,施工操作不按照相关行业标准进行,每项扣 2 分; (3)具备较好的成本节约意识与团队协作意识,安装接线过程中不注意节约线材,每项扣 2 分; (4)具有良好的工具使用和卫生清理习惯,作业完成后未清理、清扫工作现场扣 5 分。	30 分

二、岗位核心技能

模块一　安防系统工程

项目一　视频监控系统的安装与调试

试题 H1-1-1:数字视频光端机的安装

（一）任务描述

某在建小区安装视频监控系统和可视对讲系统,要求各单元楼的通信通过光纤连接到监控中心,给视频监控系统安装数字视频光端机。现要求现场安装数字视频光端机并接线调试,同时将需要安装的元器件安装在指定的模拟区域(工位台)上。

具体包括:

①用建筑电气 CAD 软件绘制出数字视频光端机的端子接线图及端子说明,将所绘制的工程图以数字视频光端机＋所抽具体工位号命名,保存在电脑桌面。

②根据图纸安装数字视频光端机、网络硬盘录像机、监视器、光纤终端盒、摄像机、摄像机电源并接线。要求安装牢固,接线规范。

③将数字光端机与网络硬盘录像机、监视器、光纤终端盒、摄像机进行联调。要求:(a)数字视频光端机的通信功能正常;(b)可以显示前端摄像机所监视的画面。

（二）实施条件

考核场地:模拟安装室一间,工位 20 个。每个工位配置安装了建筑电气 CAD 电脑一台。

考点提供的材料、工具清单见表 1 和表 2。

表 1　设备材料清单表

序　号	名　称	单　位	数　量	备　注
1	数字视频光端机	台	2	8 路
2	网络硬盘录像机	台	1	
3	监视器	台	1	
4	光纤终端盒	个	2	
5	摄像机电源	个	1	
6	摄像机	个	1	
7	光纤跳线	根	2	
8	网络跳线	条	4	
9	辅材	批	1	

表 2　工具清单表

序　号	名　称	单　位	数　量	
1	螺丝刀	把	4	大十字、小十字、大一字、小一字各一把
2	测线仪	台	1	
3	万用表	台	1	
4	网络钳	把	1	
5	熔纤工具	套	1	
6	剥线器	把	1	
7	六角扳手	把	1	
8	光纤熔接机	台	1	
9	尖嘴钳	把	1	

（三）考核时量

考试时间：90 分钟。

（四）评分标准

序　号	考核内容	考核要点	教师考核评分
1	数字视频光端机的接线	（1）标注出设备的主要端子说明（10 分）； （2）使用 CAD 绘制设备端子接线图（10 分）； （3）用红光笔找出要连接的光纤并做好标记（重点考核过程）（10 分）。	30 分
2	数字视频光端机的安装	（1）选用正确的安装方法（过程）（10 分）； （2）数字视频光端机、网络硬盘录像机、监视器、光纤终端盒、摄像机、摄像机电源安装要牢固（10 分）； （3）连线满足工艺要求（10 分）。	30 分
3	数字视频光端机的调试	（1）数字视频光端机能够正常通信（10 分）； （2）可以显示前端摄像机所监视的画面（10 分）。	20 分
4	职业素养	（1）具备良好的安全用电意识，工具、仪表、材料、作品摆放不整齐，着装不整齐、规范，不穿戴相关防护用品等，每项扣 2 分； （2）具备较好的质量意识和标准意识，安装接线不符合相关作业规范，施工操作不按照相关行业标准进行，每项扣 2 分； （3）具备较好的成本节约意识与团队协作意识，安装接线过程中不注意节约线材，每项扣 2 分； （4）具有良好的工具使用和卫生清理习惯，作业完成后未清理、清扫工作现场扣 5 分。	20 分

试题 H1-1-2：网络高清智能球形摄像机的安装与调试

（一）任务描述

对一栋大厦的大厅进行 360 度无死角监视，主要是对大厅全面场景的监视和记录，可以及时了解到整个大厅发生的事件，方便管理人员快速反应，并且对重要人和物跟踪定位。要求安装网络高清智能球形摄像机，现要对该设备进行现场安装接线，并能通过系统对该设备进行控制。

具体包括：

①用建筑电气 CAD 软件绘制出网络高清智能球形摄像机与硬盘录像机连接的端子接线

图及端子说明,所绘制工程图以网络高清智能球形摄像机+所抽具体工位号命名,保存在桌面上。

②按要求对球形摄像机、摄像机电源、硬盘录像机、监视器进行安装与接线。要求安装牢固,接线规范。

③将安装好的摄像机与硬盘录像机、监视器等系统设备进行联调。要求:(a)可控制智能球形摄像机的云台水平方向、垂直方向连续旋转,无监视盲区;(b)设置2个预置点,并调用预置点位置;(c)可对镜头比例变倍控制,焦距、变倍的调节;(d)设置巡航、扫描功能,指定时间后自动调用。

(二)实施条件

考核场地:模拟安装室一间,工位20个,每个工位配置安装了AUTOCAD软件的电脑1台。

考点提供的材料、工具清单见表1和表2。

表1 设备材料清单表

序 号	名 称	单 位	数 量	备 注
1	高清智能球形摄像机	个	1	
2	硬盘录像机	台	1	
3	监视器	台	1	
4	球形摄像机电源	个	1	
5	球形摄像机支架	个	1	
6	BV1*1.0线缆	米	10	
7	RJ-45网线	根	1	
8	辅材	批	1	

表2 工具清单表

序 号	名 称	单 位	数 量	
1	螺丝刀	把	4	大十字、小十字、大一字、小一字各一把
2	测线仪	台	1	
3	万用表	台	1	
4	网络钳	把	1	
5	斜口钳	把	1	
6	剥线器	把	1	
7	六角扳手	把	1	
8	尖嘴钳	把	1	

(三)考核时量

考试时间:90分钟。

(四)评分标准

序　号	考核内容	考核要点	配　分
1	CAD 接线图的绘制	(1)标注出设备的主要端子说明(10分); (2)使用 CAD 绘制设备端子接线图(10分)。	20分
2	高清智能球形摄像机的安装	(1)确保测试线路连接正常(5分); (2)球形摄像机、摄像机电源、硬盘录像机、监视器安装牢固(5分); (3)接线满足工艺要求(10分)。	20分
3	高清智能球形摄像机的调试	(1)可控制智能球形摄像机的云台水平方向、垂直方向连续旋转,无监视盲区(10分); (2)设置 2 个预置点,并可调用预置点位置(10分); (3)可对镜头比例变倍控制,焦距、变倍的调节(10分); (4)设置巡航、扫描功能,指定时间后自动调用(10分)。	40分
4	职业素养	(1)工具、仪表、材料、作品摆放不整齐,着装不整齐、规范,不穿戴相关防护用品等,每项扣 2 分; (2)具备较好的质量意识和标准意识,安装接线不符合相关作业规范,施工操作不按照相关行业标准进行,每项扣 2 分; (3)具备较好的成本节约意识与团队协作意识,安装接线过程中不注意节约线材,每项扣 2 分; (4)具有良好的工具使用和卫生清理习惯,作业完成后未清理、清扫工作现场扣 5 分。	20分

试题 H1-1-3:红外半球摄像机的安装与调试

(一)任务描述

对某栋大厦一层的电梯候梯厅进行监视,主要是对电梯候厅场景进行监视和记录,以便及时了解整个电梯候梯厅所发生的事件,方便管理人员快速反应,并对重要的人和物进行跟踪定位。要求安装红外半球摄像机,对该设备进行现场安装、接线、调试,并将需要安装的元器件安装在模拟墙面指定的区域(工位台)上。具体包括:

①用建筑电气 CAD 软件绘制出摄像机的端子接线图及端子说明,将所绘制的工程图以红外半球摄像机+所抽具体工位号命名,保存在桌面上。

②按所绘制的工程图对摄像机、摄像机电源、硬盘录像机、监视器进行安装接线,确保安装牢固,接线规范。

③将安装好的摄像机与硬盘录像机、监视器进行调试。要求:(a)对镜头的角度进行调试,使整个电梯候梯厅无监视盲区;(b)可以对镜头的焦距、光圈进行调节;(c)可以对监视视频录像进行设置(设置为移动侦测录像)。

(二)实施条件

考核场地:模拟安装室一间,工位 20 个,每个工位配置安装了建筑电气 CAD 的电脑 1 台。

考点提供的材料、工具清单见表 1 和表 2。

表 1　设备材料清单表

序　号	名　　称	单　位	数　量	备　注
1	红外半球摄像机	台	1	
2	摄像机电源	台	1	
3	硬盘录像机	台	1	

续表

序 号	名 称	单 位	数 量	备 注
4	监视器	台	1	
5	BV 1*1.0 线缆	米	10	
6	RJ-45 网线	米	10	
7	辅材	批	1	

表 2　工具清单表

序 号	名 称	单 位	数 量	
1	螺丝刀	把	4	大十字、小十字、大一字、小一字各一把
2	网线钳	把	1	
3	测线仪	台	1	
4	斜口钳	把	1	
5	剥线器	把	1	
6	六角扳手	把	1	
7	尖嘴钳	把	1	

（三）考核时量

考试时间：90 分钟。

（四）评分标准

序 号	考核内容	考核要点	配 分
1	红外半球摄像机的接线	(1)标注出设备的主要端子说明(10分)； (2)使用 CAD 绘制设备端子接线图(10分)； (3)连接测试线路过程规范,结果正常(10分)。	30分
2	红外半球摄像机的安装	(1)选用正确的安装工具(过程)(5分)； (2)摄像机、摄像机电源、硬盘录像机、监视器安装牢固(10分)； (3)接线满足工艺要求(5分)。	320分
3	红外半球摄像机的调试	(1)对镜头的角度进行调试,要求无监视盲区(10分)； (2)对镜头的焦距、光圈进行调节使画面清晰(10分)； (3)可以对监视视频录像进行设置(设置为移动侦测录像)(10分)。	30分
4	职业素养	(1)具备良好的安全用电意识,工具、仪表、材料、作品摆放不整齐,着装不整齐、规范,不穿戴相关防护用品等,每项扣2分； (2)具备较好的质量意识和标准意识,安装接线不符合相关作业规范,施工操作不按照相关行业标准进行,每项扣2分； (3)具备较好的成本节约意识与团队协作意识,安装接线过程中不注意节约线材,每项扣2分； (4)损坏工具、设备的扣20分；考生发生严重违规操作或作弊,取消考试成绩。	20分

试题 H1-1-4:红外防水筒型摄像机的安装与调试

(一)任务描述

对一小区的道路进行监视,主要是对通过该道路的行人和车辆进行监视和记录,可以及时了解到道路发生的事件,方便管理人员快速反应,并且对重要的人和物跟踪定位。要求安装红外防水筒型摄像机,对该设备进行现场安装、接线,完成对该设备的现场调试,并将需要安装的元器件安装在模拟墙面指定的区域(工位台)上。具体包括:

①用建筑电气 CAD 软件绘制出摄像机的端子接线图及端子说明,将所绘制的工程图以红外防水筒型摄像机+所抽具体工位号命名,保存在桌面上。

②按所绘制的工程图对红外防水筒型摄像机、摄像机电源、支架及硬盘录像机和监视器进行安装接线,要求安装牢固,接线规范。

③将安装好的摄像机与硬盘录像机和监视器进行联调。要求:(a)把摄像机 IP 设为192.168.1.8;(b)可以对镜头进行焦距、光圈的调节,对镜头角度进行调试;(c)可以对监视视频录像进行设置(设置为移动侦测录像)。

(二)实施条件

考核场地:模拟安装室一间,工位 10 个,每个工位配置安装了建筑电气 CAD 的电脑 1 台。

考点提供的材料、工具清单见表 1 和表 2。

表 1　设备材料清单表

序　号	名　称	单　位	数　量	备　注
1	硬盘录像机	台	1	
2	监视器	台	1	
3	红外防水筒型摄像机	台	1	
4	摄像机电源	台	1	
5	摄像机支架	个	1	
6	BV 1*1.0 线缆	米	10	
7	RJ-45 网线	米	10	
8	辅材	批	1	

表 2　工具清单表

序　号	名　称	单　位	数　量	
1	螺丝刀	把	4	大十字、小十字、大一字、小一字各一把
2	网线钳	把	1	
3	测线仪	台	1	
4	斜口钳	把	1	
5	剥线器	把	1	
6	六角扳手	把	1	
7	尖嘴钳	把	1	

(三)考核时量

考试时间:90 分钟。

(四)评分标准

序　号	考核内容	考核要点	配　分
1	红外防水筒型摄像机的接线	(1)标注出设备的主要端子说明(10分); (2)使用 CAD 绘制设备端子接线图(10分); (3)连接测试线路过程规范,结果正常(10分)。	30分
2	红外防水筒型摄像机的安装	(1)选用正确的安装工具(过程)(5分); (2)红外防水筒型摄像机、摄像机电源、支架及硬盘录像机和监视器安装牢固(10分); (3)接线满足工艺要求(5分)。	20分
3	红外防水筒型摄像机的调试	(1)把摄像机 IP 设为 192.168.1.8(10分); (2)可以对镜头进行焦距、光圈的调节,对镜头角度进行调试,画面清晰、角度合理(10分); (3)可以设置监视视频录像,可回放(设置为移动侦测录像)(10分)。	30分
4	职业素养	(1)具备良好的安全用电意识,工具、仪表、材料、作品摆放不整齐,着装不整齐、规范,不穿戴相关防护用品等,每项扣2分; (2)具备较好的质量意识和标准意识,安装接线不符合相关作业规范,施工操作不按照相关行业标准进行,每项扣2分; (3)具备较好的成本节约意识与团队协作意识,安装接线过程中不注意节约线材,每项扣2分; (4)损坏工具、设备的扣20分;考生发生严重违规操作或作弊,取消考试成绩。	20分

试题 H1-1-5:带云台摄像机的安装与调试

(一)任务描述

对一学校广场进行360度无死角监视,主要是对广场全面场景进行监视和记录,可以及时了解到整个广场发生的事件,方便管理人员快速反应,并且对重要人和物跟踪定位。要求安装带云台摄像机,现要对该设备进行现场安装接线,并能对该设备进行控制。将需要安装的元器件安装在模拟墙面指定的区域(工位台)上。具体包括:

①用建筑电气 CAD 软件绘制出摄像机的端子接线图及端子说明,所绘制工程图以带云台摄像机+所抽具体工位号命名,保存在桌面上。

②按所绘制工程图对带云台摄像机、摄像机电源、硬盘录像机和监视器进行安装接线,要求安装牢固,接线规范。

③将安装好的摄像机与硬盘录像机和监视器进行联调。要求:(a)设置摄像机的 IP 地址(设为 192.168.1.8);(b)可控制摄像机云台的水平方向、垂直方向连续旋转,无监视盲区;(c)可设置两个预置点,并调用预置点位置;(d)可对镜头比例变倍控制,焦距、变倍、光圈的调节;(e)设置摄像机的巡航、扫描功能,指定时间后自动调用。

(二)实施条件

考核场地:模拟安装室一间,工位20个,每个工位配置安装了建筑电气 CAD 的电脑1台。

考点提供的材料、工具清单见表1和表2。

表1 设备材料清单表

序 号	名 称	单 位	数 量	备 注
1	硬盘录像机	台	1	
2	监视器	台	1	
3	带云台摄像机	台	1	
4	摄像机电源	台	1	
5	带云台摄像机支架	个	1	
6	BV 1*1.0线缆	米	10	
7	RJ-45网线	米	10	
8	辅材	批	1	

表2 工具清单表

序 号	名 称	单 位	数 量	
1	螺丝刀	把	4	大十字、小十字、大一字、小一字各一把
2	网线钳	把	1	
3	测线仪	台	1	
4	斜口钳	把	1	
5	剥线器	把	1	
6	六角扳手	把	1	
7	尖嘴钳	把	1	

（三）考核时量

考试时间：90分钟。

（四）评分标准

序 号	考核内容	考核要点	配 分
1	带云台摄像机的接线	(1)标注出设备的主要端子说明(10分)； (2)使用CAD绘制设备端子接线图(10分)； (3)连接测试线路过程规范,结果正常(10分)。	30分
2	带云台摄像机的安装	(1)选用正确的安装工具(过程)(5分)； (2)带云台摄像机、摄像机电源、硬盘录像机和监视器安装牢固(5分)； (3)接线满足工艺要求(10分)。	20分
3	带云台摄像机的调试	(1)设置摄像机的IP地址(设为192.168.1.8)(6分)； (2)可控制摄像机的云台水平方向、垂直方向连续旋转,无监视盲区(6分)； (3)可设置预置点(2个),并调用预置点位置(6分)； (4)可对镜头比例变倍控制,焦距、变倍、光圈的调节(6分)； (5)可实现巡航、扫描功能,指定时间后自动调用(6分)。	30分
4	职业素养	(1)具备良好的安全用电意识,工具、仪表、材料、作品摆放不整齐,着装不整齐、规范,不穿戴相关防护用品等,每项扣2分； (2)具备较好的质量意识和标准意识,安装接线不符合相关作业规范,施工操作不按照相关行业标准进行,每项扣2分； (3)具备较好的成本节约意识与团队协作意识,安装接线过程中不注意节约线材,每项扣2分； (4)具有良好的工具使用和卫生清理习惯,作业完成后未清理、清扫工作现场扣5分。	20分

试题 H1-1-6：混合型网络硬盘录像机的安装与调试

（一）任务描述

对一小区进行视频监控系统的改造升级，在小区原有的模拟摄像机上加装几台数字摄像机，主要是对机房设备进行升级。要求安装混合型网络硬盘录像机，现要对该设备进行现场安装接线，并能对该设备进行调试。将需要安装的元器件安装在模拟墙面指定的区域（工位台）上。具体包括：

①用建筑电气 CAD 软件绘制出混合型网络硬盘录像机的端子接线图及端子说明，所绘制工程图以混合型网络硬盘录像机＋所抽工位号命名，保存在桌面上。

②按所绘制的工程图对混合型网络硬盘录像机、摄像机、摄像机电源和监视器进行安装接线，要求安装牢固，接线规范。

③将安装好的混合型网络硬盘录像机与摄像机和监视器进行联调。要求：(a)可以实现混合型网络硬盘录像机开机密码的修改，用户的删除和添加；(b)可以设置定时录像（设置 21：00～8：00 为录像时间）；(c)设置混合型网络硬盘录像机、数字摄像机的 IP 地址（分别设为192.168.1.2\192.168.1.8）。

（二）实施条件

考核场地：模拟安装室一间，工位 20 个，每个工位配置安装了建筑电气 CAD 的电脑 1 台。

考点提供的材料、工具清单见表 1 和表 2。

表 1　设备材料清单表

序　号	名　　称	单　位	数　量	备　注
1	混合型网络硬盘录像机	台	1	
2	摄像机电源	个	2	
3	模拟摄像机	台	1	
4	数字摄像机	台	1	
5	监视器	台	1	
6	RJ-45 网线	米	10	
7	75-5 视频线	米	5	
8	辅材	批	1	

表 2　工具清单表

序　号	名　　称	单　位	数　量	
1	螺丝刀	把	4	大十字、小十字、大一字、小一字各一把
2	网线钳	把	1	
3	测线仪	台	1	
4	斜口钳	把	1	
5	剥线器	把	1	
6	六角扳手	把	1	
7	尖嘴钳	把	1	

（三）考核时量

考试时间：90 分钟。

(四)评分标准

序号	考核内容	考核要点	教师考核评分
1	混合型网络硬盘录像机的接线	(1)正确连接摄像机(10分); (2)线路连接符合规范(10分); (3)连接测试线路过程规范,结果正常(10分)。	30分
2	混合型网络硬盘录像机的安装	(1)混合型网络硬盘录像机、摄像机、摄像机电源和监视器安装要牢固(10分); (2)选用正确的安装工具(过程)(10分)。	20分
3	混合型网络硬盘录像机的调试	(1)可以实现混合型网络硬盘录像机开机密码的修改,用户的删除和添加(10分); (2)设置定时录像(设置21:00~8:00为录像时间)(10分); (3)设置混合型网络硬盘录像机、数字摄像机的IP地址(分别设为192.168.1.2\192.168.1.8)(10分)。	30分
4	职业素养	(1)具备良好的安全用电意识,工具、仪表、材料、作品摆放不整齐,着装不整齐、规范,不穿戴相关防护用品等,每项扣2分; (2)具备较好的质量意识和标准意识,安装接线不符合相关作业规范,施工操作不按照相关行业标准进行,每项扣2分; (3)具备较好的成本节约意识与团队协作意识,安装接线过程中不注意节约线材,每项扣2分; (4)具有良好的工具使用和卫生清理习惯,作业完成后未清理、清扫工作现场扣5分。	20分

试题 H1-1-7:网络视频解码器设备的安装与调试

(一)任务描述

某学校监控中心电视墙的视频显示,主要用于对全校各场景的视频监视图像进行显示和调配,方便管理人员快速查看学校各个区域的视频图像,并且对重要区域进行监视。要求安装网络视频解码器,现要对该设备进行现场安装接线,并能对该设备进行设置,将需要安装的设备安装在指定的区域。具体包括:

①用建筑电气CAD软件绘制出网络视频解码器的端子接线图及端子说明,所绘制工程图以网络视频解码器+所抽具体工位号命名,保存在桌面上。

②按要求正确完成网络视频解码器、监显器、交换机、硬盘录像机和摄像机的安装与接线。要求安装牢固,接线规范。

③对网络视频解码器进行设置。要求:(a)设置解码器输出通道及轮巡通道;(b)可以添加和调用前端设备;(c)在现有的设备列表中选择一台需要进行录像回放的前端设备,选择指定的回放模式进行回放。

(二)实施条件

考核场地:模拟安装室一间,工位20个,每个工位配置安装了建筑电气CAD的电脑1台考点提供的材料、工具清单见表1和表2。

表 1 设备材料清单表

序 号	名 称	单 位	数 量	备 注
1	网络视频解码器	台	1	
2	交换机	台	1	
3	RJ-45 网线	米	20	
4	监视器	台	1	
5	摄像机	台	3	
6	硬盘录像机	台	3	
7	辅材	批	1	

表 2 工具清单表

序 号	名 称	单 位	数 量	备 注
1	螺丝刀	把	4	大十字、小十字、大一字、小一字各一把
2	网线钳	把	1	
3	测线仪	台	1	
4	斜口钳	把	1	
5	剥线器	把	1	
6	六角扳手	把	1	
7	尖嘴钳	把	1	

（三）考核时量

考试时间：90 分钟。

（四）评分标准

序 号	考核内容	考核要点	教师考核评分
1	网络视频解码器的接线	(1)标注出设备的主要端子说明(10分)； (2)使用 CAD 绘制设备端子接线图(10分)； (3)连接测试线路过程规范，结果正常(10分)。	30 分
2	网络视频解码器的安装	(1)选用正确的安装工具(5分)； (2)网络视频解码器、监控显示器、交换机、硬盘录像机和摄像机安装牢固(5分)； (3)接线满足工艺要求(10分)。	20 分
3	网络视频解码器的调试	(1)设置解码器输出通道及轮巡通道(10分)； (2)可以添加和调用前端设备(10分)； (3)在现有的设备列表中选择一台需要进行录像回放的前端设备，选择指定的回放模式进行回放(10分)。	30 分
4	职业素养	(1)具备良好的安全用电意识，工具、仪表、材料、作品摆放不整齐，着装不整齐、规范，不穿戴相关防护用品等，每项扣2分； (2)具备较好的质量意识和标准意识，安装接线不符合相关作业规范，施工操作不按照相关行业标准进行，每项扣2分； (3)具备较好的成本节约意识与团队协作意识，安装接线过程中不注意节约线材，每项扣2分； (4)具有良好的工具使用和卫生清理习惯，作业完成后未清理、清扫工作现场扣5分。	20 分

试题 H1-1-8：网络三维控制键盘的安装与调试

(一)任务描述

某小区物业为了加强对小区内的安全监控,将对小区的视频监控系统进行改造升级,主要是对小区内几个高清智能球形摄像机进行控制,方便管理人员对重要的人和物进行跟踪定位。要求安装网络三维控制键盘,现要对该设备进行现场安装接线,并能对该设备进行调试,将需要安装的元器件安装在模拟墙面指定的区域(工位台)上。具体包括:

①用建筑电气 CAD 软件绘制出网络三维控制键盘的端子接线图及端子说明,所绘制工程图以网络三维控制键盘+所抽具体工位号命名,保存在桌面上。

②按要求完成网络三维控制键盘、高清智能球形摄像机、硬盘录像机、监视器的安装与接线。要求安装牢固,接线规范。

③将安装好的网络三维控制键盘与高清智能球形摄像机、硬盘录像机、监视器进行联调。要求:(a)设置键盘与高速球等终端设备的 IP 为 192.168.1.X;(b)可控制高清智能球形摄像机的水平方向、垂直方向连续旋转,无监视盲区;(c)可对镜头比例变倍控制,焦距、变倍、光圈的调节。

(二)实施条件

考核场地:模拟安装室一间,工位 20 个,每个工位配置安装了建筑电气 CAD 的电脑 1 台。

考点提供的材料、工具清单见表 1 和表 2。

表 1　设备材料清单表

序　号	名　　称	单　位	数　量	备　注
1	网络三维控制键盘	台	1	
2	高清智能球形摄像机	台	1	
3	硬盘录像机	台	1	
4	监视器	台	1	
5	DC12V 电源	台	1	
6	RJ-45 网线	根	1	
7	辅材	批	1	

表 2　工具清单表

序　号	名　　称	单　位	数　量	
1	螺丝刀	把	4	大十字、小十字、大一字、小一字各一把
2	网线钳	把	1	
3	测线仪	台	1	
4	斜口钳	把	1	
5	剥线器	把	1	
6	六角扳手	把	1	
7	尖嘴钳	把	1	

(三)考核时量

考试时间:90 分钟。

(四)评分标准

序 号	考核内容	考核要点	教师考核评分
1	网络三维控制键盘的接线	(1)标注出设备的主要端子说明(10分); (2)使用CAD绘制设备端子接线图(10分); (3)连接测试线路过程规范,结果正常(10分)。	30分
2	网络三维控制键盘安装	(1)选用正确的安装工具(过程)(5分); (2)接线满足工艺要求(5分); (3)网络三维控制键盘、高清智能球形摄像机、硬盘录像机、监视器(10分)。	20分
2	网络三维控制键盘调试	(1)按要求设置好键盘与解码器或高速球等终端设备的IP(10分); (2)可控制高清智能球形摄像机的水平方向、垂直方向连续旋转,无监视盲区(10分); (3)可对镜头比例变倍控制,焦距、变倍、光圈的调节(10分)。	30分
4	职业素养	(1)具备良好的安全用电意识,工具、仪表、材料、作品摆放不整齐、着装不整齐、规范,不穿戴相关防护用品等,每项扣2分; (2)具备较好的质量意识和标准意识,安装接线不符合相关作业规范,施工操作不按照相关行业标准进行,每项扣2分; (3)具备较好的成本节约意识与团队协作意识,安装接线过程中不注意节约线材,每项扣2分; (4)具有良好的工具使用和卫生清理习惯,作业完成后未清理、清扫工作现场扣5分。	20分

试题 H1-1-9:无线 wifi 监控摄像机的安装与调试

(一)任务描述

某杂货店店主要对商店进行实时监控,主要是实现对商店内场景随时随地监控,以便及时了解商店内发生的事件,加强商店的管理。要求安装无线 wifi 监控摄像机,现要完成该设备的现场安装与接线,并对该设备进行网络设置。将需要安装的元器件安装在模拟墙面指定的区域(工位台)上。具体包括:

①进行无线 wifi 监控摄像机、无线路由器的安装。

②在电脑上安装无线 wifi 监控摄像机的驱动和客户端。

③对安装好的无线路由器和无线 wifi 监控摄像机进行网络设置。(a)修改无线 wifi 监控摄像机用户名和登录密码(改为888888);(b)修改无线路由器登录密码及无线网络连接密码;(c)设置无线路由器和无线 wifi 监控摄像机的IP 地址(分别设为192.168.1.2 和192.168.1.3);(d)登录客户端查看监视画面、双向语音对讲。

(二)实施条件

考核场地:模拟安装室一间,工位 20 个,每个工位配置电脑 1 台。

考点提供的材料、工具清单见表 1 和表 2。

表 1 设备材料清单表

序 号	名 称	单 位	数 量	备 注
1	无线 wifi 监控摄像机	台	1	
2	驱动、客户端安装光盘	张	1	
3	DC12V 电源	台	1	
4	RJ-45 网线	根	1	
5	辅材	批	1	

表 2　工具清单表

序　号	名　称	单　位	数　量	
1	螺丝刀	把	4	大十字、小十字、大一字、小一字各一把
2	测线仪	把	1	
3	网络钳	把	1	
4	尖嘴钳	把	1	

（三）考核时量

考试时间：90分钟。

（四）评分标准

序号	考核内容	考核要点	教师考核评分
1	无线 wifi 监控摄像机的安装	（1）选用的安装角度应该合适（10分）； （2）摄像机安装牢固（10分）； （3）接线满足工艺要求（10分）。	30分
2	无线 wifi 监控摄像机的调试	（1）在电脑上安装无线 wifi 监控摄像机的驱动和客户端。（10分）； （2）修改无线 wifi 监控摄像机用户名和登录密码（改为888888）（10分）； （3）设置无线路由器和无线 wifi 监控摄像机的 IP 地址（分别设为 192.168.1.2 和 192.168.1.3）（10分）； （4）修改无线路由器登录密码及无线网络连接密码（10分）； （5）登录客户端查看监视画面、双向语音对讲。	50分
3	职业素养	（1）具备良好的安全用电意识，工具、仪表、材料、作品摆放不整齐，着装不整齐、规范，不穿戴相关防护用品等，每项扣2分； （2）具备较好的质量意识和标准意识，安装接线不符合相关作业规范，施工操作不按照相关行业标准进行，每项扣2分； （3）具备较好的成本节约意识与团队协作意识，安装接线过程中不注意节约线材，每项扣2分； （4）具有良好的工具使用和卫生清理习惯，作业完成后未清理、清扫工作现场扣5分。	20分

试题 H1-1-10：声光报警器的安装与调试

（一）任务描述

某智能大厦对一重要通道进行重点布防，主要是对出现在该通道的非法入侵者进行探测，实现及时报警，方便有关值班人员及时采取相应的措施。要求在值班室安装声光报警器，现要对该设备进行现场安装接线，并对该设备进行设置，将需要安装的元器件安装在模拟墙面指定的区域（工位台）上。具体包括：

①用建筑电气 CAD 软件绘制出声光报警器的端子接线图及端子说明，所绘制工程图以声光报警器＋所抽具体工位号命名，保存在桌面上。

②按要求进行声光报警器、硬盘录像机和报警探头的安装与接线。安装要求牢固，线路规范。

③将安装好的声光报警器与硬盘录像机、报警探头进行联调。发生警情时前端探头被触

发,能联动发出声光报警信号确保设备具有报警功能。

（二）实施条件

考核场地:模拟安装室一间,工位20个,每个工位配置安装了建筑电气CAD的电脑1台。考点提供的材料、工具清单见表1和表2。

表1　设备材料清单表

序　号	名　称	单　位	数　量	备　注
1	声光报警器	个	1	
2	硬盘录像机	台	1	
3	报警探头	个	1	
4	BV 1＊1.0线缆	米	10	
5	电源	台	1	
6	辅材	批	1	

表2　工具清单表

序　号	名　称	单　位	数　量	
1	螺丝刀	把	4	大十字、小十字、大一字、小一字各一把
2	万用表	个	1	
3	斜口钳	把	1	
4	剥线器	把	1	

（三）考核时量

考试时间:90分钟。

（四）评分标准

序　号	考核内容	考核要点	教师考核评分
1	声光报警器的接线	(1)标注出设备的主要端子说明(10分); (2)使用CAD绘制设备端子接线图(10分); (3)连接测试线路过程规范,结果正常(10分)。	30分
2	声光报警器的安装	(1)选用正确的安装工具(过程)(5分); (2)声光报警器、硬盘录像机和报警探头安装牢固(5分); (3)接线满足工艺要求(10分)。	20分
3	声光报警器的调试	(1)发生警情时前端探头被触发,能联动发出声光报警信号(30分)。	30分
4	职业素养	(1)具备良好的安全用电意识,工具、仪表、材料、作品摆放不整齐、着装不整齐、规范,不穿戴相关防护用品等,每项扣2分; (2)具备较好的质量意识和标准意识,安装接线不符合相关作业规范,施工操作不按照相关行业标准进行,每项扣2分; (3)具备较好的成本节约意识与团队协作意识,安装接线过程中不注意节约线材,每项扣2分; (4)具有良好的工具使用和卫生清理习惯,作业完成后未清理、清扫工作现场扣5分。	20分

试题 H1-1-11：紧急按钮的安装与测试

（一）任务描述

某一酒店要求对每间客房安装紧急按钮,进行紧急呼叫的功能,提供额外的安全保障。现要求进行该设备的安装接线,并能正常使用紧急按钮。将需要安装的元器件安装在各模拟墙面指定的区域上。具体包括:

①用建筑电气 CAD 软件绘制出紧急按钮的端子接线图及端子说明,所绘制工程图以紧急按钮＋所抽具体工位号命名,保存在桌面上。

②要求按接线图进行紧急按钮、硬盘录像机和声光报警器的安装与接线。要求安装牢固,接线规范。

③将安装好的紧急按钮与硬盘录像机和声光报警器进行联调。紧急按钮应能正常启用,实现报警功能。

（二）实施条件

考核场地:模拟安装室一间,工位 20 个,每个工位配置安装了建筑电气 CAD 的电脑 1 台。考点提供的材料、工具清单见表 1 和表 2。

表 1 设备材料清单表

序 号	名 称	单 位	数 量	备 注
1	紧急按钮	个	1	
2	硬盘录像机	台	1	
3	声光报警器	台	1	
4	86 底盒	个	1	
5	按钮信号线	米	10	
6	辅材	批	1	

表 2 工具清单表

序 号	名 称	单 位	数 量	备 注
1	螺丝刀	把	4	大十字、小十字、大一字、小一字各一把
2	万用表	个	1	
3	斜口钳	把	1	
4	压线钳	把	1	

（三）考核时量

考试时间:90 分钟。

（四）评分标准

序 号	考核内容	考核要点	教师考核评分
1	紧急按钮的接线	(1)标注出设备的主要端子说明(10分); (2)使用 CAD 绘制设备端子接线图(10分); (3)连接测试线路过程规范,结果正常(10分)。	30 分
2	紧急按钮的安装	(1)选用正确的安装工具(过程)(5分); (2)紧急按钮、硬盘录像机和声光报警器应安装牢固(10分); (3)接线满足工艺要求(5分)。	20 分

续表

序 号	考核内容	考核要点	教师考核评分
3	紧急按钮的使用测试	紧急按钮应能正常启用,实现报警功能(30分)。	30分
4	职业素养	(1)具备良好的安全用电意识,工具、仪表、材料、作品摆放不整齐,着装不整齐、规范,不穿戴相关防护用品等,每项扣2分; (2)具备较好的质量意识和标准意识,安装接线不符合相关作业规范,施工操作不按照相关行业标准进行,每项扣2分; (3)具备较好的成本节约意识与团队协作意识,安装接线过程中不注意节约线材,每项扣2分; (4)具有良好的工具使用和卫生清理习惯,作业完成后未清理、清扫工作现场扣5分。	20分

试题 H1-1-12:双光束主动红外对射探测器的安装与调试

(一)任务描述

某小区物业为了防范人为恶意翻越小区围墙的情况,需要对小区围墙实现全天候的布防。主要是防备人为的恶意翻越,可以对非法入侵作出快速反应,方便管理人员快速反应,并且做出相对的措施。要求安装双光束主动红外对射探测器,现要对该设备进行现场安装接线,并能对该设备进行调试。将需要安装的元器件安装在模拟墙面指定的区域(工位台)上。具体包括:

①用建筑电气CAD软件绘制出双光束主动红外对射探测器的端子接线图及端子说明,所绘制工程图以双光束主动红外对射探测器+所抽具体工位号命名,保存在桌面上。

②根据图纸对双光束主动红外对射探测器、硬盘录像机和声光报警器进行安装与接线。要求安装牢固,接线规范。

③将安装好的双光束主动红外对射探测器与硬盘录像机和声光报警器进行联调。要求:(a)探测器能够正常报警;(b)防护范围达到预定要求;(c)具备防拆、短路、断路报警功能。

(二)实施条件

考核场地:模拟安装室一间,工位20个,每个工位配置安装了建筑电气CAD的电脑1台。

考点提供的材料、工具清单见表1和表2。

表1 设备材料清单表

序 号	名 称	单 位	数 量	备 注
1	双光束主动红外对射探测器	对	1	
2	声光报警器	台	1	
3	硬盘录像机	台	1	
4	BV 1*1.0 线缆	米	20	
5	电源	台	1	
6	辅材	批	1	

表2　工具清单表

序　号	名　称	单　位	数　量	
1	螺丝刀	把	4	大十字、小十字、大一字、小一字各一把
2	万用表	个	1	
3	斜口钳	把	1	
4	剥线器	把	1	
5	尖嘴钳	把	1	

（三）考核时量

考试时间：90分钟。

（四）评分标准

序　号	考核内容	考核要点	教师考核评分
1	双光束主动红外对射探测器的接线	（1）标注出设备的主要端子说明（10分）； （2）使用CAD绘制设备端子接线图（10分）； （3）连接测试线路过程规范，结果正常（10分）。	30分（
2	双光束主动红外对射探测器的安装	（1）选用正确的安装工具（过程）（5分）； （2）接线满足工艺要求（5分）； （3）双光束主动红外对射探测器、硬盘录像机和声光报警器（10分）。	20分
3	双光束主动红外对射探测器的调试	（1）探测器能够正常报警（10分）； （2）防护范围达到预定要求（10分）； （3）具有防拆、短路、断路报警功能（10分）。	30分
4	职业素养	（1）具备良好的安全用电意识，工具、仪表、材料、作品摆放不整齐，着装不整齐、规范，不穿戴相关防护用品等，每项扣2分； （2）具备较好的质量意识和标准意识，安装接线不符合相关作业规范，施工操作不按照相关行业标准进行，每项扣2分； （3）具备较好的成本节约意识与团队协作意识，安装接线过程中不注意节约线材，每项扣2分； （4）具有良好的工具使用和卫生清理习惯，作业完成后未清理、清扫工作现场扣5分。	20分

试题 H1-1-13：拾音器的安装与调试

（一）任务描述

某银行为了实现对营业厅区域进行更好的实时监控，加强对营业厅区域进行的监听记录，提高银行的安全防范。要求安装拾音器，现要对该设备进行现场安装、接线与现场调试，同时将需要安装的元器件安装在模拟墙面指定的区域（工位台）上。

具体包括：

①用建筑电气CAD软件绘制出拾音器的端子接线图及端子说明，所绘制工程图以拾音器＋所抽具体工位号命名，保存在桌面上。

②按要求对拾音器、硬盘录像机、数字摄像机和音响进行安装与接线。要求安装牢固，接线规范。

③将安装好的拾音器与硬盘录像机、数字摄像机和音响进行联调。要求：（a）拾音器能够

采集现场环境声音并通过音箱进行播放;(b)播放声音清楚与画面同步。

(二)实施条件

考核场地:模拟安装室一间,工位20个,每个工位配置安装了建筑电气CAD的电脑1台。

考点提供的材料、工具清单见表1和表2。

表1 设备材料清单表

序 号	名 称	单 位	数 量	备 注
1	拾音器	个	1	
2	硬盘录像机	台	1	
3	数字摄像机	台	1	
4	音箱	对	1	
5	DC12V 电源	台	1	
5	BV 1*1.0 线缆	个	10	
7	辅材	批	1	

表2 工具清单表

序 号	名 称	单 位	数 量	
1	螺丝刀	把	4	大十字、小十字、大一字、小一字各一把
2	万用表	个	1	
3	斜口钳	把	1	
4	剥线器	把	1	
6	尖嘴钳	把	1	

(三)考核时量

考试时间:90分钟。

(四)评分标准

序 号	考核内容	考核要点	教师考核评分
1	拾音器的接线	(1)标注出设备的主要端子说明(10分); (2)使用CAD绘制设备端子接线图(10分); (3)连接测试线路过程规范,结果正常(10分)。	30分
2	拾音器的安装	(1)选用正确的安装工具(过程)(5分); (2)拾音器、硬盘录像机、数字摄像机和音响安装牢固(10分); (3)接线满足工艺要求(5分)。	20分
3	拾音器的调试	(1)拾音器能够采集现场环境声音并通过音箱进行播放(15分); (2)播放的声音清楚与画面同步(15分)。	30分
4	职业素养	(1)具备良好的安全用电意识,工具、仪表、材料、作品摆放不整齐,着装不整齐、规范,不穿戴相关防护用品等,每项扣2分; (2)具备较好的质量意识和标准意识,安装接线不符合相关作业规范,施工操作不按照相关行业标准进行,每项扣2分; (3)具备较好的成本节约意识与团队协作意识,安装接线过程中不注意节约线材,每项扣2分; (4)具有良好的工具使用和卫生清理习惯,作业完成后未清理、清扫工作现场扣5分。	20分

试题 H1-1-14:监视器的安装与调试

(一)任务描述

某小区物业为了加强小区内的综合安全,需要在小区内进行视频监控系统的安装。现要求安装监视器,并对该设备进行现场调试,同时将需要安装的元器件安装在模拟墙面指定的区域(工位台)上。具体包括:

①用建筑电气 CAD 软件绘制出监视器的端子接线图及端子说明,将所绘制的工程图,以监视器+所抽具体工位号命名,保存在电脑桌面上。

②按要求对监视器、硬盘录像机和摄像机进行安装与接线。要求安装牢固,接线规范。

③将安装好的监视器与硬盘录像机和摄像机进行联调。要求:(a)可以根据现场的情况调试监视器的色度、亮度和对比度,使监视器的清晰度达到最佳效果;(b)设置好监视器的显示画面(4画面)。

(二)实施条件

考核场地:模拟安装室一间,工位20个,每个工位配置安装了建筑电气 CAD 的电脑1台。

考点提供的材料、工具清单见表1和表2。

表 1 设备材料清单表

序 号	名 称	单 位	数 量	备 注
1	监视器	台	1	
2	硬盘录像机	台	1	
3	摄像机	台	1	
4	DC12V 电源	个	1	
5	网络线	米	10	
4	辅材	批	1	

表 2 工具清单表

序 号	名 称	单 位	数 量	
1	螺丝刀	把	4	大十字、小十字、大一字、小一字各一把
2	尖嘴钳	把	1	
3	网线钳	把	1	

(三)考核时量

考试时间:90分钟。

(四)评分标准

序 号	考核内容	考核要点	教师考核评分
1	监视器的接线	(1)标注出设备的主要端子说明(10分); (2)使用 CAD 绘制设备端子接线图(10分)。	20分
2	监视器的安装	(1)选用正确的安装工具(过程)(10分); (2)监视器、硬盘录像机和摄像机安装牢固(10分); (3)接线满足工艺要求(10分)。	30分

续表

序 号	考核内容	考核要点	教师考核评分
3	监视器的调试	(1)根据现场的情况调试监视器色度、亮度和对比度使监视器清晰度达到最佳效果(15分); (2)设置好监视器的显示画面(4画面)(15分)。	30分
4	职业素养	(1)具备良好的安全用电意识,工具、仪表、材料、作品摆放不整齐,着装不整齐、规范,不穿戴相关防护用品等,每项扣2分; (2)具备较好的质量意识和标准意识,安装接线不符合相关作业规范,施工操作不按照相关行业标准进行,每项扣2分; (3)具备较好的成本节约意识与团队协作意识,安装接线过程中不注意节约线材,每项扣2分; (4)具有良好的工具使用和卫生清理习惯,作业完成后未清理、清扫工作现场扣5分。	20分

项目二 防盗报警系统的安装与调试

试题 H1-2-1:防盗报警主机的安装与调试

(一)任务描述

某小区需要根据业主的需要安装一套防区报警主机,实现对业主的家居安全提供全方位的保护。要求安装防区报警主机,现要对该设备进行现场安装调试,并将需要安装的元器件安装在模拟墙面指定的区域(工位台)上。

具体包括:

①用建筑电气CAD软件绘制出防区报警主机接线图及端子说明,将所绘制的工程图以防区报警主机＋所抽具体工位号命名,保存在电脑桌面上。

②按要求对防区报警主机、红外警报探头和声光报警器进行安装调试。要求安装牢固,接线规范。

③将安装好的防区报警主机与红外警报探头和声光报警器进行联调。要求:(a)可以通过防区报警主机控制前端报警探头实现布防和撤防;(b)设置好系统时间,撤防延时三秒钟;(c)当前端报警探头触发报警时能发出报警信号。

(二)实施条件

考核场地:模拟安装室一间,工位20个,每个工位配置安装了建筑电气CAD的电脑。

考点提供的材料、工具清单见表1和表2。

表1 设备材料清单表

序 号	名 称	单 位	数 量	备 注
1	防区报警主机	台	1	
2	红外报警探头	台	1	
3	声光报警器	台	1	
4	辅材	批	1	

表 2　工具清单表

序　号	名　　称	单　位	数　量	
1	螺丝刀	把	4	大十字、小十字、大一字、小一字各一把
2	万用表	个	1	
3	斜口钳	把	1	
4	剥线器	把	1	
5	尖嘴钳	把	1	

（三）考核时量

考试时间：90 分钟。

（四）评分标准

序　号	考核内容	考核要点	教师考核评分
1	防区报警主机的接线	（1）根据报警主机类型正确接线（10分）； （2）使用 CAD 绘制设备端子接线图（10分）； （3）连接测试线路过程规范，结果正常（10分）。	30分
2	防区报警主机的安装	（1）选用正确的安装工具（过程）（5分）； （2）防区报警主机、红外警报探头和声光报警器安装牢固（10分）； （3）接线满足工艺要求（5分）。	20分
3	防区报警主机的调试	（1）可以通过防区报警主机控制前端报警探头布防和撤防（10分）； （2）按要求设置好系统时间与撤防延时时间（10分）； （3）当前端报警探头触发报警时能发出报警信号（10分）。	30分
4	职业素养	（1）具备良好的安全用电意识，工具、仪表、材料、作品摆放不整齐，着装不整齐、规范，不穿戴相关防护用品等，每项扣2分； （2）具备较好的质量意识和标准意识，安装接线不符合相关作业规范，施工操作不按照相关行业标准进行，每项扣2分； （3）具备较好的成本节约意识与团队协作意识，安装接线过程中不注意节约线材，每项扣2分； （4）具有良好的工具使用和卫生清理习惯，作业完成后未清理、清扫工作现场扣5分。	20分

试题 H1-2-2：报警软件的安装与调试

（一）任务描述

某小区要根据业主的需求实现对业主的家居进行综合防护，将对该防区的报警主机进行安装与调试，一旦发生盗情、火灾、煤气泄漏等情况时，能够及时发出报警信号。要求完成对防区报警主机的编程与调试。具体包括：

①用建筑电气 CAD 软件绘制出防区报警主机接线图及端子说明，将所绘制的工程图以防区报警主机＋所抽具体工位号命名，保存在电脑桌面上。

②按要求对防区报警主机、红外警报探头和声光报警器进行安装调试。要求安装牢固，接线规范。

③在电脑上安装报警软件并用该电脑对报警主机进行编程设置。要求：(a)设置报警主机 IP（设置为 192.168.1.110）；(b)修改报警主机的登录密码（改为 123456）；(c)通过软件对报警

主机设置布防和撤防时间(设 22:00 布防/7:00 撤防)

(二)实施条件

考核场地:模拟安装室一间,工位 20 个,每个工位配置安装了建筑电气 CAD 的电脑。

考点提供的材料、工具清单见表 1 和表 2。

表 1 设备材料清单表

序 号	名 称	单 位	数 量	备 注
1	防区报警主机	台	1	
2	红外报警探头	台	1	
3	声光报警器	台	1	
4	报警软件安装光盘	张	1	
5	辅材	批	1	

表 2 工具清单表

序 号	名 称	单 位	数 量	备注
1	螺丝刀	把	4	大十字、小十字、大一字、小一字各一把
2	万用表	个	1	
3	斜口钳	把	1	
4	剥线器	把	1	
5	尖嘴钳	把	1	

(三)考核时量

考试时间:90 分钟。

(四)评分标准

序 号	考核内容	考核要点	教师考核评分
1	防区报警主机的接线	(1)根据报警主机类型正确接线(10分); (2)使用 CAD 绘制设备端子接线图(10分); (3)连接测试线路过程规范,结果正常(10分)。	30分
2	防区报警主机的安装	(1)选用正确的安装工具(过程)(5分); (2)防区报警主机、红外警报探头和声光报警器安装牢固(10分); (3)接线满足工艺要求(5分)。	20分
3	防区报警主机的调试	(1)设置报警主机 IP(192.168.1.110)(10分); (2)修改报警主机的登录密码(改为123456)(10分); (3)通过软件对报警主机设置布防和撤防时间(设 22:00 布防/7:00 撤防)(10分)。	30分
4	职业素养	(1)具备良好的安全用电意识,工具、仪表、材料、作品摆放不整齐,着装不整齐、规范,不穿戴相关防护用品等,每项扣2分; (2)具备较好的质量意识和标准意识,安装接线不符合相关作业规范,施工操作不按照相关行业标准进行,每项扣2分; (3)具备较好的成本节约意识与团队协作意识,安装接线过程中不注意节约线材,每项扣2分; (4)具有良好的工具使用和卫生清理习惯,作业完成后未清理、清扫工作现场扣5分。	20分

试题 H1-2-3：防区扩展模块的安装与调试

（一）任务描述

在一安全防范报警系统中加装一个单（8）防区调试，同时将需要安装的元器件安装在模拟墙面指定的区域（工位台）上。具体包括：

①用建筑电气 CAD 软件绘制出防区扩展模块的端子接线图及端子说明，所绘制工程图以防区扩展模扩展模块，主要是为了更好地了解和使用防区扩展模块。现要对该设备进行现场安装、接线与块＋所抽具体工位号命名，保存在桌面上。

②按要求进行防区扩展模块、报警主机、声光报警器和红外报警探头的安装与接线。要求安装牢固，接线规范。

③将安装好的防区扩展模块与系统设备进行调试。要求：(a)地址编码正确；(b)可以通过防区扩展模块进行功能编码；(c)当前端报警探头（接在防区扩展模块）触发报警时能够发出报警信号。

（二）实施条件

考核场地：模拟安装室一间，工位 20 个，每个工位配置安装了建筑电气 CAD 的电脑 1 台。

考点提供的材料、工具清单见表 1 和表 2。

表 1　设备材料清单表

序　号	名　称	单　位	数　量	备　注
1	防区扩展模块	台	1	
2	报警主机	台	1	
3	声光报警器	台	1	
4	红外报警探头	个	1	
5	BV 1＊1.0 线缆	米	10	
6	辅材	批	1	

表 2　工具清单表

序　号	名　称	单　位	数　量	
1	螺丝刀	把	4	大十字、小十字、大一字、小一字各一把
2	万用表	个	1	
3	斜口钳	把	1	
4	剥线器	把	1	
5	尖嘴钳	把	1	

（三）考核时量

考试时间：90 分钟。

（四）评分标准

序　号	考核内容	考核要点	教师考核评分
1	防区扩展模块的接线	(1)标注出设备的主要端子说明(10分)； (2)使用CAD绘制设备端子接线图(10分)； (3)确保测试线路连接正常(过程)(10分)。	30分
2	防区扩展模块的安装	(1)选用正确的安装工具(5分)； (2)防区扩展模块、报警主机、声光报警器和红外报警探头安装牢固(10分)； (3)接线满足工艺要求(5分)。	20分
3	防区扩展模块的编程与调试	(1)地址编码正确(10分)； (2)可以通过防区扩展模块进行功能编码(10分)； (3)当前端报警探头(接在防区扩展模块)触发报警时能发出报警信号(10分)。	30分
4	职业素养	(1)具备良好的安全用电意识,工具、仪表、材料、作品摆放不整齐,着装不整齐、规范,不穿戴相关防护用品等,每项扣2分； (2)具备较好的质量意识和标准意识,安装接线不符合相关作业规范,施工操作不按照相关行业标准进行,每项扣2分； (3)具备较好的成本节约意识与团队协作意识,安装接线过程中不注意节约线材,每项扣2分； (4)具有良好的工具使用和卫生清理习惯,作业完成后未清理、清扫工作现场扣5分。	20分

试题 H1-2-4:有线红外幕帘探测器的安装与调试

(一)任务描述

某小区物业为了加强该小区监控中心的安全防卫,用于防范监控中心各门窗的非法入侵。当非法入侵者从外界侵入会触发报警,而值班人员在设防的警戒区域内活动时,不触发报警。要求安装有线红外幕帘探测器,现要对该设备进行现场安装、接线与调试,并将需要安装的设备安装在模拟场景的区域。具体包括:

①用建筑电气CAD软件绘制出有线红外幕帘探测器的端子接线图及端子说明,所绘制工程图以有线红外幕帘探测器+所抽具体工位号命名,保存在桌面上。

②按要求进行有线红外幕帘探测器、电源、报警主机和声光报警器的安装与接线。要求安装牢固,接线规范。

③将安装好的有线红外幕帘探测器与报警主机和声光报警器进行联调。要求:(a)设置有线红外幕帘探测器报警延时时间(设为5秒)；(b)报警主机能对有线红外幕帘探测器进行撤布防控制；(c)没有误报,漏报。

(二)实施条件

考核场地:模拟安装室一间,工位20个,每个工位配置安装了建筑电气CAD的电脑一台。

考点提供的材料、工具清单见表1和表2。

表1　设备材料清单表

序　号	名　称	单　位	数　量	备　注
1	有线红外幕帘探测器	台	1	
2	报警主机	台	1	
3	声光报警器	台	1	

续表

序　号	名　　称	单　位	数　量	备　　注
4	电源	个	1	
5	BV 1*1.0线缆	米	10	
6	辅材	批	1	

表2　工具清单表

序　号	名　　称	单　位	数　量	备　　注
1	螺丝刀	把	4	大十字、小十字、大一字、小一字各一把
2	万用表	个	1	
3	斜口钳	把	1	
4	剥线器	把	1	
5	尖嘴钳	把	1	

（三）考核时量

考试时间：90分钟。

（四）评分标准

序　号	考核内容	考核要点	教师考核评分
1	有线红外幕帘探测器的接线	(1)标注出设备的主要端子说明(10分)； (2)使用CAD绘制设备端子接线图(10分)； (3)连接测试线路过程规范,结果正常(10分)。	30分
2	有线红外幕帘探测器的安装	(1)选用正确的安装工具(过程)(5分)； (2)有线红外幕帘探测器、电源、报警主机和声光报警器安装牢固(10分)； (3)接线满足工艺要求(5分)。	20分
3	有线红外幕帘探测器的调试	(1)设置有线红外幕帘探测器报警延时时间(设为5秒)(10分)； (2)报警主机能对有线红外幕帘探测器进行撤布防控制(10分)； (3)没有误报,漏报(10分)。	30分
4	职业素养	(1)具备良好的安全用电意识,工具、仪表、材料、作品摆放不整齐,着装不整齐、规范,不穿戴相关防护用品等,每项扣2分； (2)具备较好的质量意识和标准意识,安装接线不符合相关作业规范,施工操作不按照相关行业标准进行,每项扣2分； (3)具备较好的成本节约意识与团队协作意识,安装接线过程中不注意节约线材,每项扣2分； (4)具有良好的工具使用和卫生清理习惯,作业完成后未清理、清扫工作现场扣5分。	20分

试题H1-2-5：有线紧急报警按钮的安装与调试

（一）任务描述

某智能小区要对小区内所有的住户安装紧急报警按钮,用于住户在发生意外时的紧急报警呼救,按下按钮即可发出报警信号,方便管理人员快速反应。要求安装有线紧急报警按钮,

现要对该设备进行现场安装、接线与调试,并将需要安装的元器件安装在模拟墙面指定的区域(工位台)上。具体包括:

①用建筑电气CAD软件绘制出有线紧急报警按钮的端子接线图及端子说明,所绘制工程图以有线紧急报警按钮＋所抽具体工位号命名,保存在桌面上。

②按要求对有线紧急报警按钮、声光报警器和防区报警主机进行安装与接线。要求安装牢固,接线规范。

③将安装好的有线紧急报警按钮与声光报警器和防区报警主机进行联调。要求:(a)报警主机能对有线紧急报警按钮进行撤布防控制;(b)紧急按钮能正常启动,实现报警功能;(c)没有误报,漏报。

(二)实施条件

考核场地:模拟安装室一间,工位20个,每个工位配置安装了建筑电气CAD的电脑一台。

考点提供的材料、工具清单见表1和表2。

表1 设备材料清单表

序 号	名 称	单 位	数 量	备 注
1	有线紧急报警按钮	个	1	
2	声光报警器	台	1	
3	防区报警主机	台	1	
4	BV 1＊1.0线缆	米	10	
5	86底盒	个	1	
6	辅材	批	10	

表2 工具清单表

序 号	名 称	单 位	数 量	
1	螺丝刀	把	4	大十字、小十字、大一字、小一字各一把
2	万用表	个	1	
3	斜口钳	把	1	
4	剥线器	把	1	

(三)考核时量

考试时间:90分钟。

(四)评分标准

序 号	考核内容	考核要点	教师考核评分
1	有线紧急报警按钮的接线	(1)标注出设备的主要端子说明(10分); (2)使用CAD绘制设备端子接线图(10分); (3)连接测试线路过程规范,结果正常(10分)。	30分
2	有线紧急报警按钮的安装	(1)选用正确的安装工具(过程)(5分); (2)有线紧急报警按钮、声光报警器和防区报警主机安装牢固(10分); (3)接线满足工艺要求(5分)。	20分

续表

序　号	考核内容	考核要点	教师考核评分
3	有线紧急报警按钮的调试	(1)报警主机能对有线紧急报警按钮进行撤布防控制(10分); (2)紧急按钮能正常启动,实现报警功能(10分); (3)没有误报,漏报(10分)。	30分
4	职业素养	(1)具备良好的安全用电意识,工具、仪表、材料、作品摆放不整齐,着装不整齐、规范,不穿戴相关防护用品等,每项扣2分; (2)具备较好的质量意识和标准意识,安装接线不符合相关作业规范,施工操作不按照相关行业标准进行,每项扣2分; (3)具备较好的成本节约意识与团队协作意识,安装接线过程中不注意节约线材,每项扣2分; (4)具有良好的工具使用和卫生清理习惯,作业完成后未清理、清扫工作现场扣5分。	20分

试题 H1-2-6:有线门磁的安装与调试

(一)任务描述

某智能小区物业为加强对住户的安全防护,用于解决对住户的门窗进行探测,当有人通过门和窗非法入侵时及时发出报警。要求在住户的门与窗户上安装有线门磁,现要对该设备进行现场安装、接线与调试,并将需要安装的元器件安装在模拟区域。具体包括:

①用建筑电气 CAD 软件绘制出有线门磁的端子接线图及端子说明,所绘制的工程图以有线门磁+所抽具体工位号命名,保存在桌面上。

②按要求对有线门磁、防区报警主机和声光报警器进行安装与接线。要求安装牢固,接线规范。

③将安装好的有线门磁与防区报警主机和声光报警器进行联调。要求:(a)开关门窗时有线门磁可以触发报警;(b)设置有线门磁探测器报警延时时间(设为 10 秒);(c)可以通过报警主机对有线门磁做布撤防操作。

(二)实施条件

考核场地:模拟安装室一间,工位 20 个,每个工位配置安装了建筑电气 CAD 的电脑一台。

考点提供的材料、工具清单见表 1 和表 2。

表1　设备材料清单表

序　号	名　　称	单　位	数　量	备　注
1	门磁	个	1	
2	防区报警主机	台	1	
3	声光报警器	台	1	
4	BV 1*1.0 线缆	米	20	
5	辅材	批	1	

表 2　工具清单表

序　号	名　称	单　位	数　量	
1	螺丝刀	把	4	大十字、小十字、大一字、小一字各一把
2	万用表	个	1	
3	斜口钳	把	1	
4	剥线器	把	1	
6	尖嘴钳	把	1	

（三）考核时量

考试时间：90 分钟。

（四）评分标准

序　号	考核内容	考核要点	评　分
1	有线门磁的接线	（1）标注出设备的主要端子说明（10分）； （2）使用 CAD 绘制设备端子接线图（10分）； （3）连接测试线路过程规范，结果正常（10分）。	30 分
2	有线门磁的安装	（1）选用正确的安装位置和工具（过程）（5分）； （2）有线门磁、防区报警主机和声光报警器安装牢固（10分）； （3）接线满足工艺要求（5分）。	20 分
3	有线门磁的调试	（1）开关门窗时有线门磁能够触发报警（10分）； （2）设置有线门磁探测器报警延时时间（设为 10 秒）（10分）； （3）可以通过报警主机对有线门磁做布撤防操作（10分）。	30 分
4	职业素养	（1）具备良好的安全用电意识，工具、仪表、材料、作品摆放不整齐，着装不整齐、规范，不穿戴相关防护用品等，每项扣 2 分； （2）具备较好的质量意识和标准意识，安装接线不符合相关作业规范，施工操作不按照相关行业标准进行，每项扣 2 分； （3）具备较好的成本节约意识与团队协作意识，安装接线过程中不注意节约线材，每项扣 2 分； （4）具有良好的工具使用和卫生清理习惯，作业完成后未清理、清扫工作现场扣 5 分。	20 分

试题 H1-2-7：声光警号的安装与调试

（一）任务描述

某仓库为了加强防盗报警措施，准备安装声光警号，当探测到入侵者后，将在现场同时发出声、光二种警报信号，吓走盗贼。现要求对该设备进行现场安装、接线与调试，并将需要的元器件安装在模拟墙面的指定区域。具体包括：

①用建筑电气 CAD 软件绘制出声光警号的端子接线图及端子说明，将所绘制的工程图以声光警号＋所抽具体工位号命名，保存在桌面上。

②按要求对声光警号、防区报警主机和红外报警探头进行安装与接线。要求安装牢固，接线规范。

③将安装好的声光警号与防区报警主机和红外报警探头进行联调。要求：(a)报警主机能对声光警号进行控制；(b)当探测到入侵者后，现场能发出声、光二种警报信号；(c)光闪烁频率、蜂鸣器音调可以达到一定的威慑报警作用。

（二）实施条件

考核场地：模拟安装室一间，工位20个，每个工位配置安装了建筑电气CAD的电脑一台。

考点提供的材料、工具清单见表1和表2。

表1 设备材料清单表

序　号	名　　称	单　位	数　量	备　注
1	声光警号	个	1	
2	红外报警探头	台	1	
3	防区报警主机	台	1	
4	支架	支	1	
5	电源	个	1	
6	BV 1＊1.0线缆	米	5	
7	辅材	批	1	

表2 工具清单表

序　号	名　　称	单　位	数　量	
1	螺丝刀	把	4	大十字、小十字、大一字、小一字各一把
2	万用表	个	1	
3	斜口钳	把	1	
4	剥线器	把	1	
5	尖嘴钳	把	1	

（三）考核时量

考试时间：90分钟。

（四）评分标准

序　号	考核内容	考核要点	教师考核评分
1	声光警号的接线	(1)标注出设备的主要端子说明(10分)； (2)使用CAD绘制设备端子接线图(10分)； (3)连接测试线路过程规范，结果正常(10分)。	30分
2	声光警号的安装	(1)选用正确的安装工具(过程)(5分)； (2)对声光警号、防区报警主机和红外报警探头安装牢固(10分)； (3)接线满足工艺要求(5分)。	20分
3	声光警号的调试	(1)报警主机能对声光警号进行控制(10分)； (2)当探测到入侵者后，现场能发出声、光二种警报信号(10分)； (3)光闪烁频率、蜂鸣器音调可以达到一定的威慑报警作用(10分)。	30分

续表

序 号	考核内容	考核要点	教师考核评分
4	职业素养	（1）具备良好的安全用电意识，工具、仪表、材料、作品摆放不整齐，着装不整齐、规范，不穿戴相关防护用品等，每项扣 2 分； （2）具备较好的质量意识和标准意识，安装接线不符合相关作业规范，施工操作不按照相关行业标准进行，每项扣 2 分； （3）具备较好的成本节约意识与团队协作意识，安装接线过程中不注意节约线材，每项扣 2 分； （4）具有良好的工具使用和卫生清理习惯，作业完成后未清理、清扫工作现场扣 5 分。	20 分

试题 H1-2-8：被动红外探测器的安装与调试

（一）任务描述

现有一个面积较小的办公室，准备在该区域进行红外防盗探测的布防。要求安装被动红外探测器，并对被动红外探测器进行接线、安装与调试，并将需要安装的元器件安装在各模拟墙面的指定区域。具体包括：

①用建筑电气 CAD 软件绘制出被动红外探测器的端子接线图及端子说明，所绘制的工程图以被动红外探测器＋所抽具体工位号命名，保存在电脑桌面上。

②按要求对被动红外探测器、防区报警主机和声光报警器进行安装与接线。要求安装牢固，接线规范。

③将安装好的被动红外探测器与防区报警主机和声光报警器进行联调。要求：（a）报警主机能对被动红外探测器进行撤布防控制；（b）设置被动红外探测器报警延时时间（设为 3 秒）；（c）当有入侵时可触发报警发出报警信号。

（二）实施条件

考核场地：模拟安装室一间，工位 20 个，每个工位配置安装了建筑电气 CAD 的电脑一台。

考点提供的材料、工具清单见表 1 和表 2。

表 1 设备材料清单表

序 号	名 称	单 位	数 量	备 注
1	被动红外探测器	个	1	
2	防区报警主机	台	1	
3	声光报警器	台	1	
4	DC 电源	个	1	
5	BV 1＊1.0 线缆	米	10	
6	辅材	批	1	

表 2 工具清单表

序 号	名 称	单 位	数 量	
1	螺丝刀	把	4	大十字、小十字、大一字、小一字各一把
2	万用表	个	1	
3	斜口钳	把	1	
4	剥线器	把	1	

（三）考核时量

考试时间：90 分钟。

（四）评分标准

序 号	考核内容	考核要点	教师考核评分
1	被动红外探测器的接线	(1)标注出设备的主要端子说明(10分)； (2)使用 CAD 绘制设备端子接线图(10分)； (3)连接测试线路过程规范，结果正常(10分)。	30分
2	被动红外探测器的安装	(1)选用正确的安装工具(过程)(5分)； (2)被动红外探测器、防区报警主机和声光报警器安装牢固(10分)； (3)接线满足工艺要求(5分)。	20分
3	被动红外探测器的调试	(1)报警主机能对有线红外幕帘探测器进行撤布防控制(10分)； (2)设置被动红外探测器报警延时时间(设为 3 秒)(10分)； (3)当有入侵时可触发报警，并发出报警信号(10分)。	30分
4	职业素养	(1)具备良好的安全用电意识，工具、仪表、材料、作品摆放不整齐，着装不整齐、规范，不穿戴相关防护用品等，每项扣 2 分； (2)具备较好的质量意识和标准意识，安装接线不符合相关作业规范，施工操作不按照相关行业标准进行，每项扣 2 分； (3)具备较好的成本节约意识与团队协作意识，安装接线过程中不注意节约线材，每项扣 2 分； (4)具有良好的工具使用和卫生清理习惯，作业完成后未清理、清扫工作现场扣 5 分。	20分

项目三　门禁系统的安装与调试

试题 H1-3-1：围墙门主机的安装与调试

（一）任务描述

某小区物业为了加强小区出入口的管理，将对小区出入口实行封闭式管理，避免闲杂人员随意进入小区，提高住户的内部安全性。现要求在小区大门口安装一台围墙门主机，当有访客到来时，可以在大门口通过围墙门主机呼叫住户或者管理中心，经过相应住户或管理人员确认后，方可开启小区大门放行。现在要求对围墙门主机进行现场安装、接线与调试，并将需要安装的元器件安装在模拟墙面的指定区域。具体包括：

①用建筑电气 CAD 软件绘制出围墙门主机的端子接线图及端子说明，所绘制的工程图以围墙门主机＋所抽具体工位号命名，保存在桌面上。

②按要求对围墙门主机、管理中心机、单元门口机、解码器、室内分机、门禁控制器、电控锁进行安装与接线。要求安装牢固，接线规范。

③将安装好的围墙门主机与管理中心机、交换机、单元门口机、解码器、室内分机、门禁控制器、电控锁进行联调。要求：(a)围墙门主机可以与分机或管理中心双向对讲；(b)分机或管理机上能看到围墙门主机前清晰影像；(c)分机或管理机上能打开大门电控锁。

（二）实施条件

考核场地：模拟安装室一间，工位 20 个，每个工位配置安装了建筑电气 CAD 的电脑一台。

考点提供的材料、工具清单见表1和表2。

表1　设备材料清单表

序　号	名　　称	单　位	数　量	备　注
1	围墙门主机	个	1	
2	台式管理中心机	台	1	
3	单元门口机	台	1	
4	室内分机	台	1	
5	交换机			
6	电控锁	把	1	
7	门禁控制器	台	1	
8	解码器	个	1	
9	BV 1*1.0线缆	米	10	
10	RJ-45网线	米	10	
11	辅材	批	1	

表2　工具清单表

序　号	名　　称	单　位	数　量	
1	螺丝刀	把	4	大十字、小十字、大一字、小一字各一把
2	万用表	个	1	
3	斜口钳	把	1	
4	剥线器	把	1	
5	网络钳	把	1	
6	尖嘴钳	把	1	
7	测线仪	台	1	

（三）考核时量

考试时间：90分钟。

（四）评分标准

序　号	考核内容	考核要点	教师考核评分
1	围墙门主机的接线	（1）标注出设备的主要端子说明（10分）； （2）使用CAD绘制设备端子接线图（10分）； （3）连接测试线路过程规范，结果正常（10分）。	30分
2	围墙门主机的安装	（1）选用正确的安装工具（过程）（5分）； （2）围墙门主机与管理中心机、交换机、单元门口机、解码器、室内分机、门禁控制器、电控锁安装牢固（10分）； （3）接线满足工艺要求（5分）。	20分
3	围墙门主机的调试	（1）围墙门主机可与分机或管理中心双向对讲（10分）； （2）分机或管理机上能看到围墙门主机前清晰影像（10分）； （3）分机或管理机上能打开大门电锁（10分）。	30分

续表

序　号	考核内容	考核要点	教师考核评分
4	职业素养	（1）具备良好的安全用电意识，工具、仪表、材料、作品摆放不整齐，着装不整齐、规范，不穿戴相关防护用品等，每项扣2分； （2）具备较好的质量意识和标准意识，安装接线不符合相关作业规范，施工操作不按照相关行业标准进行，每项扣2分； （3）具备较好的成本节约意识与团队协作意识，安装接线过程中不注意节约线材，每项扣2分； （4）具有良好的工具使用和卫生清理习惯，作业完成后未清理、清扫工作现场扣5分。	20分

试题 H1-3-2：彩色报警室内分机的安装与调试

（一）任务描述

某小区物业为了加强小区安全管理，将对小区内所有的住户安装彩色报警室内分机，用于提高对出入单元楼人员的管理，同时加强住户的防火防盗能力，提高住户的内部安全性。现要求安装彩色报警室内分机，完成该设备的安装、接线与调试，并将需要安装的元器件安装在模拟墙面的指定区域。具体包括：

①用建筑电气CAD软件绘制出彩色报警室内分机的端子接线图及端子说明，将所绘制的工程图以彩色报警室内分机＋所抽具体工位号命名，保存在桌面上。

②按要求对彩色报警户内分机与管理中心机、单元门口机、解码器、门禁控制器、电控锁和红外报警探头进行安装与接线。要求安装牢固，接线规范。

③将安装好的彩色报警户内分机与管理中心机、单元门口机、解码器、门禁控制器、电控锁和红外报警探头进行联调。要求：（a）彩色报警室内分机可与单元门口或管理中心双向对讲；（b）彩色报警室内分机可通过单元门口机看到大门前的清晰影像；（c）当探头触发报警时，彩色报警室内分机和管理中心机能够及时发出报警信号。

（二）实施条件

考核场地：模拟安装室一间，工位20个，每个工位配置安装了建筑电气CAD的电脑一台。

考点提供的材料、工具清单见表1和表2。

表1　设备材料清单表

序　号	名　称	单　位	数　量	备　注
1	彩色报警室内分机	台	1	
2	管理中心机	台	1	
3	单元门口机	台	1	
4	解码器	个	1	
5	门禁控制器	台	1	
6	电控锁	把	1	
7	红外报警探头	个	1	
8	BV 1*1.0线缆	米	10	
9	RJ-45网线	米	10	
10	辅材	批	1	

表 2　工具清单表

序　号	名　称	单　位	数　量	
1	螺丝刀	把	4	大十字、小十字、大一字、小一字各一把
2	万用表	个	1	
3	斜口钳	把	1	
4	剥线器	把	1	
5	网络钳	把	1	
6	尖嘴钳	把	1	
7	测线仪	台	1	

（三）考核时量

考试时间：90 分钟

（四）评分标准

序　号	考核内容	考核要点	教师考核评分
1	彩色报警室内分机的接线	(1)标注出设备的主要端子说明(10分)； (2)使用 CAD 绘制设备端子接线图(10分)； (3)连接测试线路过程规范,结果正常(10分)。	30 分
2	彩色报警室内分机的安装	(1)选用正确的安装工具(过程)(5分)； (2)彩色报警户内分机与管理中心机、单元门口机、解码器、门禁控制器、电控锁和红外报警探头安装牢固(10分)； (3)接线满足工艺要求(5分)。	20 分
3	彩色报警室内分机的调试	(1)彩色报警室内分机可与单元门口或管理中心双向对讲(10分)； (2)彩色报警室内分机可通过单元门口机看到大门前清晰影像(10分)； (3)当探头触发报警时彩色报警室内分机和管理中心机能及时发出报警信号(10分)。	30 分
4	职业素养	(1)具备良好的安全用电意识,工具、仪表、材料、作品摆放不整齐,着装不整齐、规范,不穿戴相关防护用品等,每项扣 2 分； (2)具备较好的质量意识和标准意识,安装接线不符合相关作业规范,施工操作不按照相关行业标准进行,每项扣 2 分； (3)具备较好的成本节约意识与团队协作意识,安装接线过程中不注意节约线材,每项扣 2 分； (4)具有良好的工具使用和卫生清理习惯,作业完成后未清理、清扫工作现场扣 5 分。	20 分

试题 H1-3-3：非可视室内分机的安装与调试

（一）任务描述

某小区物业为了加强对小区出入口的管理,避免闲杂人员随意进入小区单元楼,提高住户的内部安全性,准备在小区内所有的住户安装非可视室内分机,当有访客来到小区,在单元楼下通过单元门主机呼叫住户或者管理中心,经过相应住户或管理人员确认后,即可开启单元门进入。现要求完成对非可视室内分机的现场安装、接线与调试,并将需要安装的元器件安装在模拟墙面的指定区域。

具体包括：

①用建筑电气CAD软件绘制出非可视室内分机的端子接线图及端子说明，所绘制的工程图以非可视室内分机＋所抽具体工位号命名，保存在电脑桌面上。

②按要求对非可视室内分机与管理中心机、单元门口机、解码器、门禁控制器和电锁进行安装与接线。要求安装牢固，接线规范。

③将安装好的非可视室内分机与管理中心机、单元门口机、解码器、门禁控制器和电锁进行联调。要求：(a)非可视室内分机可与单元门口机或管理中心双向对讲；(b)可以通过非可视室内分机打开单元门。

（二）实施条件

考核场地：模拟安装室一间，工位20个，每个工位配置安装了建筑电气CAD的电脑一台。

考点提供的材料、工具清单见表1和表2。

表1 设备材料清单表

序 号	名 称	单 位	数 量	备 注
1	非可视室内分机	个	1	
2	管理中心机	台	1	
3	单元门口机	台	1	
4	电锁	把	1	
5	门禁控制器	台	1	
6	解码器	个	1	
7	BV 1*1.0 线缆	米	10	
8	RJ-45 网线	米	10	
9	辅材	批	1	

表2 工具清单表

序 号	名 称	单 位	数 量	
1	螺丝刀	把	4	大十字、小十字、大一字、小一字各一把
2	万用表	个	1	
3	斜口钳	把	1	
4	剥线器	把	1	
5	网络钳	把	1	
6	尖嘴钳	把	1	
7	测线仪	台	1	

（三）考核时量

考试时间：90分钟。

（四）评分标准

序　号	考核内容	考核要点	教师考核评分
1	非可视室内分机的接线	(1)标注出设备的主要端子说明(10分); (2)使用CAD绘制设备端子接线图(10分); (3)连接测试线路过程规范,结果正常(10分)。	30分
2	非可视室内分机的安装	(1)选用正确的安装工具(过程)(5分); (2)非可视室内分机与管理中心机、单元门口机、解码器、门禁控制器和电控锁安装牢固(10分); (3)接线满足工艺要求(5分)。	20分
3	非可视室内分机的调试	(1)非可视室内分机可以与单元门口机或管理中心双向对讲(15分); (2)通过非可视室内分机可以打开单元门(15分)。	30分
4	职业素养	(1)具备良好的安全用电意识,工具、仪表、材料、作品摆放不整齐,着装不整齐、规范,不穿戴相关防护用品等,每项扣2分; (2)具备较好的质量意识和标准意识,安装接线不符合相关作业规范,施工操作不按照相关行业标准进行,每项扣2分; (3)具备较好的成本节约意识与团队协作意识,安装接线过程中不注意节约线材,每项扣2分; (4)具有良好的工具使用和卫生清理习惯,作业完成后未清理、清扫工作现场扣5分。	20分

试题 H1-3-4:彩色单元门口主机的安装与调试

(一)任务描述

某小区物业为了加强小区出入口的管理,避免闲杂人员随意进入小区单元楼,提高住户的内部安全性,准备在小区单元门上安装彩色单元门口主机,当有访客到来,在单元楼下通过彩色单元门口主机呼叫住户或者管理中心,经过相应住户或管理人员确人后,即可开启单元门进入。现要求完成对彩色单元门口主机的现场安装、接线与调试,并将需要安装的元器件安装在模拟墙面的指定区域。

具体包括:

①用建筑电气CAD软件绘制出彩色单元门口主机的端子接线图及端子说明,将所绘制的工程图彩色单元门口主机＋所抽具体工位号命名,保存在桌面上。

②按要求对彩色单元门口主机与管理中心机、解码器、室内分机、门禁控制器、电控锁进行安装与接线。要求接线规范、牢固、美观。

③将安装好的彩色单元门口主机与管理中心机、解码器、室内分机、门禁控制器、电控锁进行联调。要求:(a)室内分机或管理中心机可与单元门口机双向对讲;(b)通过室内分机或管理中心机可以打开单元门;(c)可通密码打开电锁(设密码888888)。

(二)实施条件

考核场地:模拟安装室一间,工位20个,每个工位配置安装了建筑电气CAD的电脑一台。

考点提供的材料、工具清单见表1和表2。

表1　设备材料清单表

序　号	名　称	单　位	数　量	备　注
1	彩色单元门口主机	台	1	
2	管理中心机	台	1	
3	室内分机	台	1	
4	电控锁	把	1	
5	解码器	个	1	
5	BV 1*1.0 线缆	米	10	
7	RJ-45 网线	米	10	
8	辅材	批	1	

表2　工具清单表

序　号	名　称	单　位	数　量	
1	螺丝刀	把	4	大十字、小十字、大一字、小一字各一把
2	万用表	个	1	
3	斜口钳	把	1	
4	剥线器	把	1	
5	网络钳	把	1	
6	尖嘴钳	把	1	
7	测线仪	台	1	

（三）考核时量

考试时间：90分钟。

（四）评分标准

序号	考核内容	考核要点	教师考核评分
1	彩色单元门口主机的接线	(1)标注出设备的主要端子说明(10分)； (2)使用CAD绘制设备端子接线图(10分)； (3)连接测试线路过程规范,结果正常(10分)。	30分
2	彩色单元门口主机的安装	(1)选用正确的安装工具(过程)(5分)； (2)彩色单元门口主机与管理中心机、解码器、室内分机、门禁控制器、电控锁安装牢固(10分)； (3)接线满足工艺要求(5分)。	20分
3	彩色单元门口主机的调试	(1)室内分机或管理中心机可与单元门口机双向对讲(10分)； (2)通过室内分机或管理中心机可以打开单元门(10分)； (3)可以通过密码打开电锁(密码设为888888)(10分)。	30分
4	职业素养	(1)具备良好的安全用电意识,工具、仪表、材料、作品摆放不整齐,着装不整齐、规范,不穿戴相关防护用品等,每项扣2分； (2)具备较好的质量意识和标准意识,安装接线不符合相关作业规范,施工操作不按照相关行业标准进行,每项扣2分； (3)具备较好的成本节约意识与团队协作意识,安装接线过程中不注意节约线材,每项扣2分； (4)具有良好的工具使用和卫生清理习惯,作业完成后未清理、清扫工作现场扣5分。	20分

试题 H1-3-5：磁力锁的安装与调试

(一)任务描述

某小区物业为了加强小区出入口的管理，将对小区出入口实行封闭式管理。避免闲杂人员随意进入小区，提高住户内部安全性。要求在小区所有的单元门上安装磁力锁，现要对该设备进行现场安装、接线与调试，并将需要安装的元器件安装在模拟墙面的指定区域。具体包括：

①用建筑电气 CAD 软件绘制出磁力锁的端子接线图及端子说明，所绘制工程图以磁力锁＋所抽具体工位号命名，保存在电脑桌面上。

②根据图纸对磁力锁与门禁控制器、开门按钮、读卡器进行安装与接线。要求安装牢固，接线规范。

③将安装好的磁力锁与门禁控制器、开门按钮、读卡器进行联调。要求：(a)门口锁定牢固；(b)设定开门延迟时间为三秒；(c)可以通过开门按钮、IC 读卡器刷卡正常开门。

(二)实施条件

考核场地：模拟安装室一间，工位 20 个。每个工位配置安装了建筑电气 CAD 的电脑一台。

考点提供的材料、工具清单见表1和表2。

表1　设备材料清单表

序　号	名　　称	单　位	数　量	备　注
1	磁力锁	个	1	
2	门禁控制器	个	1	
3	读卡器	个	1	
4	开门按钮	个	1	
5	BV 1*1.0线缆	米	10	
6	辅材	批	1	

表2　工具清单表

序　号	名　　称	单　位	数　量	
1	螺丝刀	把	4	大十字、小十字、大一字、小一字各一把
2	万用表	个	1	
3	斜口钳	把	1	
4	剥线器	把	1	
5	尖嘴钳	把	1	

(三)考核时量

考试时间：90分钟。

(四)评分标准

序号	考核内容	考核要点	教师考核评分
1	磁力锁的接线	(1)标注出设备的主要端子说明(10分); (2)使用CAD绘制设备端子接线图(10分); (3)确保测试线路连接正常(过程(10分)。	30分
2	磁力锁的安装	(1)选用正确的安装工具(过程)(5分); (2)磁力锁与门禁控制器、开门按钮、读卡器安装牢固(10分); (3)接线满足工艺要求(5分)。	20分
3	磁力锁的调试	(1)门口锁定牢固(10分); (2)按要求设置好开门延时时间(三秒)(10分); (3)开门按钮、IC读卡器能正常开门(10分)。	30分
4	职业素养	(1)具备良好的安全用电意识,工具、仪表、材料、作品摆放不整齐,着装不整齐、规范,不穿戴相关防护用品等,每项扣2分; (2)具备较好的质量意识和标准意识,安装接线不符合相关作业规范,施工操作不按照相关行业标准进行,每项扣2分; (3)具备较好的成本节约意识与团队协作意识,安装接线过程中不注意节约线材,每项扣2分; (4)具有良好的工具使用和卫生清理习惯,作业完成后未清理、清扫工作现场扣5分。	20分

试题 H1-3-6:门磁的安装与调试

(一)任务描述

某小区物业为了加强小区内的住户安全,提高住户的安全防盗措施,准备在所有的住户大门加装门磁,当有非法入侵时能及时发出报警信号,方便管理人员快速反应,并且做出有效的应对措施。现要求完成对门磁设备的现场安装、接线与调试,并将需要安装的元器件安装在模拟墙面的指定区域。具体包括:

①用建筑电气CAD软件绘制出门磁的端子接线图及端子说明,将所绘制的工程图以门磁+所抽具体工位号命名,保存在电脑桌面上。

②根据图纸对门磁与系统管理中心机、单元门口机、解码器和室内分机进行安装与接线。要求安装牢固,接线规范。

③将安装好的门磁与系统管理中心机、单元门口机、解码器和室内分机联调。要求:(a)室内分机能够控制门磁布撤防;(b)设置报警延时时间为十秒钟;(c)当有非法入侵时管理中心机能够收到报警信号。

(二)实施条件

考核场地:模拟安装室一间,工位20个。每个工位配置安装了建筑电气CAD的电脑一台。

考点提供的材料、工具清单见表1和表2。

表1 设备材料清单表

序 号	名 称	单 位	数 量	备 注
1	门磁	个	1	
2	管理中心机	台	1	
3	单元门口机	台	1	
4	解码器	台	1	
5	室内分机	台	1	
6	BV 1 * 1.0 线缆	米	10	
7	辅材	批	1	

表2 工具清单表

序 号	名 称	单 位	数 量	备注
1	螺丝刀	把	4	大十字、小十字、大一字、小一字各一把
2	万用表	个	1	
3	斜口钳	把	1	
4	剥线器	把	1	
5	尖嘴钳	把	1	

（三）考核时量

考试时间：90分钟。

（四）评分标准

序 号	考核内容	考核要点	教师考核评分
1	门磁的接线	(1)标注出设备的主要端子说明(10分)； (2)使用CAD绘制设备端子接线图(10分)； (3)连接测试线路过程规范，结果正常(10分)。	30分
2	门磁的安装	(1)选用正确的安装工具(过程)(5分)； (2)门磁与系统管理中心机、单元门口机、解码器和室内分机安装牢固，(10分)； (3)接线满足工艺要求(5分)。	20分
3	门磁的调试	(1)室内分机能够控制门磁布撤防(10分)； (2)按要求设置好报警延时时间(十秒)(10分)； (3)当有非法入侵时管理中心机能够收到报警信号(10分)。	30分
4	职业素养	(1)具备良好的安全用电意识，工具、仪表、材料、作品摆放不整齐、着装不整齐、规范，不穿戴相关防护用品等，每项扣2分； (2)具备较好的质量意识和标准意识，安装接线不符合相关作业规范，施工操作不按照相关行业标准进行，每项扣2分； (3)具备较好的成本节约意识与团队协作意识，安装接线过程中不注意节约线材，每项扣2分； (4)具有良好的工具使用和卫生清理习惯，作业完成后未清理、清扫工作现场扣5分。	20分

试题 H1-3-7：紧急按钮的安装与调试

（一）任务描述

某小区物业为了加强小区内的住户安全，提高住户的安全防范措施，以便在发生意外时能及时发出报警信号，准备对所有的住户加装紧急按钮。现要求对紧急按钮进行现场安装、接线与调试，并将需要安装的元器件安装在模拟墙面的指定区域。具体包括：

①用建筑电气 CAD 软件绘制出紧急按钮的端子接线图及端子说明，将所绘制的工程图以紧急按钮＋所抽具体工位号命名，保存在电脑桌面上。

②按要求对紧急按钮与管理中心机、单元门口机、解码器、室内分机进行安装与接线。要求安装牢固，接线规范。

③将安装好的紧急按钮与管理中心机、单元门口机、解码器、室内分机进行联调。要求：(a)室内分机能够对紧急按钮进行布撤防的控制；(b)按下紧急按钮时管理中心机能够收到报警信号。

（二）实施条件

考核场地：模拟安装室一间，工位 20 个，每个工位配置安装了建筑电气 CAD 的电脑一台。

考点提供的材料、工具清单见表 1 和表 2。

表 1　设备材料清单表

序　号	名　　称	单　位	数　量	备　注
1	紧急按钮	个	1	
2	管理中心机	台	1	
3	单元门口机	台	1	
4	解码器	台	1	
5	室内分机	台	1	
6	BV 1*1.0 线缆	米	10	
7	辅材	批	1	

表 2　工具清单表

序　号	名　　称	单　位	数　量	
1	螺丝刀	把	4	大十字、小十字、大一字、小一字各一把
2	万用表	个	1	
3	斜口钳	把	1	
4	剥线器	把	1	
5	尖嘴钳	把	1	

（三）考核时量

考试时间：90 分钟。

（四）评分标准

序 号	考核内容	考核要点	教师考核评分
1	紧急按钮的接线	(1)标注出设备的主要端子说明(10分); (2)使用CAD绘制设备端子接线图(10分); (3)连接测试线路过程规范,结果正常(10分)。	30分
2	紧急按钮的安装	(1)选用正确的安装工具(过程)(5分); (2)紧急按钮与管理中心机、单元门口机、解码器、室内分机安装牢固(10分); (3)接线满足工艺要求(5分)。	20分
3	紧急按钮的调试	(1)室内分机能对紧急按钮进行布撤防控制(15分); (2)按下紧急按钮时管理中心机能够收到报警信号(15分)。	30分
4	职业素养	(1)具备良好的安全用电意识,工具、仪表、材料、作品摆放不整齐,着装不整齐、规范,不穿戴相关防护用品等,每项扣2分; (2)具备较好的质量意识和标准意识,安装接线不符合相关作业规范,施工操作不按照相关行业标准进行,每项扣2分; (3)具备较好的成本节约意识与团队协作意识,安装接线过程中不注意节约线材,每项扣2分; (4)具有良好的工具使用和卫生清理习惯,作业完成后未清理、清扫工作现场扣5分。	20分

试题 H1-3-8:红外幕帘探测器的安装与调试

(一)任务描述

某小区物业为了加强小区内住户的安全,提高对小区内所有住户的阳台安全防范措施,准备对所有住户加装一个红外幕帘探测器,防止从阳台的非法入侵。现要求完成对红外幕帘的现场安装、接线与调试,并将需要安装的元器件安装在模拟墙面的指定区域。具体包括:

①用建筑电气CAD软件绘制出红外幕帘探测器的端子接线图及端子说明,将所绘制工程图以红外幕帘探测器+所抽具体工位号命名,保存在电脑桌面上。

②按要求对红外幕帘探测器与管理中心机、单元门口机、解码器、室内分机进行安装与接线。要求安装牢固,接线规范。

③将安装好的红外幕帘探测器与管理中心机、单元门口机、解码器、室内分机进行联调。要求:(a)探测器的安装应该覆盖整个监测区域;(b)室内分机能够对探测器进行布撤防的控制;(c)有入侵时室内分机和管理中心机能准确的发出报警信号。

(二)实施条件

考核场地:模拟安装室一间,工位20个,每个工位配置安装了建筑电气CAD的电脑一台。

考点提供的材料、工具清单见表1和表2。

表1 设备材料清单表

序 号	名 称	单 位	数 量	备 注
1	红外幕帘探测器	个	1	
2	管理中心机	台		
3	单元门口机	台		
4	解码器	台		
5	室内分机	台		
6	BV 1*1.0线缆	米	10	
7	辅材	批	1	

表 2　工具清单表

序　号	名　　称	单　位	数　量	
1	螺丝刀	把	4	大十字、小十字、大一字、小一字各一把
2	万用表	个	1	
3	斜口钳	把	1	
4	剥线器	把	1	
5	尖嘴钳	把	1	

（三）考核时量

考试时间：90 分钟。

（四）评分标准

序　号	考核内容	考核要点	教师考核评分
1	红外幕帘探测器的接线	(1)标注出设备的主要端子说明(10分)； (2)使用 CAD 绘制设备端子接线图(10分)； (3)连接测试线路过程规范,结果正常(10分)。	30分
2	红外幕帘探测器的安装	(1)选用正确的安装工具(过程)(5分)； (2)红外幕帘探测器与管理中心机、单元门口机、解码器、室内分机安装牢固(10分)； (3)接线满足工艺要求(5分)。	20分
3	红外幕帘探测器的调试	(1)探测器的安装应该覆盖整个监测区域(10分)； (2)室内分机能对探测器进行布撤防的控制(10分)； (3)有入侵时室内分机和管理中心机能准确的发出报警信号(10分)。	30分
4	职业素养	(1)具备良好的安全用电意识,工具、仪表、材料、作品摆放不整齐,着装不整齐、规范,不穿戴相关防护用品等,每项扣2分； (2)具备较好的质量意识和标准意识,安装接线不符合相关作业规范,施工操作不按照相关行业标准进行,每项扣2分； (3)具备较好的成本节约意识与团队协作意识,安装接线过程中不注意节约线材,每项扣2分； (4)具有良好的工具使用和卫生清理习惯,作业完成后未清理、清扫工作现场扣5分。	20分

试题 H1-3-9：台式管理中心机的安装与调试

（一）任务描述

某小区物业为了加强小区出入口的管理,避免闲杂人员随意进入小区,提高住户内部安全性,准备安装一套可视对讲系,方便小区业主出入。现要求安装台式管理中心机,完成对该设备的现场安装调试,并将需要安装的元器件安装在模拟墙面的指定区域。具体包括：

①用建筑电气 CAD 软件绘制出台式管理中心机的端子接线图及端子说明,将所绘制的工程图以台式管理中心机＋所抽具体工位号命名,保存在电脑桌面上。

②按要求对管理中心机、单元门口机、解码器、室内分机和电控锁进行安装与接线。要求安装牢固,接线规范。

③将安装好的管理中心机、单元门口机、解码器、室内分机和电控锁进行联调。要求：(a)

设置好台式管理中心机的网络;(b)台式管理中心机能够与室内分机和单元门口分机双向对讲;(c)管理中心机能够对各单元门电锁进行控制。

（二）实施条件

考核场地:模拟安装室一间,工位20个。每个工位配置安装了建筑电气CAD的电脑一台。

考点提供的材料、工具清单见表1和表2。

表1　设备材料清单表

序　号	名　　称	单　位	数　量	备　注
1	台式管理中心机	台	1	
2	单元门口机	台	1	
3	室内分机	台	1	
4	门禁控制器	台	1	
5	电控锁	把	1	
6	BV 1*1.0线缆	米	10	
7	辅材	卷	1	

表2　工具清单表

序　号	名　　称	单　位	数　量	
1	螺丝刀	把	4	
2	万用表	个	1	
3	斜口钳	把	1	
4	剥线器	把	1	
5	尖嘴钳	把	1	

（三）考核时量

考试时间:90分钟。

（四）评分标准

序　号	考核内容	考核要点	教师考核评分
1	台式管理中心机的接线	(1)标注出设备的主要端子说明(10分); (2)使用CAD绘制设备端子接线图(10分); (3)连接测试线路过程规范,结果正常(10分)。	30分
2	台式管理中心机的安装	(1)选用正确的安装工具(过程)(5分); (2)管理中心机、单元门口机、解码器、室内分机和电控锁安装牢固(5分); (3)接线满足工艺要求(10分)。	20分
3	台式管理中心机的调试	(1)设置好台式管理中心机的网络(10分); (2)台式管理中心机可以与室内分机和单元门口分机双向对讲(10分); (3)管理中心机能对各单元门进行控制(10分)。	30分

续表

序　号	考核内容	考核要点	教师考核评分
4	职业素养	(1)具备良好的安全用电意识,工具、仪表、材料、作品摆放不整齐,着装不整齐、规范,不穿戴相关防护用品等,每项扣2分; (2)具备较好的质量意识和标准意识,安装接线不符合相关作业规范,施工操作不按照相关行业标准进行,每项扣2分; (3)具备较好的成本节约意识与团队协作意识,安装接线过程中不注意节约线材,每项扣2分; (4)具有良好的工具使用和卫生清理习惯,作业完成后未清理、清扫工作现场扣5分。	20分

试题 H1-3-10:单机门禁控制主机的安装与调试

（一）任务描述

某公司为了避免闲杂人员随意进入公司,提高公司内部安全性,对出入公司的人员进行管理,在公司的出入口安装门禁系统,要求安装单机控制型门禁系统,现对该系统控制主机进行现场的安装、接线与调试。将需要安装的元器件安装在各模拟墙面指定的区域上。

具体包括:

①用建筑电气CAD软件绘制出单机控制型门禁系统的端子接线图及其端子说明,将所绘制的工程图以单机控制型门禁系统＋所抽具体工位号命名,保存在电脑桌面上。

②按所绘制的工程图对单机门禁控制主机与读卡器、开门按钮、电控锁进行安装与接线。要求安装牢固,接线规范。

③将安装好的单机门禁控制主机与读卡器、开门按钮、电控锁进行联调。要求:(a)开门按钮能正常对电控锁进行控制;(b)设置门禁的开门延时时间为三秒钟;(c)读卡器能正常对电控锁进行控制。

（二）实施条件

考核场地:模拟安装室一间,工位20个,每个工位配置安装了建筑电气CAD的电脑一台。

考点提供的材料、工具清单见表1和表2。

表1　设备材料清单表

序　号	名　　称	单　位	数　量	备　注
1	单机门禁控制主机	台	1	
2	读卡器	个	1	
3	电控锁	把	1	
4	开门按钮	个	1	
5	BV 1*1.0线缆	米	10	
6	辅材	批	1	

表2　工具清单表

序　号	名　　称	单　位	数　量	备　注
1	螺丝刀	把	4	大十字、小十字、大一字、小一字各一把
2	万用表	个	1	
3	斜口钳	把	1	
4	剥线器	把	1	

（三）考核时量

考试时间：90分钟。

（四）评分标准

序　号	考核内容	考核要点	教师考核评分
1	单机门禁控制主机的接线	（1）标注出设备的主要端子说明（10分）； （2）使用CAD绘制设备端子接线图（10分）； （3）连接测试线路过程规范，结果正常（10分）。	30分
2	单机门禁控制主机的安装	（1）选用正确的安装工具（过程）（5分）； （2）单机门禁控制主机与读卡器、开门按钮、电控锁安装牢固（10分）； （3）接线满足工艺要求（5分）。	20分
3	单机门禁控制主机的调试	（1）开门按钮能正常对电控锁进行控制（10分）； （2）按要求设置好门禁的开门延时时间（三秒）（10分）； （3）读卡器能正常对电控锁进行控制（10分）。	30分
4	职业素养	（1）具备良好的安全用电意识，工具、仪表、材料、作品摆放不整齐，着装不整齐、规范，不穿戴相关防护用品等，每项扣2分； （2）具备较好的质量意识和标准意识，安装接线不符合相关作业规范，施工操作不按照相关行业标准进行，每项扣2分； （3）具备较好的成本节约意识与团队协作意识，安装接线过程中不注意节约线材，每项扣2分； （4）具有良好的工具使用和卫生清理习惯，作业完成后未清理、清扫工作现场扣5分。	20分

试题 H1-3-11：电控锁的安装与调试（单机控制型门禁）

（一）任务描述

某公司为了避免闲杂人员随意进入公司，提高公司内部安全性，对出入公司的人员进行管理，在公司的出入口安装门禁系统，要求安装单机控制型门禁系统，现对该系统电控锁进行现场的安装、接线与调试。将需要安装的元器件安装在各模拟墙面指定的区域上。

具体包括：

①用建筑电气CAD软件绘制出电控锁的端子接线图及端子说明，将所绘制的工程图以电控锁＋所抽具体工位号命名，保存在电脑桌面上。

②按所绘制工程图对电控锁与门禁控制主机、读卡器、开门按钮进行安装与接线。要求安装牢固，接线规范。

③将安装好的电控锁与门禁控制主机、读卡器、开门按钮进行联调。要求：（a）开门按钮能正常对电控锁进行控制；（b）设置门禁的开门延时时间为五秒钟；（c）读卡器能正常对电控锁进行控制。

（二）实施条件

考核场地：模拟安装室一间，工位20个，每个工位配置安装了建筑电气CAD的电脑一台。

考点提供的材料、工具清单见表1和表2。

表1 设备材料清单表

序 号	名 称	单 位	数 量	备 注
1	电控锁	个	1	磁力锁
2	门禁控制主机	台	1	
3	读卡器	个	1	
4	开门按钮	个	1	
5	BV 1*1.0线缆	米	10	
6	辅材	批	1	

表2 工具清单表

序 号	名 称	单 位	数 量	备注
1	螺丝刀	把	4	大十字、小十字、大一字、小一字各一把
2	万用表	个	1	
3	斜口钳	把	1	
4	剥线器	把	1	

（三）考核时量

考试时间：90分钟。

（四）评分标准

序 号	考核内容	考核要点	教师考核评分
1	电控锁的接线	(1)标注出设备的主要端子说明(10分)； (2)使用CAD绘制设备端子接线图(10分)； (3)连接测试线路过程规范，结果正常(10分)。	30分
2	电控锁的安装	(1)选用正确的安装工具(过程)(5分)； (2)电控锁与门禁控制主机、读卡器、开门按钮安装牢固(10分)； (3)接线满足工艺要求(5分)。	20分
3	电控锁的调试	(1)开门按钮能正常对电控锁进行控制(10分)； (2)按要求设置好门禁的开门延时时间(五秒)(10分)； (3)读卡器能正常对电控锁进行控制(10分)。	30分
4	职业素养	(1)具备良好的安全用电意识，工具、仪表、材料、作品摆放不整齐，着装不整齐、规范，不穿戴相关防护用品等，每项扣2分； (2)具备较好的质量意识和标准意识，安装接线不符合相关作业规范，施工操作不按照相关行业标准进行，每项扣2分； (3)具备较好的成本节约意识与团队协作意识，安装接线过程中不注意节约线材，每项扣2分； (4)具有良好的工具使用和卫生清理习惯，作业完成后未清理、清扫工作现场扣5分。	20分

试题 H1-3-12：读卡器的安装与调试（单机控制型门禁）

（一）任务描述

某公司为了避免闲杂人员随意进入公司，提高公司内部安全性，对出入公司的人员进行管理，在公司的出入口安装门禁系统，要求安装单机控制型门禁系统，现对该系统电控锁进行现场的安装、接线与调试。将需要安装的元器件安装在各模拟墙面指定的区域上。

具体包括：

①用建筑电气CAD软件绘制出读卡器的端子接线图及端子说明,所绘制工程图以读卡器＋所抽具体工位号命名,保存在电脑桌面上。

②按所绘制工程图对读卡器与门禁控制主机、开门按钮和电控锁进行安装与接线。要求安装牢固,接线规范。

③将安装好的读卡器与门禁控制主机、开门按钮和电控锁进行联调。要求：(a)能在读卡器上对IC卡进行发行和删除管理;(b)设置门禁的开门延时时间为五秒钟;(c)所发的IC卡能够正常对电控锁进行控制。

(二)实施条件

考核场地：模拟安装室一间,工位20个,每个工位配置安装了建筑电气CAD的电脑一台。

考点提供的材料、工具清单见表1和表2。

表1　设备材料清单表

序　号	名　　称	单　位	数　量	备　注
1	读卡器(IC卡)	个	1	
2	门禁控制主机	台	1	
3	开门按钮	个	1	
4	电控锁	把	1	
5	BV 1＊1.0线缆	米	10	
6	辅材	批	1	

表2　工具清单表

序　号	名　　称	单　位	数　量	
1	螺丝刀	把	4	大十字、小十字、大一字、小一字各一把
2	万用表	个	1	
3	斜口钳	把	1	
4	剥线器	把	1	

(三)考核时量

考试时间：90分钟。

(四)评分标准

序　号	考核内容	考核要点	教师考核评分
1	读卡器的接线	(1)标注出设备的主要端子说明(10分); (2)使用CAD绘制设备端子接线图(10分); (3)连接测试线路过程规范,结果正常(10分)。	30分
2	读卡器的安装	(1)选用正确的安装工具(过程)(5分); (2)读卡器与门禁控制主机、开门按钮和电控锁安装牢固(10分); (3)接线满足工艺要求(5分)。	20分

续表

序　号	考核内容	考核要点	教师考核评分
3	读卡器的调试	(1)能在读卡器上对 IC 卡进行发行和删除管理(10分); (2)按要求设置好门禁的开门延时时间(五秒)(10分); (3)所发的 IC 卡能正常对电控锁进行控制(10分)。	30分
4	职业素养	(1)具备良好的安全用电意识,工具、仪表、材料、作品摆放不整齐,着装不整齐、规范,不穿戴相关防护用品等,每项扣2分; (2)具备较好的质量意识和标准意识,安装接线不符合相关作业规范,施工操作不按照相关行业标准进行,每项扣2分; (3)具备较好的成本节约意识与团队协作意识,安装接线过程中不注意节约线材,每项扣2分; (4)具有良好的工具使用和卫生清理习惯,作业完成后未清理、清扫工作现场扣5分。	20分

项目四　巡更系统的安装与调试

试题 H1-4-1:巡更系统管理软件的安装与调试

(一)任务描述

某小区物业为了小区业主的安全,加强对小区的保安巡逻,以便更好的监督考核巡逻人员的工作情况。现要求安装巡更系统,完成对该巡更系统管理软件的现场安装与调试,并将需要安装的元器件安装在模拟墙面的指定区域。

具体包括:

①完成管理软件的安装,密码设置为"123456",用户权限为"管理员",并允许修改系统名称和单位名称。

②完成系统设置:新建数据库文件夹(用来存放巡逻备份数据),实现数据库备份30天。

③具备巡逻员设定功能:可以新增和修改巡逻人员、新增和修改巡更路线。

(二)实施条件

考核场地:模拟安装室一间,工位20个,每个工位配置安装了建筑电气 CAD 的电脑,巡更系统的管理软件一套。

(三)考核时量

考试时间:90分钟。

(四)评分标准

序　号	考核内容	考核要点	教师考核评分
1	巡更系统的管理软件的安装	(1)软件安装正确(10分); (2)正确设置管理软件的密码(10分); (3)可以修改系统名称、单位名称(10分)。	30分
2	巡更系统的管理软件设置	(1)正确新建数据库文件夹(用来存放巡逻备份数据)(10分); (2)正确设置数据库备份时长(30天)(10分)。	20分
3	巡更系统的管理软件的调试	(1)可以新增和修改巡逻人员(10分); (2)正确设置用户权限(10分); (3)可以新增和修改巡更路线(10分)。	30分

续表

序 号	考核内容	考核要点	教师考核评分
4	职业素养	(1)具备良好的安全用电意识,工具、仪表、材料、作品摆放不整齐,着装不整齐、规范,不穿戴相关防护用品等,每项扣2分; (2)具备较好的质量意识和标准意识,安装接线不符合相关作业规范,施工操作不按照相关行业标准进行,每项扣2分; (3)具备较好的成本节约意识与团队协作意识,安装接线过程中不注意节约线材,每项扣2分; (4)具有良好的工具使用和卫生清理习惯,作业完成后未清理、清扫工作现场扣5分。	20分

试题 H1-4-2:巡更棒的设置

(一)任务描述

某小区物业为了小区业主的安全,加强对小区的保安巡逻,以便更好的监督考核巡逻人员的工作情况,准备安装一套巡更系统。现要求完成对该巡更系统巡更棒的设置与调试,并将需要安装的元器件安装在模拟墙面的指定区域。

具体包括:

①正确安装巡更棒驱动,设置巡更棒与电脑连接的端口类别,正确设置通讯速度、通讯协议,实现巡更棒与相应巡更软件的数据通讯。

②将巡更棒和电脑、巡更地点钮、巡更人员卡、数据线连接通讯座进行联调。要求:(a)可以新增巡更棒;(b)可以更改和绑定巡逻员;(c)可以编辑巡更棒名称;(d)可以绑定和删除巡更线路;(e)可以读取并上传巡更棒数据。

(二)实施条件

考核场地:模拟安装室一间,工位20个,每个工位配置安装了巡更系统管理软件的电脑一台。

考点提供的材料、工具清单见表1。

表1 设备材料清单表

序 号	名 称	单 位	数 量	备 注
1	巡更棒	个	1	
2	巡更地点钮	个	2	
3	巡更人员卡	张	1	
4	数据线连接通讯座	个	1	数据采集器

(三)考核时量

考试时间:90分钟。

(四)评分标准

序 号	考核内容	考核要点	教师考核评分
1	巡更棒驱动的安装	(1)正确设置巡更棒与电脑连接的端口类别(10分); (2)正确设置通讯速度(10分); (3)正确设置通讯协议(10分)。	30分

续表

序　号	考核内容	考核要点	教师考核评分
2	巡更棒的设置和调试	(1)可以新增巡更棒(10分); (2)可以更改及绑定巡逻员(10分); (3)可以编辑巡更棒名称(10分); (4)可以绑定和删除巡更线路(10分); (5)可以读取并上传巡更棒数据(10分)。	50分
3	职业素养	(1)具备良好的安全用电意识,工具、仪表、材料、作品摆放不整齐,着装不整齐、规范,不穿戴相关防护用品等,每项扣2分; (2)具备较好的质量意识和标准意识,安装接线不符合相关作业规范,施工操作不按照相关行业标准进行,每项扣2分; (3)具备较好的成本节约意识与团队协作意识,安装接线过程中不注意节约线材,每项扣2分; (4)具有良好的工具使用和卫生清理习惯,作业完成后未清理、清扫工作现场扣5分。	20分

试题 H1-4-3:巡更人员卡的安装与调试

(一)任务描述

某小区物业为了小区业主的安全,加强对保安的巡逻管理,以便更好的监督考核巡逻人员的工作情况。现要求安装巡更系统,完成对该巡更系统的巡更人员卡的现场设置与调试。具体包括:

将巡更人员卡与电脑、巡更棒、巡更地点钮、数据线连接通讯座进行联调。要求:(a)能新增和修改巡逻员信息(姓名、性别、卡号等);(b)能设置巡逻员的巡逻班组;(c)巡更人员卡与巡更棒可以通过感应换班。

(二)实施条件

考核场地:模拟安装室一间,工位20个,每个工位配置安装了巡更系统管理软件的电脑一台。

考点提供的材料、工具清单见表1。

表1　设备材料清单表

序　号	名　称	单　位	数　量	备　注
1	巡更人员卡	张	1	
2	巡更棒	个	1	
3	巡更地点钮	个	1	
4	数据线连接通讯座	个	1	

(三)考核时量

考试时间:90分钟。

(四)评分标准

序　号	考核内容	考核要点	教师考核评分
1	巡更人员卡设置	(1)能编写新增巡更人员信息(10分); (2)可以修改巡更人员姓名、性别、卡号等(15分); (3)正确连接巡更人员卡(过程)(10分)。	35分
2	巡更人员卡的调试	(1)通过巡更人员卡与巡更棒可以感应换班(15分); (2)可以更改及绑定巡逻员(15分); (3)能设置巡逻员巡逻班组(15分)。	45分
3	职业素养	(1)具备良好的安全用电意识,工具、仪表、材料、作品摆放不整齐、着装不整齐、规范,不穿戴相关防护用品等,每项扣2分; (2)具备较好的质量意识和标准意识,安装接线不符合相关作业规范,施工操作不按照相关行业标准进行,每项扣2分; (3)具备较好的成本节约意识与团队协作意识,安装接线过程中不注意节约线材,每项扣2分; (4)具有良好的工具使用和卫生清理习惯,作业完成后未清理、清扫工作现场扣5分。	20分

试题 H1-4-4:巡更地点钮的安装与调试

(一)任务描述

某小区物业为了提高小区业主的安全,加强对小区保安的巡逻管理,以便更好的监督考核巡逻人员的工作情况。要求安装巡更系统,完成对该巡更系统的巡更地点钮的现场安装、设置与调试,并将需要安装的元器件安装在模拟墙面的指定区域。具体包括:

①巡更地点钮的安装美观、牢固。

②将巡更地点钮与电脑、巡更棒、巡更人员卡、数据线连接通讯座进行联调。要求:(a)能新增巡更地点(编辑巡逻点信息);(b)能修改巡更地点信息;(c)巡更棒能正确读取巡更地点钮信息;(d)能修改巡更路线。

(二)实施条件

考核场地:模拟安装室一间,工位20个,每个工位配置安装了巡更系统管理软件的电脑一台。

考点提供的材料、工具清单见表1表2。

表1　设备材料清单表

序　号	名　　称	单　位	数　量	备　注
1	巡更地点钮	个	5	
2	巡更人员卡	张	1	
3	巡更棒	个	1	
4	数据线连接通讯座	个	1	
5	辅材	批	1	

表2　工具清单表

序　号	名　　称	单　位	数　量	备　注
1	螺丝刀	把	4	大十字、小十字、大一字、小一字各一把
2	冲击电钻	把	1	
3	铁锤	把	1	

（三）考核时量

考试时间：90分钟。

（四）评分标准

序号	考核内容	考核要点	教师考核评分
1	巡更地点钮的安装	（1）选用正确的安装工具（过程）（10分）； （2）巡更地点钮安装美观牢固（10分）。	20分
2	巡更地点钮的设置和调试	（1）能新增巡更地点（编辑巡逻点信息）（15分）； （2）能修改巡更地点信息（15分）； （3）巡更棒能正确读取巡更地点钮信息（15分）； （4）能修改巡更路线（15分）。	60分
3	职业素养	（1）具备良好的安全用电意识，工具、仪表、材料、作品摆放不整齐，着装不整齐、规范，不穿戴相关防护用品等，每项扣2分； （2）具备较好的质量意识和标准意识，安装接线不符合相关作业规范，施工操作不按照相关行业标准进行，每项扣2分； （3）具备较好的成本节约意识与团队协作意识，安装接线过程中不注意节约线材，每项扣2分； （4）具有良好的工具使用和卫生清理习惯，作业完成后未清理、清扫工作现场扣5分。	20分

项目五　停车场道闸系统的安装与调试

试题 H1-5-1：车牌识别摄像机的安装与调试

（一）任务描述

某停车场物业为了加强停车场车辆出入、场内车流引导、收取停车费进行管理，要安装一套停车场管理系统（摄像机自动识别车牌）。现对该停车场管理系统的车牌识别摄像机进行现场安装接线，并对车牌识别摄像机进行调试。将需要安装的元器件安装在指定的区域上。

具体包括：

①用建筑电气 CAD 软件绘制出车牌识别摄像机的端子接线图及端子说明，所绘制工程图以车牌识别摄像机＋所抽具体工位号命名，保存在电脑桌面上。

②根据图纸正确完成车牌识别摄像机、出（入）口控制机和补光灯立杆的安装与调试。要求安装牢固，接线规范。

③将安装好的车牌识别摄像机与电脑、出（入）口控制机进行联调。要求：（a）设置摄像机的 IP 为 192.168.1.X；（b）确保摄像机能够对监测区域内通行的车辆进行准确识别；（c）调整摄像机图像的大小和清晰度，确保准确识别车牌的快速性（五秒内）。

（二）实施条件

考核场地：模拟安装室一间，工位 20 个。每个工位配置安装了建筑电气 CAD 和车场管理软件的电脑一台。

考点提供的材料、工具清单见表 1 和表 2。

表 1　设备材料清单表

序　号	名　　称	单　位	数　量	备　注
1	车牌识别摄像机	台	1	
2	出(入)口控制机	台	1	
3	补光灯	个	1	
4	立杆	条	1	
5	RJ-45网线	米	10	
6	RVV 2*1.0线缆	米	10	
7	辅材	批	1	

表 2　工具清单表

序　号	名　　称	单　位	数　量	
1	螺丝刀	把	4	大十字、小十字、大一字、小一字各一把
2	万用表	个	1	
3	斜口钳	把	1	
4	网络钳	把	1	
5	剥线器	把	1	
6	尖嘴钳	把	1	
7	活动扳手	把	1	
8	铁锤	把	1	

（三）考核时量

考试时间：90分钟。

（四）评分标准

序　号	考核内容	考核要点	配　分
1	车牌识别摄像机的接线	(1)标注出设备的主要端子说明(10分)； (2)使用CAD绘制设备端子接线图(10分)； (3)连接测试线路过程规范,结果正常(10分)。	30分
2	车牌识别摄像机的安装	(1)选用正确的安装工具(过程)(5分)； (2)车牌识别摄像机、出(入)口控制机和补光灯立杆安装牢固(10分)； (3)接线满足工艺要求(5分)。	20分
3	车牌识别摄像机的调试	(1)正确设置摄像机的IP(10分)； (2)能准确识别监测区内的通行车辆(15分)； (3)车牌识别具有一定的快速性(五秒内)(5分)。	30分
4	职业素养	(1)具备良好的安全用电意识,工具、仪表、材料、作品摆放不整齐,着装不整齐、规范,不穿戴相关防护用品等,每项扣2分； (2)具备较好的质量意识和标准意识,安装接线不符合相关作业规范,施工操作不按照相关行业标准进行,每项扣2分； (3)具备较好的成本节约意识与团队协作意识,安装接线过程中不注意节约线材,每项扣2分； (4)具有良好的工具使用和卫生清理习惯,作业完成后未清理、清扫工作现场扣5分。	20分

试题 H1-5-2：出入口控制机的安装与调试

（一）任务描述

某停车场物业为了加强停车场车辆出入、场内车流引导、收取停车费进行管理，要安装一套停车场管理系统（摄像机自动识别车牌）。现对该停车场管理系统的出入口控制机进行现场安装接线，并对出入口控制机进行调试。将需要安装的元器件安装在指定的区域上。

具体包括：

①用建筑电气 CAD 软件绘制出出入口控制机的端子接线图及端子说明，所绘制工程图以出入口控制机＋所抽具体工位号命名，保存在电脑桌面上。

②根据图纸完成出入口控制主机、道闸机安装与调试。要求安装牢固，接线规范。

③将安装好的出入口控制机与电脑和道闸机进行联调。要求：（a）可以对出入口控制机进行网络设置；（b）设定出、入口控制机的语音播报内容分别为"一路顺风"和"欢迎光临"，并正确显示；（c）出入口能用电脑手动控制道闸机的开关闸。

（二）实施条件

考核场地：模拟安装室一间，工位 20 个。每个工位配置安装了建筑电气 CAD 和车场管理软件的电脑一台。

考点提供的材料、工具清单见表 1 和表 2。

表 1　设备材料清单表

序　号	名　　称	单　位	数　量	备　注
1	出入口控制机	台	1	
2	道闸机	台	1	
3	RJ-45 网线	米	10	
4	RVV 2 * 1.0 线缆	米	10	
5	辅材	批	1	

表 2　工具清单表

序　号	名　　称	单　位	数　量	备　注
1	螺丝刀	把	4	大十字、小十字、大一字、小一字各一把
2	万用表	个	1	
3	斜口钳	把	1	
4	网络钳	把	1	
5	剥线器	把	1	
6	尖嘴钳	把	1	
7	活动扳手	把	1	
8	铁锤	把	1	

（三）考核时量

考试时间：90 分钟。

（四）评分标准

序 号	考核内容	考核要点	配 分
1	出入口控制机的接线	(1)标注出设备的主要端子说明(10分); (2)使用CAD绘制设备端子接线图(10分); (3)连接测试线路过程规范,结果正常(10分)。	30分
2	出入口控制机的安装	(1)选用正确的安装工具(5分); (2)出入口控制主机、道闸机安装牢固(10分); (3)接线满足工艺要求(5分)。	20分
3	出入口控制机的调试	(1)正确完成出入口控制机的网络设置(10分); (2)正确设定出入口控制机的语音播报内容及其显示(10分); (3)出入口能电脑手动控制道闸机的开关闸(10分)。	30分
4	职业素养	(1)具备良好的安全用电意识,工具、仪表、材料、作品摆放不整齐,着装不整齐、规范,不穿戴相关防护用品等,每项扣2分; (2)具备较好的质量意识和标准意识,安装接线不符合相关作业规范,施工操作不按照相关行业标准进行,每项扣2分; (3)具备较好的成本节约意识与团队协作意识,安装接线过程中不注意节约线材,每项扣2分; (4)具有良好的工具使用和卫生清理习惯,作业完成后未清理、清扫工作现场扣5分。	20分

试题 H1-5-3:车辆检测器(地感检测)的安装与调试

(一)任务描述

某停车场物业为了加强停车场车辆出入、场内车流引导、收取停车费进行管理,要安装一套停车场管理系统(摄像机自动识别车牌)。现对该停车场管理系统的车辆检测器进行现场安装接线,并对车辆检测器进行调试。将需要安装的元器件安装在指定的区域上。

具体包括:

①用建筑电气CAD软件绘制出车辆检测器的端子接线图及端子说明,所绘制工程图以车辆检测器+所抽具体工位号命名,保存在电脑桌面上。

②根据图纸对出(入)口控制机、道闸机进行安装与调试。要求安装牢固,接线规范。(注意感应线圈的形状、匝数、输出引线)

③将安装好的车辆检测器与出(入)口控制机、道闸机进行联调。要求:(a)设置车辆检测器的灵敏度,避免在合理感应范围内的漏报、误报;(b)具有防砸车和自动落杆功能。

(二)实施条件

考核场地:模拟安装室一间,工位20个。每个工位配置安装了建筑电气CAD和车场管理软件的电脑一台。

考点提供的材料、工具清单见表1和表2。

表1 设备材料清单表

序 号	名 称	单 位	数 量	备 注
1	车辆检测器	套	1	
2	出(入)口控制机	台	1	
3	道闸机	台	1	
4	BV 1.0线缆	米	50	
5	辅材	批	1	

表 2　工具清单表

序　号	名　　称	单　位	数　量	
1	螺丝刀	把	4	大十字、小十字、大一字、小一字各一把
2	万用表	个	1	
3	斜口钳	把	1	
4	切割机	台	1	
5	尖嘴钳	把	1	
6	铁块	块	1	测试用

（三）考核时量

考试时间：90 分钟。

（四）评分标准

序　号	考核内容	考核要点	配　分
1	车辆检测器接线	(1)标注出设备的主要端子说明(10分)； (2)使用 CAD 绘制设备端子接线图(10分)； (3)连接测试线路过程规范,结果正常(10分)。	30 分
2	车辆检测器的安装	(1)选用正确的安装工具(过程)(5分)； (2)接线满足工艺要求(5分)； (3)正确施工埋设感应线圈。长方形感应线圈在四个角上进行 45 度倒角。线圈输出引线是紧密双绞的形。感应线圈的匝数 3 至 6 匝。出(入)口控制机、道闸机安装应牢固(10分)。	20 分
3	车辆检测器的调试	(1)合理设置车辆检测器的灵敏度,能够有效避免漏报、误报(15分)； (2)具有防砸车和自动落杆功能(15分)。	30 分
4	职业素养	(1)具备良好的安全用电意识,工具、仪表、材料、作品摆放不整齐,着装不整齐、规范,不穿戴相关防护用品等,每项扣 2 分； (2)具备较好的质量意识和标准意识,安装接线不符合相关作业规范,施工操作不按照相关行业标准进行,每项扣 2 分； (3)具备较好的成本节约意识与团队协作意识,安装接线过程中不注意节约线材,每项扣 2 分； (4)具有良好的工具使用和卫生清理习惯,作业完成后未清理、清扫工作现场扣 5 分。	20 分

试题 H1-5-4:发卡器的安装与调试(停车场)

（一）任务描述

某停车场物业为了加强停车场车辆出入、场内车流引导、收取停车费进行管理,要安装一套停车场管理系统(摄像机自动识别车牌)。为了对出入停车场的非机动车进行管理,在该停车场管理系统上安装 IC 卡发卡器,现对发卡器进行现场安装接线并调试。将需要安装的元器件安装在指定的区域上。

具体包括：

①用建筑电气 CAD 软件绘制出发卡器的端子接线图及端子说明,所绘制工程图以发卡器＋所抽具体工位号命名,保存在电脑桌面上。

②根据图纸对发卡器、出(入)口控制机、道闸机、交换机进行安装调试。要求接线规范。

③将安装好的发卡器与电脑、出(入)口控制机、道闸机、交换机进行联调。要求:(a)安装好发卡器的驱动;(b)可以通过 IC 卡实现读写操作;(c)刷卡能正常打开道闸机。

(二)实施条件

考核场地:模拟安装室一间,工位 20 个。每个工位配置安装了建筑电气 CAD 和车场管理软件的电脑一台。

考点提供的材料、工具清单见表 1 表 2。

表 1　设备材料清单表

序　号	名　　称	单　位	数　量	备　　注
1	发卡器	套	1	
2	出(入)口控制机	台	1	
3	道闸机	台	1	
4	交换机	台	1	
5	读卡器	台	1	
6	IC 卡	张	1	
7	网线	米	10	
8	辅材	批	1	

表 2　工具清单表

序　号	名　　称	单　位	数　量	
1	螺丝刀	把	4	大十字、小十字、大一字、小一字各一把
2	万用表	个	1	
3	斜口钳	把	1	
4	切割机	台	1	
5	尖嘴钳	把	1	

(三)考核时量

考试时间:90 分钟。

(四)评分标准

序　号	考核内容	考核要点	配　分
1	发卡器的接线	(1)标注出设备的主要端子说明(10分); (2)使用 CAD 绘制设备端子接线图(10分); (3)连接测试线路过程规范,结果正常(10分)。	30 分
2	发卡器的安装	(1)选用正确的安装工具(5分); (2)接线满足工艺要求(5分); (3)发卡器、出(入)口控制机、道闸机、交换机(10分)。	20 分
3	发卡器的调试	(1)正确安装驱动(10分); (2)IC 卡可以读写操作(20)。	30 分

续表

序　号	考核内容	考核要点	配　分
4	职业素养	（1）具备良好的安全用电意识，工具、仪表、材料、作品摆放不整齐，着装不整齐、规范，不穿戴相关防护用品等，每项扣2分； （2）具备较好的质量意识和标准意识，安装接线不符合相关作业规范，施工操作不按照相关行业标准进行，每项扣2分； （3）具备较好的成本节约意识与团队协作意识，安装接线过程中不注意节约线材，每项扣2分； （4）具有良好的工具使用和卫生清理习惯，作业完成后未清理、清扫工作现场扣5分。	20分

试题 H1-5-5：停车场管理平台软件的安装与调试

（一）任务描述

某停车场物业为了加强停车场车辆出入、场内车流引导、收取停车费进行管理，要安装一套停车场管理系统（摄像机自动识别车牌）。现给该系统安装管理平台软件并完成调试设置。

具体包括：

①安装系统必备的软件如数据库、车场管理软件等。

②设置好车场软件与设备出（入）口控制机、车牌识别摄像机、道闸机、发卡器之间的通讯连接。

③配置一张系统使用的通行卡（姓名为"张三"，性别为"男"，部门为"安保部"，卡的类别为"免费卡"），设定临时车的收费标准（免费两小时，超出后按5元/小时计算，24小时内最高收取40元）以及临时卡读写器的通讯方式。

④实现同步控制机与电脑的时间同步、加载收费标准、设置显示屏的显示信息为"欢迎光临"。

⑤设置好权限组，每个权限组下至少设置好一个操作人员并配置相应权限（如：操作员设置为白班、晚班、替补班各一个，只能进行车辆出入管理与报表查询；财务人员一个，能进行人员管理、卡片发行、报表统计查询）。

（二）实施条件

考核场地：模拟安装室一间，工位20个。每个工位配置安装了建筑电气CAD的电脑一台。

考点提供的材料、工具清单见表1。

表1　设备材料清单表

序　号	名　　称	单　位	数　量	备　注
1	停车场管理平台软件	套	1	
2	数据库软件	套	1	

（三）考核时量

考试时间：90分钟。

（四）评分标准

序 号	考核内容	考核要点	配 分
1	停车场管理平台软件安装	(1)正确安装数据库(20分); (2)正确安装停车场管理软件(10分)。	30分
2	停车场管理平台软件设置调试	(1)设置好车场软件与设备之间的通讯连接(10分); (2)正确配置系统通行卡、临时车的收费标准以及临时卡读写器的通讯方式(10分); (3)正确实现同步控制机与电脑的时间同步、加载收费标准、显示屏的显示信息(10分); (4)按照要求设置好权限组,每个权限组下至少设置好一个操作人员并设置好相应权限(如:操作员设置为白班、晚班、替补班各一个、财务人员一个,其对应权限为:操作员只能进行车辆出入管理与报表查询;财务人员能进行人员管理、卡片发行、报表统计查询)(20分)。	50分
3	职业素养	(1)具备良好的安全用电意识,工具、仪表、材料、作品摆放不整齐,着装不整齐、规范,不穿戴相关防护用品等,每项扣2分; (2)具备较好的质量意识和标准意识,安装接线不符合相关作业规范,施工操作不按照相关行业标准进行,每项扣2分; (3)具备较好的成本节约意识与团队协作意识,安装接线过程中不注意节约线材,每项扣2分; (4)具有良好的工具使用和卫生清理习惯,作业完成后未清理、清扫工作现场扣5分。	20分

试题 H1-5-6:道闸机的安装与调试

(一)任务描述

某停车场物业为了加强停车场车辆出入、场内车流引导、收取停车费进行管理,要安装一套停车场管理系统(摄像机自动识别车牌)。现对该停车场管理系统的道闸进行现场安装接线,并对道闸机进行调试。将需要安装的元器件安装在指定的区域上。

具体包括:

①用建筑电气CAD软件绘制出道闸机的端子接线图及端子说明,所绘制工程图以道闸机+所抽具体工位号命名,保存在电脑桌面上。

②根据图纸对道闸机进行安装与调试。要求安装牢固,接线规范。

③将安装好的道闸机与电脑、出(入)口控制机、车牌识别摄像机、车辆检测器进行联调。要求:(a)能手动(外接按钮)控制道闸开关的动作;(b)接入车辆检测器具有防砸车和自动关闸功能;(c)出入口控制机能自动控制道闸的动作。

(二)实施条件

考核场地:模拟安装室一间,工位20个。每个工位配置安装了AUTOCAD和车场管理软件的电脑一台。

考点提供的材料、工具清单见表1和表2。

表1　设备材料清单表

序 号	名 称	单 位	数 量	备 注
1	道闸机	台	1	
2	出(入)口控制机	台	1	
3	车牌识别摄像机	台	1	

续表

序　号	名　称	单　位	数　量	备　注
4	车辆检测器	套	1	
5	挡杆	条	1	
6	RVV 6*0.5 线缆	米	10	
7	RJ-45 网线	米	10	
8	RVV 2*1.0 线缆	米	10	
9	辅材	批	1	

表 2　工具清单表

序　号	名　称	单　位	数　量	备注
1	冲击钻	把	1	
2	螺丝刀	把	4	大十字、小十字、大一字、小一字各一把
3	万用表	个	1	
4	钻头	支	1	
5	网络钳	把	1	
6	剥线器	把	1	
7	尖嘴钳	把	1	
8	活动扳手	把	1	
9	铁锤	把	1	

（三）考核时量

考试时间：90 分钟。

（四）评分标准

序　号	考核内容	考核要点	配　分
1	道闸的接线	(1)标注出设备的主要端子说明(10分)； (2)使用 CAD 绘制设备端子接线图(10分)； (3)连接测试线路过程规范,结果正常(10分)。	30 分
2	道闸的安装	(1)选用正确的安装工具(过程)(5分)； (2)接线满足工艺要求(5分)； (3)道闸机、出(入)口控制机、车牌识别摄像机、车辆检测器安装要牢固(10分)。	20 分
3	道闸的调试	(1)能手动(外接按钮)控制道闸的开关闸动作(10分)； (2)接入车辆检测器具有防砸车和自动关闸功能(10分)； (3)出入口控制机能够自动控制道闸的开关闸动作(10分)。	30 分
4	职业素养	(1)具备良好的安全用电意识,工具、仪表、材料、作品摆放不整齐,着装不整齐、规范,不穿戴相关防护用品等,每项扣2分； (2)具备较好的质量意识和标准意识,安装接线不符合相关作业规范,施工操作不按相关行业标准进行,每项扣2分； (3)具备较好的成本节约意识与团队协作意识,安装接线过程中不注意节约线材,每项扣2分； (4)具有良好的工具使用和卫生清理习惯,作业完成后未清理、清扫工作现场扣5分。	20 分

模块二 消防报警及联动系统工程

项目一 火灾自动报警系统安装与调试

试题 H2-1-1：消防报警主机的安装与调试

（一）任务描述

某小区物业为了业主的安全，更好地监控与防患火灾发生，决定对小区的防火系统进行升级改造。要求在消防控制中心新装一台消防报警主机，代替已被拆除的原有主机，并安装好输入、输出模块和点型光电感烟探测器，且与消防报警主机进行联调。

具体包括：

①按要求将火灾报警控制器安装在工位上，安装应美观、牢固。

②按要求接好火灾报警控制器电源、输入输出回路通讯线缆。

③做好输入输出回路线路及其他线路标识，编制标识清单对照表，并做好控制盘标识。

④调试好与前端输入输出模块的通讯，正确连接短路隔离器、手动按钮，输入输出模块，点型光电感烟探测器，进行主机编程，通过主机编程实现手动按钮和模拟防火卷帘门的联动控制（手动按钮按下或感烟探测器动作，模拟防火卷帘门立即向下动作）。

（二）实施条件

考核场地：模拟安装室一间，工位20个。其他材料、工具清单见表1和表2。

表1 设备材料清单表

序 号	名 称	单 位	数 量	备 注
1	火灾报警控制器	个	1	壁挂式
2	RVS2*1线缆	批	1	
3	RVV3*1.5线缆	批	1	
4	KBJ管	批	1	
5	辅材	批	1	
6	安装底盒	个	1	
7	短路隔离器	个	1	
8	输入输出模块	个	1	
9	手动按钮	个	1	
10	点型光电感烟探测器	个	1	
11	模拟防火卷帘门	个	1	

表2 工具清单表

序 号	名 称	单 位	数 量	备 注
1	小一字螺丝刀	把	2	
2	小十字螺丝刀	把	2	
3	尖嘴钳	把	2	
4	剥线钳	把	2	
5	铁锤	把	1	
6	钻头	只	1	

（三）考核时量

考试时间：90分钟。

（四）评分标准

序　号	考核内容	考核要点	教师考核评分
1	火灾报警控制器等设备的安装	（1）选用正确的安装工具（15分）； （2）火灾报警控制器等设备安装美观牢固（15分）。	30分
2	接线与调试	（1）火灾报警控制器等设备接线牢靠、无毛刺（10分）； （2）火灾报警控制器电源、输入输出回路通讯线缆连接正确（10分）； （3）输入输出回路线缆及其他线缆标识清单对照表填写规范（10分）； （4）联动链路设置正确，能通过主机编程实现手动按钮和防火卷帘门报警控制（20分）。	50分
3	职业素养	（1）具备良好的安全用电意识，工具、仪表、材料、作品摆放不整齐，着装不整齐、规范，不穿戴相关防护用品等，每项扣2分； （2）具备较好的质量意识和标准意识，安装接线不符合相关作业规范，施工操作不按照相关行业标准进行，每项扣2分； （3）具备较好的成本节约意识与团队协作意识，安装接线过程中不注意节约线材，作业过程中未体现出成员间相互配合，每项扣2分； （4）具有良好的工具使用和卫生清理习惯，作业完成后未清理、清扫工作现场扣5分； （5）养成严谨科学的工作态度，损坏工具、设备的扣20分；考生发生严重违规操作或作弊，取消考生成绩。	20分

试题 H2-1-2：短路隔离器的安装与调试

（一）任务描述

某小区物业为了业主的安全，更好地监控与防患火灾发生，决定对小区的防火系统进行升级改造。要求新装一个短路隔离器，并安装好输入、输出模块和点型光电感温探测器等设备，且与短路隔离器进行联调。

具体包括：

①按要求将短路隔离器安装在合适区域，安装应美观、牢固。

②接好火灾报警控制器电源、短路隔离器、输入输出模块组成的回路通讯线缆。

③正确连接消防控制主机、短路隔离器、点型光电感温探测器等组成的输入输出回路线缆，做好连接线路标识，编制标识清单对照表。

④正确进行主机编程，调试好短路隔离器使其在回路中发生短路现象时，能在线路中起到隔离作用，并与手动按钮、点型光电感温探测器组成联动链路。

（二）实施条件

考核场地：模拟安装室一间，工位20个。其他材料、设备材料和工具清单见表1和表2。

表1 设备材料清单表

序号	名　称	单位	数量	备　注
1	短路隔离器	个	1	
2	隔离器底盒	个	1	
3	输入输出模块	个	1	
4	点型光电感温探测器	个	1	
5	消防主机	个	1	
6	手动按钮	个	1	
7	模拟防火卷帘门	个	1	
8	辅材	批	1	

表2 工具清单表

序　号	名　称	单　位	数　量	
1	小一字螺丝刀	把	2	
2	小十字螺丝刀	把	2	
3	尖嘴钳	把	2	
4	剥线钳	把	2	

（三）考核时量

考试时间：90分钟。

（四）评分标准

序　号	考核内容	考核要点	教师考核评分
1	短路隔离器等设备的安装	(1)选用正确的安装工具(15分)； (2)短路隔离器等设备安装美观牢固(15分)。	30分
2	接线与功能测试	(1)短路隔离器等设备接线牢靠、无毛刺(10分)； (2)火灾报警控制器电源、短路隔离器、输入输出模块组成的回路通讯线缆连接正确(10分)； (3)消防控制主机、短路隔离器、点型光电感温探测器等组成的输入输出回路线缆，连接线路标识清单对照表填写规范(10分)； (4)主机编程设置正确，手动按钮、点型光电感温探测器等组成联动链路能正确联动，短路隔离器能实现隔离控制(20分)。	50分
3	职业素养	(1)具备良好的安全用电意识，工具、仪表、材料、作品摆放不整齐，着装不整齐、规范，不穿戴相关防护用品等，每项扣2分； (2)具备较好的质量意识和标准意识，安装接线不符合相关作业规范，施工操作不按照相关行业标准进行，每项扣2分； (3)具备较好的成本节约意识与团队协作意识，安装接线过程中不注意节约线材，作业过程中未体现出成员间相互配合，每项扣2分； (4)具有良好的工具使用和卫生清理习惯，作业完成后未清理、清扫工作现场扣5分； (5)养成严谨科学的工作态度，损坏工具、设备的扣20分；考生发生严重违规操作或作弊，取消考生成绩。	20分

试题 H2-1-3：点型感温火灾探测器的安装与调试

（一）任务描述

某小区物业为了业主的安全，更好地监控与防患火灾发生，决定对小区的防火系统进行升级改造。要求新装一个点型感温火灾探测器，并安装好输入、输出模块和点型感温火灾探测器等设备，且与点型感温火灾探测器进行联调。

具体包括：

①按要求将点型感温火灾探测器安装在合适区域，安装应美观、牢固。

②连接好点型感温火灾探测器通讯线缆。

③设置好点型感温火灾探测器的地址码（地址码设置为 05）。

④做好点型感温火灾探测器的标识，并做好连接线路标识，编制标识清单对照表。

⑤正确连接短路隔离器、输入、输出模块，点型感温火灾探测器，进行主机编程，实现点型感温火灾探测器与模拟防火卷帘门的报警联动（点型感温火灾探测器感知到温度到达报警阈值时，模拟防火卷帘门立即向下动作）。

（二）实施条件

考核场地：模拟安装室一间，工位 20 个。其他材料、设备材料和工具清单见表 1 和表 2

表 1　设备材料清单表

序　号	名　　称	单　位	数　量	备　注
1	点型感温火灾探测器	个	1	
2	安装底盒	个	1	
3	消防主机	个	1	
4	短路隔离器	个	1	
5	输入输出模块	个	1	
6	模拟防火卷帘门	个	1	
7	辅材	批	1	

表 2　工具清单表

序　号	名　　称	单　位	数　量
1	小一字螺丝刀	把	2
2	小十字螺丝刀	把	2
3	尖嘴钳	把	2
4	剥线钳	把	2

（三）考核时量

考试时间：90 分钟。

（四）评分标准

序　号	考核内容	考核要点	评　分
1	点型感温火灾探测器等设备的安装	(1)选用正确的安装工具(15分)； (2)点型感温火灾探测器等设备安装美观牢固(15分)。	30分

续表

序　号	考核内容	考核要点	评　分
2	接线与功能测试	(1)点型感温火灾探测器等设备接线牢靠、无毛刺(10分)； (2)点型感温火灾探测器通讯线缆连接正确，且其地址码设置无误(10分)； (3)消防主机、短路隔离器、输入、输出模块，点型感温火灾探测器等组成的连接线路标识清单对照表填写规范(10分)； (4)主机地址设置正确，通过消防主机上的连接线路能实现与模拟防火卷帘门的报警联动(20分)。	50分
3	职业素养	(1)具备良好的安全用电意识，工具、仪表、材料、作品摆放不整齐，着装不整齐、规范，不穿戴相关防护用品等，每项扣2分； (2)具备较好的质量意识和标准意识，安装接线不符合相关作业规范，施工操作不按照相关行业标准进行，每项扣2分； (3)具备较好的成本节约意识与团队协作意识，安装接线过程中不注意节约线材，作业过程中未体现出成员间相互配合，每项扣2分； (4)具有良好的工具使用和卫生清理习惯，作业完成后未清理、清扫工作现场扣5分； (5)养成严谨科学的工作态度，损坏工具、设备的扣20分；考生发生严重违规操作或作弊，取消考生成绩。	20分

试题 H2-1-4：点型光电感烟火灾探测器的安装与调试

(一)任务描述

某小区物业为了业主的安全，更好地监控与防患火灾发生，决定对小区的防火系统进行升级改造。要求新装一个点型光电感烟火灾探测器，并安装输入、输出模块和点型光电感烟火灾探测器等设备，且与点型光电感烟火灾探测器进行联调。

具体包括：

①按要求将点型光电感烟火灾探测器安装在合适区域，安装应美观、牢固。

②连接好点型光电感烟火灾探测器通讯线缆。

③设置好点型光电感烟火灾探测器的地址码(地址码设置为06)。

④做好点型光电感烟火灾探测器的标识，并做好连接线路标识，编制标识清单对照表。

⑤正确连接短路隔离器、输入输出模块、点型光电感烟火灾探测器，进行主机编程，实现点型光电感烟火灾探测器与排烟风机实现报警联动(点型光电感烟火灾探测器感知到烟雾浓度到达报警阈值时，排烟风机风扇立即转动)。

(二)实施条件

考核场地：模拟安装室一间，工位20个。其他材料、设备材料和工具清单见表1和表2。

表1　设备材料清单表

序　号	名　　称	单　位	数　量	备　注
1	点型光电感烟火灾探测器	个	1	
2	安装底盒	个	1	
3	短路隔离器	个	1	
4	消防主机	个	1	
5	输入输出模块	个	1	
6	排烟风机	个	1	
7	辅材	批	1	

表2　工具清单表

序　号	名　　称	单　位	数　量	
1	小一字螺丝刀	把	2	
2	小十字螺丝刀	把	2	
3	尖嘴钳	把	2	
4	剥线钳	把	2	

（三）考核时量

考试时间：90分钟。

（四）评分标准

序　号	考核内容	考核要点	教师考核评分
1	点型光电感烟火灾探测器等设备的安装	（1）选用正确的安装工具（15分）； （2）点型光电感烟火灾探测器等设备安装美观牢固（15分）。	30分
2	接线与功能测试	（1）点型光电感烟火灾探测器等设备接线牢靠、无毛刺（10分）； （2）点型光电感烟火灾探测器通讯线缆连接正确，且其地址码设置无误（10分）； （3）短路隔离器、输入输出模块、点型光电感烟火灾探测器等组成的连接线路标识清单对照表填写规范（10分）； （4）主机地址设置正确，在消防主机上正确辩证，能实现点型光电感烟火灾探测器与排烟风机实现报警联动（20分）。	50分
3	职业素养	（1）具备良好的安全用电意识，工具、仪表、材料、作品摆放不整齐，着装不整齐、规范，不穿戴相关防护用品等，每项扣2分； （2）具备较好的质量意识和标准意识，安装接线不符合相关作业规范，施工操作不按照相关行业标准进行，每项扣2分； （3）具备较好的成本节约意识与团队协作意识，安装接线过程中不注意节约线材，作业过程中未体现出成员间相互配合，每项扣2分； （4）具有良好的工具使用和卫生清理习惯，作业完成后未清理、清扫工作现场扣5分； （5）养成严谨科学的工作态度，损坏工具、设备的扣20分；考生发生严重违规操作或作弊，取消考生成绩。	20分

试题 H2-1-5：火灾声光报警器的安装与调试

（一）任务描述

某小区物业为了业主的安全，在火灾发生后能及时地上报与示警，决定对小区的防火系统进行升级改造。要求新装一个火灾声光报警器，并安装好输入、输出模块和点型光电型感烟探测器等设备，且与火灾声光报警器进行联调。

具体包括：

①按要求将火灾声光报警器安装在合适区域，安装应美观、牢固。

②将火灾声光报警器与输入模块用通讯线缆连接好。

③正确连接短路隔离器、手动按钮、输入输出模块、点型光电型感烟探测器和火灾声光报

警器,进行主机编程,实现火灾声光报警器与手动按钮实现报警联动(按下手动按钮或感烟探测器动作后,火灾声光报警器发出声光报警信号)。

④做好火灾声光报警器的标识,并做好连接线路标识,编制标识清单对照表。

(二)实施条件

考核场地:模拟安装室一间,工位 20 个。每个工位配置消防主机 1 台,手动按钮 1 个,模块地址表 1 份。其他材料、工具清单见表 1 和表 2。

表1　设备材料清单表

序　号	名　　称	单　位	数　量	备　注
1	火灾声光报警器	个	1	
2	安装底盒	个	1	
3	短路隔离器	个	1	
4	消防主机	个	1	
5	输入输出模块	个	1	
6	手动按钮	个	1	
7	点型光电型感烟探测器	个	1	
8	辅材	批	1	

表2　工具清单表

序　号	名　　称	单　位	数　量	
1	小一字螺丝刀	把	2	
2	小十字螺丝刀	把	2	
3	尖嘴钳	把	2	
4	剥线钳	把	2	

(三)考核时量

考试时间:90 分钟。

(四)评分标准

序　号	考核内容	考核要点	评　分
1	火灾声光报警器等设备的安装	(1)选用正确的安装工具(15分); (2)火灾声光报警器等设备安装美观牢固(15分)。	30分
2	接线与调试	(1)火灾声光报警器等设备接线牢靠、无毛刺(10分); (2)火灾声光报警器与输入模块组成的通讯线缆连接正确(10分); (3)短路隔离器、手动按钮、输入输出模块、点型光电型感烟探测器和火灾声光报警器等组成的连接线路的标识清单对照表填写规范(10分); (4)在消防主机中编程设置正确,能实现火灾声光报警器与手动按钮的报警联动(20分)。	50分

续表

序 号	考核内容	考核要点	评 分
3	职业素养	（1）具备良好的安全用电意识，工具、仪表、材料、作品摆放不整齐，着装不整齐、规范，不穿戴相关防护用品等，每项扣2分； （2）具备较好的质量意识和标准意识，安装接线不符合相关作业规范，施工操作不按照相关行业标准进行，每项扣2分； （3）具备较好的成本节约意识与团队协作意识，安装接线过程中不注意节约线材，作业过程中未体现出成员间相互配合，每项扣2分； （4）具有良好的工具使用和卫生清理习惯，作业完成后未清理、清扫工作现场扣5分； （5）养成严谨科学的工作态度，损坏工具、设备的扣20分；考生发生严重违规操作或作弊，取消考生成绩。	20分

试题 H2-1-6：手动火灾报警按钮的安装与调试

（一）任务描述

某小区物业为了业主的安全，在火灾发生后能及时地上报与示警，决定对小区的防火系统进行升级改造。要求新装一个手动火灾报警按钮，并安装好输入、输出模块、点型光电型感烟探测器等设备，且与手动火灾报警按钮进行联调。

具体包括：

①按要求将手动火灾报警按钮安装在合适区域，安装应美观、牢固。

②把手动火灾报警按钮与输入模块用通讯线缆连接好。

③正确连接短路隔离器、输入模块、手动火灾报警按钮、点型光电型感烟探测器，进行主机编程，能实现手动火灾报警按钮与风机实现联动控制（按下手动火灾报警按钮或感烟探测器动作后，风机能够立即响应）。

④做好手动火灾报警按钮的标识，并做好连接线路标识，编制标识清单对照表。

（二）实施条件

考核场地：模拟安装室一间，工位20个。其他材料、工具清单见表1和表2。

表1 设备材料清单表

序 号	名 称	单 位	数 量	备 注
1	手动火灾报警按钮	个	1	
2	安装底盒	个	1	
3	消防主机	个	1	
4	短路隔离器	个	1	
5	点型光电型感烟探测器	个	1	
6	输入输出模块	个	1	
7	风机	个	1	
8	辅材	批	1	

表2 工具清单表

序 号	名 称	单 位	数 量	
1	小一字螺丝刀	把	2	
2	小十字螺丝刀	把	2	
3	尖嘴钳	把	2	
4	剥线钳	把	2	

（三）考核时量

考试时间：90分钟。

（四）评分标准

序　号	考核内容	考核要点	教师考核评分
1	手动火灾报警按钮等设备的安装	（1）选用正确的安装工具（15分）； （2）手动火灾报警按钮等设备的安装美观牢固（15分）。	30分
2	接线与调试	（1）手动火灾报警按钮等设备的接线牢靠、无毛刺（10分）； （2）手动火灾报警按钮与输入模块组成的通讯线缆连接正确（10分）； （3）短路隔离器、输入模块、手动火灾报警按钮，点型光电型感烟探测器等组成的连接线路的标识清单对照表填写规范（10分）； （4）在消防主机中编程设置正确，能实现与风机的联动控制（20分）。	50分
3	职业素养	（1）具备良好的安全用电意识，工具、仪表、材料、作品摆放不整齐，着装不整齐、规范，不穿戴相关防护用品等，每项扣2分； （2）具备较好的质量意识和标准意识，安装接线不符合相关作业规范，施工操作不按照相关行业标准进行，每项扣2分； （3）具备较好的成本节约意识与团队协作意识，安装接线过程中不注意节约线材，作业过程中未体现出成员间相互配合，每项扣2分； （4）具有良好的工具使用和卫生清理习惯，作业完成后未清理、清扫工作现场扣5分； （5）养成严谨科学的工作态度，损坏工具、设备的扣20分；考生发生严重违规操作或作弊，取消考生成绩。	20分

项目二　消防通讯广播系统安装与调试

试题 H2-2-1：消防电话主机的安装与调试

（一）任务描述

某小区物业为了业主的安全，更好地监控与防患火灾发生，决定对小区的防火系统进行升级改造。要求在消防控制中心新装一台消防电话主机，代替已被拆除的原有消防电话主机，并和两部电话分机、两个电话插孔等其他通话设备进行联调。

具体包括：

①按要求将消防电话主机装在工位上，安装应美观、牢固。

②把消防电话主机与其他设备用通讯线缆连接好。

③做好消防电话主机、电话分机以及电话插孔的标识，并做好连接线路标识，编制标识清单对照表。

④设置好消防电话主机与电话控制模块的通讯连接：

检查消防电话主机的自检功能。消防电话总机与消防电话分机或消防电话插孔间的连接线断线、短路，消防电话主机应在100s内发出故障信号，并显示出故障部位（短路时显示通话状态除外);故障期间,非故障消防电话分机应能与消防电话总机正常通话。

检查消防电话主机的消音和复位功能。在消防控制室与所有消防电话、电话插孔之间互相呼叫与通话;总机应能显示每部分机或电话插孔的位置,呼叫音和通话语音应清晰。消防控制室的电话主机与另外一部外线电话模拟报警电话通话,语音应清晰。

检查消防电话主机的群呼、录音、记录和显示等功能,各项功能均应符合要求。

(二)实施条件

考核场地:模拟安装室一间,工位 20 个。其他材料、工具清单见表 1 和表 2。

表 1　设备材料清单表

序　号	名　称	单　位	数　量	备　注
1	消防电话主机	台	1	
2	连接线缆	批	1	
3	消防电话模块	台	2	
4	电话插孔	个	2	
5	电话分机	个	2	
6	辅材	批	1	

表 2　工具清单表

序　号	名　称	单　位	数　量
1	小一字螺丝刀	把	2
2	小十字螺丝刀	把	2
3	尖嘴钳	把	2
4	剥线钳	把	2
5	剪刀	把	1

(三)考核时量

考试时间:90 分钟。

(四)评分标准

序　号	考核内容	考核要点	教师考核评分
1	消防电话主机等设备的安装	(1)选用正确的安装工具(15分); (2)消防电话主机等设备安装美观牢固(15分)。	30分
2	接线与调试	(1)消防电话主机等设备接线牢靠、无毛刺(10分); (2)消防电话主机与其他设备组成的通讯线缆连接正确(10分); (3)消防电话主机、电话分机以及电话插孔等组成的连接线路标识清单对照表填写规范(10分); (4)消防电话主机与电话控制模块能够正常通讯(20分)。	50分
3	职业素养	(1)具备良好的安全用电意识,工具、仪表、材料、作品摆放不整齐,着装不整齐、规范,不穿戴相关防护用品等,每项扣2分; (2)具备较好的质量意识和标准意识,安装接线不符合相关作业规范,施工操作不按照相关行业标准进行,每项扣2分; (3)具备较好的成本节约意识与团队协作意识,安装接线过程中不注意节约线材,作业过程中未体现出成员间相互配合,每项扣2分; (4)具有良好的工具使用和卫生清理习惯,作业完成后未清理、清扫工作现场扣5分; (5)能熟悉并遵循消防相关国家规范和标准,损坏工具、设备的扣20分;考生发生严重违规操作或作弊,取消考生成绩。	20分

试题 H2-2-2：消防电话分机的安装与调试

（一）任务描述

某小区物业为了业主的安全，在火灾发生后能及时地上报与示警，决定对小区的防火系统进行升级改造。要求在防火公共区新装一部消防电话分机，并和其他一部消防电话主机、一个电话插孔等其他通话设备进行联调。

具体包括：

①按要求将消防电话分机装在工位上，安装应美观、牢固。

②把消防电话分机与其他设备用通讯线缆连接好。

③做好消防电话分机标识，并做好连接线路标识，编制标识清单对照表。

④设置好消防电话分机或者电话控制模块的通讯地址（电话分机的地址设置为 01，电话控制模块的通讯地址设置为 02），并且与电话主机连接，设置好由消防电话主机、消防电话分机等组成的相关链路和地址。

⑤在消防控制室与所有消防电话、电话插孔之间互相呼叫与通话；总机应能显示每部分机或电话插孔的位置，呼叫音和通话语音应清晰。

（二）实施条件

考核场地：模拟安装室一间，工位 20 个。其他材料、工具清单见表 1 和表 2。

表 1 设备材料清单表

序 号	名 称	单 位	数 量	备 注
1	消防电话分机	台	1	
2	消防电话模块	台	1	
3	消防电话主机	台	1	
4	电话插孔	个	1	
5	连接线缆	批	1	
6	辅材	批	1	

表 2 工具清单表

序 号	名 称	单 位	数 量	
1	小一字螺丝刀	把	2	
2	小十字螺丝刀	把	2	
3	尖嘴钳	把	2	
4	剥线钳	把	2	
5	剪刀	把	1	

（三）考核时量

考试时间：90 分钟。

（四）评分标准

序　号	考核内容	考核要点	教师考核评分
1	消防电话分机等设备的安装	(1)选用正确的安装工具(15分); (2)消防电话分机等设备安装美观牢固(15分)。	30分
2	接线与调试	(1)消防电话分机等设备接线牢靠、无毛刺(10分); (2)消防电话分机与其他设备的通讯线缆连接正确(10分); (3)消防电话主机、消防电话分机等设备组成的连接线路标识清单对照表填写规范(10分); (4)在控制主机中控制链路设置正确,能实现消防电话分机与电话插孔的点对点通讯与一个消防电话主机对多个消防电话分机(或电话插孔)的通讯(20分)。	50分
3	职业素养	(1)具备良好的安全用电意识,工具、仪表、材料、作品摆放不整齐,着装不整齐、规范,不穿戴相关防护用品等,每项扣2分; (2)具备较好的质量意识和标准意识,安装接线不符合相关作业规范,施工操作不按照相关行业标准进行,每项扣2分; (3)具备较好的成本节约意识与团队协作意识,安装接线过程中不注意节约线材,作业过程中未体现出成员间相互配合,每项扣2分; (4)具有良好的工具使用和卫生清理习惯,作业完成后未清理、清扫工作现场扣5分; (5)能熟悉并遵循消防相关国家规范和标准,损坏工具、设备的扣20分;考生发生严重违规操作或作弊,取消考生成绩。	20分

试题 H2-2-3:消防广播主机的安装与调试

(一)任务描述

某小区物业为了更好地在火灾发生时警示与通知相关人员撤离到安全区域,保障小区业主的安全,决定对小区的防火系统进行更新升级改造,要求在消防控制中心安装一台消防广播主机,并和一个音源设备、一个广播功率放大器等其他广播设备进行联调。

具体包括:

①按要求将消防广播主机装在工位上,安装应美观、牢固。

②把消防广播主机与其他设备用通讯线缆连接好。

③做好消防广播主机标识,并做好连接线路标识,编制标识清单对照表。

④设置好消防广播主机的联动控制,并且与消防主机连接,设置好由消防控制主机、手动按钮、广播功率放大器、广播分配盘等组成的相关链路。

⑤在消防控制室能控制所有消防广播能在背景音乐和消防广播之间的切换。

(二)实施条件

考核场地:模拟安装室一间,工位20个。其他材料、工具清单见表1和表2。

表1　设备材料清单表

序　号	名　　称	单　位	数　量	备　注
1	消防广播主机	台	1	
2	消防控制主机	台	1	
3	手动按钮	个	1	
4	音源设备	台	1	

续表

序 号	名 称	单 位	数 量	备 注
5	广播功率放大器	个	1	
6	音箱	个	1	
7	广播分配盘或者广播切换模块	个	1	
8	连接线缆	批	1	
9	辅材	批	1	

表 2　工具清单表

序 号	名 称	单 位	数 量
1	小一字螺丝刀	把	2
2	小十字螺丝刀	把	2
3	尖嘴钳	把	2
4	剥线钳	把	2
5	剪刀	把	1

（三）考核时量

考试时间：90分钟。

（四）评分标准

序 号	考核内容	考核要点	教师考核评分
1	消防广播主机等设备的安装	(1)选用正确的安装工具(15分)； (2)消防广播主机等设备安装美观牢固(15分)。	30分
2	接线与调试	(1)消防广播主机等设备接线牢靠、无毛刺(10分)； (2)消防广播主机与其他设备的通讯线缆连接正确(10分)； (3)消防广播主机、手动按钮、广播功率放大器、广播分配盘等设备组成的连接线路标识清单对照表填写规范(10分)； (4)在消防控制主机中控制链路设置正确，能实现消防广播能在背景音乐和消防广播之间的切换(20分)。	50分
3	职业素养	(1)具备良好的安全用电意识，工具、仪表、材料、作品摆放不整齐、着装不整齐、规范，不穿戴相关防护用品等，每项扣2分； (2)具备较好的质量意识和标准意识，安装接线不符合相关作业规范，施工操作不按照相关行业标准进行，每项扣2分； (3)具备较好的成本节约意识与团队协作意识，安装接线过程中不注意节约线材，作业过程中未体现出成员间相互配合，每项扣2分； (4)具有良好的工具使用和卫生清理习惯，作业完成后未清理、清扫工作现场扣5分； (5)能熟悉并遵循消防相关国家规范和标准，损坏工具、设备的扣20分；考生发生严重违规操作或作弊，取消考生成绩。	20分

试题 H2-2-4：广播功率放大器的安装与调试

（一）任务描述

某小区物业为了更好地在火灾发生时警示与通知相关人员撤离到安全区域，保障小区业主的安全，决定对小区的防火系统进行更新升级改造，要求在消防控制中心安装一台广播功率放大器，并和一台消防控制主机、一个音源设备、一个音箱等其他广播设备进行联调。

具体包括：

①按要求将广播功率放大器装在工位上，安装应美观、牢固。

②把消防广播主机与其他设备用通讯线缆连接好。

③做好消防广播主机标识，并做好连接线路标识，编制标识清单对照表。

④设置好消防广播主机的联动控制，并且与消防主机连接，设置好由消防控制主机、手动按钮、广播功率放大器、音源设备、音箱、广播分配盘等组成的相关链路。

⑤在消防控制室能控制所有消防广播能在背景音乐和消防广播之间的切换。

(二)实施条件

考核场地：模拟安装室一间，工位20个。其他材料、工具清单见表1和表2。

表1　设备材料清单表

序 号	名 称	单 位	数 量	备 注
1	消防广播主机	台	1	
2	消防控制主机	台	1	
3	手动按钮	个	1	
4	音源设备	台	1	
5	广播功率放大器	个	1	
6	音箱	个	1	
7	广播分配盘或者广播切换模块	个	1	
8	连接线缆	批	1	
9	辅材	批	1	

表2　工具清单表

序 号	名 称	单 位	数 量	
1	小一字螺丝刀	把	2	
2	小十字螺丝刀	把	2	
3	尖嘴钳	把	2	
4	剥线钳	把	2	
5	剪刀	把	1	

(三)考核时量

考试时间：90分钟。

(四)评分标准

序 号	考核内容	考核要点	教师考核评分
1	消防广播功率放大器等设备的安装	(1)选用正确的安装工具(15分)； (2)消防广播功率放大器等设备安装美观牢固(15分)。	30分

续表

序 号	考核内容	考核要点	教师考核评分
2	接线与调试	(1)消防广播功率放大器等设备接线牢靠、无毛刺(10分); (2)消防广播主机与其他设备通讯线缆连接正确(10分); (3)由消防广播主机和消防广播功率放大器等设备组成的连接线路标识清单对照表填写规范(10分); (4)消防控制室能控制背景音乐和消防广播之间的切换(10分); (5)消防广播功率放大器输出音量清晰,大小合适(10分)。	50分
3	职业素养	(1)具备良好的安全用电意识,工具、仪表、材料、作品摆放不整齐,着装不整齐、规范,不穿戴相关防护用品等,每项扣2分; (2)具备较好的质量意识和标准意识,安装接线不符合相关作业规范,施工操作不按照相关行业标准进行,每项扣2分; (3)具备较好的成本节约意识与团队协作意识,安装接线过程中不注意节约线材,作业过程中未体现出成员间相互配合,每项扣2分; (4)具有良好的工具使用和卫生清理习惯,作业完成后未清理、清扫工作现场扣5分; (5)能熟悉并遵循消防相关国家规范和标准,损坏工具、设备的扣20分;考生发生严重违规操作或作弊,取消考生成绩。	20分

试题 H2-2-5:广播模块的安装与调试

(一)任务描述

某小区物业为了更好地在火灾发生时警示与通知相关人员撤离到安全区域,保障小区业主的安全,决定对小区的防火系统进行更新升级改造,要求在消防控制中心安装一个广播模块,并和一个广播功率放大器、一个音源设备、一个广播功率主机等其他广播设备进行联调。

具体包括:

①按要求将广播模块装在工位上,安装应美观、牢固。

②把消防广播模块与其他设备用通讯线缆连接好。

③做好广播模块标识,并做好连接线路标识,编制标识清单对照表。

④设置好消防广播主机的联动控制,并且与消防主机连接,设置好由消防控制主机、手动按钮、广播模块、广播功率放大器、音源设备、音箱、广播功率主机等组成的相关链路。

⑤在消防控制室能控制所有消防广播能在背景音乐和消防广播之间的切换。

(二)实施条件

考核场地:模拟安装室一间,工位20个。其他材料、工具清单见表1和表2。

表1 设备材料清单表

序 号	名 称	单 位	数 量	备 注
1	消防广播主机	台	1	
2	消防控制主机	台	1	
3	手动按钮	个	1	
4	音源设备	台	1	
5	广播功率主机	个	1	
6	音箱	个	1	

续表

序 号	名 称	单 位	数 量	备 注
7	广播模块	个	1	
8	广播分配盘或者广播切换模块	个	1	
9	连接线缆	批	1	
10	辅材	批	1	

表2 工具清单表

序 号	名 称	单 位	数 量	
1	小一字螺丝刀	把	2	
2	小十字螺丝刀	把	2	
3	尖嘴钳	把	2	
4	剥线钳	把	2	
5	剪刀	把	1	

（三）考核时量

考试时间：90分钟。

（四）评分标准

序 号	考核内容	考核要点	教师考核评分
1	消防广播模块等设备的安装	（1）选用正确的安装工具（15分）； （2）消防广播模块等设备安装美观牢固（15分）。	30分
2	接线与调试	（1）消防广播模块等设备接线牢靠、无毛刺（10分）； （2）消广播模块与其他设备的通讯线缆连接正确（10分）； （3）消防广播模块等设备组成的连接线路标识清单对照表填写规范（10分）； （4）消防控制室能控制背景音乐和消防广播之间的切换（10分）； （5）输出音量清晰，大小合适（10分）。	50分
3	职业素养	（1）具备良好的安全用电意识，工具、仪表、材料、作品摆放不整齐，着装不整齐、规范，不穿戴相关防护用品等，每项扣2分； （2）具备较好的质量意识和标准意识，安装接线不符合相关作业规范，施工操作不按照相关行业标准进行，每项扣2分； （3）具备较好的成本节约意识与团队协作意识，安装接线过程中不注意节约线材，作业过程中未体现出成员间相互配合，每项扣2分； （4）具有良好的工具使用和卫生清理习惯，作业完成后未清理、清扫工作现场扣5分； （5）能熟悉并遵循消防相关国家规范和标准，损坏工具、设备的扣20分；考生发生严重违规操作或作弊，取消考生成绩。	20分

试题 H2-2-6：广播扬声器和广播分配盘的安装与调试

（一）任务描述

某小区物业为了更好地在火灾发生时警示与通知相关人员撤离到安全区域，保障小区业主的安全，决定对小区的防火系统进行更新升级改造，要求在消防控制中心更换一个已经坏掉的广播扬声器和广播分配盘,并和一个广播功率主机、一个音箱等其他广播设备进行联调。

具体包括:

①按要求将广播扬声器和广播分配盘装在工位上,安装应美观、牢固。

②把广播扬声器和广播分配盘与其他设备用通讯线缆连接好。

③做好广播扬声器和广播分配盘的标志标识,并做好连接线路标识,编制标识清单对照表。

④设置好消防广播主机的联动控制,并且与消防主机连接,设置好由消防控制主机、手动按钮、广播功率放大器、音源设备、音箱、广播功率主机、广播扬声器和广播分配盘等组成的相关链路。

⑤在消防控制室能控制所有消防广播能在背景音乐和消防广播之间的切换。

(二)实施条件

考核场地:模拟安装室一间,工位20个。其他材料、工具清单见表1和表2。

表1　设备材料清单表

序　号	名　　称	单　位	数　量	备　注
1	消防广播主机	台	1	
2	消防控制主机	台	1	
3	手动按钮	个	1	
4	音源设备	台	1	
5	广播功率主机	个	1	
6	音箱	个	1	
7	多路输入、输出模块	个	1	
8	广播扬声器	个	1	
9	广播分配盘	个	1	
10	广播模块或者广播功率放大器	个	1	
11	连接线缆	批	1	
12	辅材	批	1	

表2　工具清单表

序　号	名　　称	单　位	数　量	
1	小一字螺丝刀	把	2	
2	小十字螺丝刀	把	2	
3	尖嘴钳	把	2	
4	剥线钳	把	2	
5	剪刀	把	1	

(三)考核时量

考试时间:90分钟。

(四)评分标准

序　号	考核内容	考核要点	教师考核评分
1	广播扬声器和广播分配盘等设备的安装	(1)选用正确的安装工具(15分); (2)广播扬声器和广播分配盘等设备安装美观牢固(15分)。	30分
2	接线与调试	(1)广播扬声器和广播分配盘等设备接线牢靠、无毛刺(10分); (2)广播扬声器和广播分配盘与其他设备通讯线缆连接正确(10分); (3)广播扬声器和广播分配盘等设备组成的连接线路标识清单对照表填写规范(10分); (4)消防控制室能控制背景音乐和消防广播之间的切换(10分); (5)输出音量清晰,大小合适(10分)。	50分
3	职业素养	(1)具备良好的安全用电意识,工具、仪表、材料、作品摆放不整齐,着装不整齐、规范,不穿戴相关防护用品等,每项扣2分; (2)具备较好的质量意识和标准意识,安装接线不符合相关作业规范,施工操作不按照相关行业标准进行,每项扣2分; (3)具备较好的成本节约意识与团队协作意识,安装接线过程中不注意节约线材,作业过程中未体现出成员间相互配合,每项扣2分; (4)具有良好的工具使用和卫生清理习惯,作业完成后未清理、清扫工作现场扣5分; (5)能熟悉并遵循消防相关国家规范和标准,损坏工具、设备的扣20分;考生发生严重违规操作或作弊,取消考生成绩。	20分

项目三　消防联动与控制系统安装与调试

试题 H2-3-1:排烟防火阀的安装与调试

(一)任务描述

某小区物业为了更好地在火灾发生时排除有害气体和烟雾,保障小区业主的安全,决定对小区的防火系统进行更新升级改造。要求在楼层排烟口更换一个已经坏掉的排烟防火阀,并和短路隔离器、多路输入输出模块、点型光电感温探测器等其他设备进行联调。

具体包括:

①按要求将排烟防火阀装在工位上,安装应美观、牢固。

②把排烟防火阀与其他设备用通讯线缆连接好。

③做好排烟防火阀的标志标识,并做好连接线路标识,编制标识清单对照表。

④正确连接短路隔离器、输入输出模块、手动报警按钮、点型光电感温探测器和排烟防火阀;通过消防主机编程实现按下手动报警按钮后或者感温探测器有报警后,排烟防火阀能立即联动。

(二)实施条件

考核场地:模拟安装室一间,工位20个。其他材料、工具清单见表1和表2。

表1　设备材料清单表

序　号	名　　　称	单　位	数　量	备　　注
1	排烟防火阀	个	1	
2	短路隔离器	个	1	
3	消防控制主机	个	1	
4	多路输入、输出模块	个	1	
5	点型光电感温探测器	个	1	
6	手动按钮	个	1	
7	连接线缆	批	1	
8	辅材	批	1	

表2　工具清单表

序　号	名　　　称	单　位	数　量	
1	小一字螺丝刀	把	2	
2	小十字螺丝刀	把	2	
3	尖嘴钳	把	2	
4	剥线钳	把	2	
5	剪刀	把	1	
6	扳手	套	1	

（三）考核时量

考试时间：90分钟。

（四）评分标准

序　号	考核内容	考核要点	教师考核评分
1	排烟防火阀等设备的安装	(1)选用正确的安装工具(15分)； (2)排烟防火阀等设备安装美观牢固(15分)。	30分
2	接线与功能测试	(1)排烟防火阀等设备的接线牢靠、无毛刺(10分)； (2)排烟防火阀与其他设备通讯线缆连接正确(10分)； (3)短路隔离器、输入输出模块、手动报警按钮、点型光电感温探测器和排烟防火阀组成的连接线路标识清单对照表填写规范(10分)； (4)通过主机编程，排烟防火阀能和手动按钮或感温探测器在系统中联动，控制链路设置正确(20分)。	50分
3	职业素养	(1)具备良好的安全用电意识，工具、仪表、材料、作品摆放不整齐，着装不整齐、规范，不穿戴相关防护用品等，每项扣2分； (2)具备较好的质量意识和标准意识，安装接线不符合相关作业规范，施工操作不按照相关行业标准进行，每项扣2分； (3)具备较好的成本节约意识与团队协作意识，安装接线过程中不注意节约线材，作业过程中未体现出成员间相互配合，每项扣2分； (4)具有良好的工具使用和卫生清理习惯，作业完成后未清理、清扫工作现场扣5分； (5)严格执行消防系统相关国家标准和规范，养成严谨科学的工作态度，损坏工具、设备的扣20分；考生发生严重违规操作或作弊，取消考生成绩。	20分

试题 H2-3-2：防火卷帘门的安装与调试

(一)任务描述

某小区物业为了更好地在火灾发生时隔离有害气体和烟雾,保障小区业主的安全,决定对小区的防火系统进行更新升级改造。要求在地下车库更换一个已经坏掉的防火卷帘门,并和短路隔离器、多路输入输出模块、手动报警按钮等其他设备进行联调。

具体包括：

①按要求将防火卷帘门装在工位上,安装应美观、牢固。

②把防火卷帘门与其他设备用通讯线缆连接好。

③做好防火卷帘门的标志标识,并做好连接线路标识,编制标识清单对照表。

④正确连接短路隔离器、输入输出模块、手动报警按钮和防火卷帘门；进行主机编程,按下手动按钮后模拟防火卷帘门能关闭。

(二)实施条件

考核场地：模拟安装室一间,工位 20 个。其他设备材料、工具清单见表 1 和表 2。

表 1　设备材料清单表

序　号	名　　称	单　位	数　量	备　注
1	模拟防火卷帘门	个	1	
2	短路隔离器	个	1	
3	消防控制主机	个	1	
4	多路输入、输出模块	个	1	
5	手动报警按钮	个	1	
6	连接线缆	批	1	
7	辅材	批	1	

表 2　工具清单表

序　　号	名　　称	单　位	数　　量	
1	小一字螺丝刀	把	2	
2	小十字螺丝刀	把	2	
3	尖嘴钳	把	2	
4	剥线钳	把	2	
5	剪刀	把	1	
6	扳手	套	1	

(三)考核时量

考试时间：90 分钟。

(四)评分标准

序　号	考核内容	考核要点	教师考核评分
1	模拟防火卷帘门等设备的安装	(1)选用正确的安装工具(15分)； (2)模拟防火卷帘门等设备安装美观牢固(15分)。	30分

续表

序号	考核内容	考核要点	教师考核评分
2	接线与功能测试	(1)模拟防火卷帘门等设备的接线牢靠、无毛刺(10分); (2)模拟防火卷帘门与其他设备通讯线缆连接正确(10分); (3)短路隔离器、多路输入输出模块、手动报警按钮、模拟防火卷帘门等设备组成的连接线路标识清单对照表填写规范(10分); (4)通过主机编程,防火卷帘门能在系统中联动,控制链路设置正确(20分)。	50分
3	职业素养	(1)具备良好的安全用电意识,工具、仪表、材料、作品摆放不整齐,着装不整齐、规范,不穿戴相关防护用品等,每项扣2分; (2)具备较好的质量意识和标准意识,安装接线不符合相关作业规范,施工操作不按照相关行业标准进行,每项扣2分; (3)具备较好的成本节约意识与团队协作意识,安装接线过程中不注意节约线材,作业过程中未体现出成员间相互配合,每项扣2分; (4)具有良好的工具使用和卫生清理习惯,作业完成后未清理、清扫工作现场扣5分; (5)严格执行消防系统相关国家标准和规范,养成严谨科学的工作态度,损坏工具、设备的扣20分;考生发生严重违规操作或作弊,取消考生成绩。	20分

试题 H2-3-3:消火栓按钮与讯响器联动调试

(一)任务描述

某小区物业为了更好地在火灾发生时处理火情,扑灭明火,保障小区业主的安全,决定对小区的防火系统进行更新升级改造。要求在楼道消火栓箱内更换一个已经坏掉的消火栓按钮,并安装好短路隔离器、多路输入输出模块和讯响器等其他设备,和消火栓按钮进行联调。

具体包括:

①按要求将消火栓按钮装在工位上,安装应美观、牢固。

②把消火栓按钮、讯响器与其他设备用通讯线缆连接好。

③做好消火栓按钮的标志标识,并做好连接线路标识,编制标识清单对照表。

④正确连接短路隔离器、输入输出模块、消火栓按钮与讯响器,进行主机编程,实现消防水泵的启动模拟。

(二)实施条件

考核场地:模拟安装室一间,工位20个。每个工位配置备了消防控制主机1台,多路输入、输出模块和讯响器各1个,地址表1份。其他材料、工具清单见表1和表2。

表1 设备材料清单表

序号	名称	单位	数量	备注
1	消火栓按钮	个	1	
2	短路隔离器	个	1	
3	消防控制主机	台	1	
4	多路输入、输出模块	个	1	
5	输出模块	个	1	
6	讯响器	个	1	
7	连接线缆	批	1	
8	辅材	批	1	

表2 工具清单表

序 号	名 称	单 位	数 量	
1	小一字螺丝刀	把	2	
2	小十字螺丝刀	把	2	
3	尖嘴钳	把	2	
4	剥线钳	把	2	
5	剪刀	把	1	
6	扳手	套	1	

（三）考核时量

考试时间：90分钟。

（四）评分标准

序 号	考核内容	考核要点	教师考核评分
1	消火栓按钮和讯响器等设备的安装	(1)选用正确的安装工具(15分)； (2)消火栓按钮和讯响器等设备安装美观牢固(15分)。	30分
2	接线与调试	(1)消火栓按钮和讯响器等设备接线牢靠、无毛刺(10分)； (2)消火栓按钮、讯响器与其他设备通讯线缆连接正确(10分)； (3)短路隔离器、输入输出模块、消火栓按钮、讯响器与其他设备组成的连接线路标识清单对照表填写规范(10分)； (4)通过主机编程，消火栓按钮和讯响器能在系统中联动，控制链路设置正确(20分)。	50分
3	职业素养	(1)具备良好的安全用电意识，工具、仪表、材料、作品摆放不整齐，着装不整齐、规范，不穿戴相关防护用品等，每项扣2分； (2)具备较好的质量意识和标准意识，安装接线不符合相关作业规范，施工操作不按照相关行业标准进行，每项扣2分； (3)具备较好的成本节约意识与团队协作意识，安装接线过程中不注意节约线材，作业过程中未体现出成员间相互配合，每项扣2分； (4)具有良好的工具使用和卫生清理习惯，作业完成后未清理、清扫工作现场扣5分； (5)严格执行消防系统相关国家标准和规范，养成严谨科学的工作态度，损坏工具、设备的扣20分；考生发生严重违规操作或作弊，取消考生成绩。	20分

试题 H2-3-4：应急照明灯具和疏散指示牌的安装与调试

（一）任务描述

某小区物业为了更好地在火灾发生时处理火情，扑灭明火，保障小区业主的安全，决定对小区的防火系统进行更新升级改造。要求在封闭的楼梯间、防烟楼梯间、消防电梯及其前室加装消防应急灯和指示牌并调试。

具体要求：

①消防应急灯具与供电线路之间不能使用插头连接。

②消防应急灯具安装后对人员正常通行不要产生影响，消防应急标志灯具周围要保证无

遮挡物。

③带有疏散方向指示箭头的消防应急标志灯具在安装时应保证箭头指示的疏散方向与疏散方向相同。

④指示出口的消防应急标志灯具应固定在坚固的墙上或顶棚下,安装方式可以明装,也可以嵌墙安装。

⑤消防应急灯具在安装时应保证灯具上的各种状态指示灯易于观察,试验按钮(开关)能被人工或遥控操作。

⑥消防应急照明灯具安装时,在正面迎向人员疏散方向,应有防止造成眩光的措施。

⑦消防应急灯具吊装时宜使用金属吊管,吊管上端应固定在建筑物实体或构件上。

⑧作为辅助指示的蓄光型标志牌只能安装在与标志灯具指示方向相同的路线上,但不能代替标志灯具。

⑨消防应急灯具宜安装在不燃烧墙体和不燃烧装修材料上。

⑩把应急照明灯具、疏散指示牌与其他设备用通讯线缆连接好。

⑪做好应急照明灯具、疏散指示牌的标志标识,并做好连接线路标识,编制标识清单对照表。

⑫正确连接应急照明灯具、疏散指示牌和其他设备,进行主机编程,实现联动控制。

(二)实施条件

考核场地:模拟安装室一间,工位20个。材料、工具清单见表1和表2。

表1　设备材料清单表

序　号	名　　称	单　位	数　量	备　注
1	消防应急灯具	个	1	
2	疏散指示牌	个	1	
3	连接线缆	批	1	
4	辅材	批	1	

表2　工具清单表

序　号	名　　称	单　位	数　　量
1	小一字螺丝刀	把	2
2	小十字螺丝刀	把	2
3	尖嘴钳	把	2
4	剥线钳	把	2
5	剪刀	把	1

(三)考核时量

考试时间:90分钟。

(四)评分标准

序　号	考核内容	考核要点	教师考核评分
1	应急照明灯具和疏散指示牌等设备的安装	(1)选用正确的安装工具(15分); (2)应急照明灯具和疏散指示牌等设备安装美观牢固(15分)。	30分

续表

序　号	考核内容	考核要点	教师考核评分
2	接线与调试	(1)应急照明灯具和疏散指示牌等设备接线牢靠、无毛刺(10分); (2)应急照明灯具、疏散指示牌与其他设备通讯线缆连接正确(10分); (3)应急照明灯具和疏散指示牌等设备组成的连接线路标识清单对照表填写规范(10分); (4)通过主机编程,应急照明灯具、疏散指示牌能在系统中联动,控制链路设置正确(20分)。	50分
3	职业素养	(1)具备良好的安全用电意识,工具、仪表、材料、作品摆放不整齐,着装不整齐、规范,不穿戴相关防护用品等,每项扣2分; (2)具备较好的质量意识和标准意识,安装接线不符合相关作业规范,施工操作不按照相关行业标准进行,每项扣2分; (3)具备较好的成本节约意识与团队协作意识,安装接线过程中不注意节约线材,作业过程中未体现出成员间相互配合,每项扣2分; (4)具有良好的工具使用和卫生清理习惯,作业完成后未清理、清扫工作现场扣5分; (5)严格执行消防系统相关国家标准和规范,养成严谨科学的工作态度,损坏工具、设备的扣20分;考生发生严重违规操作或作弊,取消考生成绩。	20分

试题 H2-3-5:手动火灾报警按钮与讯响器联动调试

(一)任务描述

某小区物业为了更好地在火灾发生时处理火情,扑灭明火,保障小区业主的安全,决定对小区的防火系统进行更新升级改造。要求在楼道消火栓箱内更换一个已经坏掉的手动火灾报警按钮,并安装好短路隔离器、多路输入输出模块和讯响器等其他设备,和手动火灾报警按钮进行联调。

具体包括:

①按要求将手动火灾报警按钮在工位上,安装应美观、牢固。

②把手动火灾报警按钮、讯响器与其他设备用通讯线缆连接好。

③做好手动火灾报警按钮的标志标识,并做好连接线路标识,编制标识清单对照表。

④正确连接短路隔离器、输入输出模块、手动火灾报警按钮与讯响器,进行主机编程,实现消防水泵的启动模拟。

(二)实施条件

考核场地:模拟安装室一间,工位20个。其他设备材料、工具清单见表1和表2。

表1　设备材料清单表

序　号	名　　称	单　位	数　量	备　注
1	手动火灾报警按钮	个	1	
2	短路隔离器	个	1	
3	消防控制主机	台	1	
4	多路输入、输出模块	个	1	
5	讯响器	个	1	
6	连接线缆	批	1	
7	辅材	批	1	

表 2　工具清单表

序 号	名 称	单 位	数 量	
1	小一字螺丝刀	把	2	
2	小十字螺丝刀	把	2	
3	尖嘴钳	把	2	
4	剥线钳	把	2	
5	剪刀	把	1	
6	扳手	套	1	

（三）考核时量

考试时间：90分钟。

（四）评分标准

序　号	考核内容	考核要点	教师考核评分
1	手动火灾报警按钮和讯响器等设备的安装	（1）选用正确的安装工具（15分）； （2）手动火灾报警按钮和讯响器等设备安装美观牢固（15分）。	30分
2	接线与调试	（1）手动火灾报警按钮和讯响器等设备接线牢靠、无毛刺（10分）； （2）手动火灾报警按钮、讯响器与其他设备通讯线缆连接正确（10分）； （3）短路隔离器、输入输出模块、手动火灾报警按钮与讯响器组成的连接线路标识清单对照表填写规范（10分）； （4）通过主机编程，手动火灾报警按钮和讯响器能在系统中联动，控制链路设置正确（20分）。	50分
3	职业素养	（1）具备良好的安全用电意识，工具、仪表、材料、作品摆放不整齐，着装不整齐、规范，不穿戴相关防护用品等，每项扣2分； （2）具备较好的质量意识和标准意识，安装接线不符合相关作业规范，施工操作不按照相关行业标准进行，每项扣2分； （3）具备较好的成本节约意识与团队协作意识，安装接线过程中不注意节约线材，作业过程中未体现出成员间相互配合，每项扣2分； （4）具有良好的工具使用和卫生清理习惯，作业完成后未清理、清扫工作现场扣5分； （5）严格执行消防系统相关国家标准和规范，养成严谨科学的工作态度，损坏工具、设备的扣20分；考生发生严重违规操作或作弊，取消考生成绩。	20分

试题 H2-3-6：点型光电感烟火灾探测器与排烟防火阀联动调试

（一）任务描述

某小区物业为了更好地在火灾发生时处理火情，扑灭明火，保障小区业主的安全，决定对小区的防火系统进行更新升级改造。要求在原有消防控制信号传输支路节点，更换一个已经坏了的点型光电感烟火灾探测器，并安装短路隔离器、多路输入输出模块和讯响器等其他设备，与点型光电感烟火灾探测器进行联调。

具体包括：

①按要求将点型光电感烟火灾探测器在工位上,安装应美观、牢固。

②把点型光电感烟火灾探测器与其他设备用通讯线缆连接好。

③做好点型光电感烟火灾探测器的标志标识,并做好连接线路标识,编制标识清单对照表。

④正确连接短路隔离器、输入输出模块、讯响器、点型光电感烟火灾探测器与排烟防火阀,进行主机编程,实现消防水泵的启动模拟。

(二)实施条件

考核场地:模拟安装室一间,工位20个。其他材料、工具清单见表1和表2。

表1 设备材料清单表

序 号	名 称	单 位	数 量	备 注
1	点型光电感烟火灾探测器	个	1	
2	短路隔离器	个	1	
3	消防控制主机	台	1	
4	多路输入、输出模块	个	1	
5	讯响器	个	1	
6	连接线缆	批	1	
7	辅材	批	1	

表2 工具清单表

序 号	名 称	单 位	数 量	
1	小一字螺丝刀	把	2	
2	小十字螺丝刀	把	2	
3	尖嘴钳	把	2	
4	剥线钳	把	2	
5	剪刀	把	1	
6	扳手	套	1	

(三)考核时量

考试时间:90分钟。

(四)评分标准

序 号	考核内容	考核要点	教师考核评分
1	点型光电感烟火灾探测器和排烟防火阀等设备的安装	(1)选用正确的安装工具(15分); (2)点型光电感烟火灾探测器和排烟防火阀等设备安装美观牢固(15分)。	30分
2	接线与调试	(1)点型光电感烟火灾探测器和排烟防火阀等设备的接线牢靠、无毛刺(10分); (2)点型光电感烟火灾探测器与其他设备通讯线缆连接正确(10分); (3)短路隔离器、输入输出模块、讯响器、点型光电感烟火灾探测器与排烟防火阀等设备组成的连接线路标识清单对照表填写规范(10分); (4)通过主机编程,点型光电感烟火灾探测器和排烟防火阀能在系统中联动,控制链路设置正确(20分)。	50分

续表

序　号	考核内容	考核要点	教师考核评分
3	职业素养	（1）具备良好的安全用电意识，工具、仪表、材料、作品摆放不整齐，着装不整齐、规范，不穿戴相关防护用品等，每项扣2分； （2）具备较好的质量意识和标准意识，安装接线不符合相关作业规范，施工操作不按照相关行业标准进行，每项扣2分； （3）具备较好的成本节约意识与团队协作意识，安装接线过程中不注意节约线材，作业过程中未体现出成员间相互配合，每项扣2分。 （4）具有良好的工具使用和卫生清理习惯，作业完成后未清理、清扫工作现场扣5分； （5）严格执行消防系统相关国家标准和规范，养成严谨科学的工作态度，损坏工具、设备的扣20分；考生发生严重违规操作或作弊，取消考生成绩。	20分

模块三　楼宇自动化系统工程

项目一　DDC楼宇灯控系统安装与调试

试题 H3-1-1：日光灯的接线与安装

（一）任务描述

现有一座办公大楼，需要对该大楼里的房间安装日光灯进行照明。要求对日光灯进行安装调试，使其能正常使用。具体包括：

①用CAD绘制日光灯的接线图。

②按照绘制的图纸，正确进行日光灯的安装与接线，并对日光灯进行测试，确保日光灯的正常开启。

（二）实施条件

考核场地：模拟安装室一间，工位20个，每个工位配置电脑一台。其他材料、工具清单见表1和表2。

表1　材料清单表

序　号	名　　称	单　位	数　量	备　注
1	日光灯	套	1	
2	螺丝螺母	个	10	
3	辅材	批	1	

表2　工具清单表

序　号	名　　称	单　位	数　量
1	螺丝刀	把	4
2	万用表	个	1
3	尖嘴钳	把	1
4	剥线器	把	1

（三）考核时量

考试时间：90分钟。

（四）评分标准

序　号	考核内容	考核要点	配　分
1	日光灯的接线	(1)用CAD正确绘制日关灯的接线图15分(可酌情扣分,扣完为止); (2)标注出各接线端子的说明15分(每少一个扣2分,扣完为止)。	30分
2	日光灯的安装	(1)选择正确的安装工具10分(可酌情扣分,扣完为止); (2)日光灯底座安装应牢固10分(可酌情扣分,扣完为止); (3)接线应满足工艺要求10分(可酌情扣分,扣完为止); (4)用万用表测试线路是否正常10分(可酌情扣分,扣完为止)。	40分
3	职业素养	(1)具备良好的安全用电意识,工具、仪表、材料、作品摆放不整齐,着装不整齐、规范,不穿戴相关防护用品等,每项扣2分; (2)具备较好的质量意识和标准意识,安装接线不符合相关作业规范,施工操作不按照相关行业标准进行,每项扣2分; (3)具备较好的成本节约意识与团队协作意识,安装接线过程中不注意节约线材,每项扣2分; (4)具有良好的工具使用和卫生清理习惯,作业完成后未清理、清扫工作现场扣5分。	30分

试题 H3-1-2：光照度传感器的安装

（一）任务描述

现有一座办公大楼,根据需要对该大楼安装智能照明系统,该系统需安装光照度传感器控制室内光线明暗。现要对光照度传感器进行安装与调试,并能正常使用。具体包括：

①用CAD绘制光照度传感器接线图。

②按照绘制的图纸,对光照传感器及DDC控制器(5208)进行安装与接线,并利用DDC控制器采集光照传感器的数据,做好有光和无光条件下光照度传感器的测试,并组网连接电脑,在电脑LonMaker软件中做好相关设置,显示实时采集的光照传感器开关量数据。

（二）实施条件

考核场地：模拟安装室一间,工位20个,每个工位配置电脑一台。其他材料、工具清单见表1和表2。

表1　材料清单表

序　号	名　　称	单　位	数　量	备　注
1	光照度传感器	个	1	
2	DDC控制器	个	1	
3	电脑	台	1	
4	屏蔽信号线	根	1	
5	LonMaker软件	套	1	
6	Lon Works USB接口网卡	个	1	
7	手电筒	个	1	
8	螺丝螺母	个	10	
9	连接线	米	5	
10	线鼻子	个	10	

表 2　工具清单表

序　号	名　　称	单　位	数　量	
1	螺丝刀	把	4	
2	万用表	个	1	
3	斜口钳	把	1	
4	剥线器	把	1	

（三）考核时量

考试时间：90 分钟。

（四）评分标准

序　号	考核内容	考核要点	配　分
1	光照度传感器的接线绘制	（1）用 CAD 绘制输入传感器的接线图 10 分（可酌情扣分，扣完为止）； （2）标注出各接线端子的说明 10 分（每少一个扣 2 分，扣完为止）。	20 分
2	光照度传感器的安装	（1）传感器安装位置正确，安装方法正确，安装牢固 10 分（可酌情扣分，扣完为止）； （2）传感器接线标准，满足工艺要求 10 分（可酌情扣分，扣完为止）； （3）用万用表测试线路是否正常 10 分（可酌情扣分，扣完为止）。	30 分
3	光照度传感器的测试	（1）模拟不同的光的照度，正确观察传感器的动作情况，利用仪表进行测试，符合"照度低，电压值变小；照度高，电压值变大" 15 分； （2）利用 DDC 控制器正确采集光照传感器数据，并在电脑 LonMaker软件中正确显示实时数据 15 分。	30 分
4	职业素养	（1）具备良好的安全用电意识，工具、仪表、材料、作品摆放不整齐，着装不整齐、规范，不穿戴相关防护用品等，每项扣 2 分； （2）具备较好的质量意识和标准意识，安装接线不符合相关作业规范，施工操作不按照相关行业标准进行，每项扣 2 分； （3）具备较好的成本节约意识与团队协作意识，安装接线过程中不注意节约线材，每项扣 2 分； （4）具有良好的工具使用和卫生清理习惯，作业完成后未清理、清扫工作现场扣 5 分。	20 分

试题 H3-1-3：DDC 控制器的联网安装与通信调试

（一）任务描述

某公司员工需要对某建筑设计安装一套灯光控制系统，现决定通过采用 DDC 控制的方式来实现。现要求将相关 DDC 控制设备进行联网安装和通信调试。具体包括：

①根据总线传输要求，制作好信号传输线缆，并将电脑和 DDC 控制器 HW-BA5208、HW-BA5210 进行正确线路组网连接。

②通过电脑实现与 DDC 控制器的通信测试，并记录两个控制器的设备地址。

（二）实施条件

考核场地：模拟安装室一间，工位 20 个，每个工位配置电脑一台。其他材料、工具清单见表 1 和表 2。

表1 材料清单表

序 号	名 称	单 位	数 量	备 注
1	DDC 控制器 HW-BA5208	个	1	
2	DDC 控制器 HW-BA5210	个	1	
3	电脑	台	1	
4	屏蔽信号线	根	1	
5	LonMaker 软件	套	1	
6	Lon Works USB 接口网卡	个	1	

表2 工具清单表

序 号	名 称	单 位	数 量	
1	螺丝刀	把	2	
2	万用表	台	1	
3	剥线器	把	1	
4	尖嘴钳	把	1	

(三)考核时量

考试时间:90分钟。

(四)评分标准

序 号	考核内容	考核要点	配 分
1	DDC 控制器的组网接线	(1)接线满足工艺要求,标识清晰、合理 10 分(可酌情扣分,扣完为止); (2)通信线路连接正确 10 分(可酌情扣分,扣完为止); (3)正确使用工具和仪表 10 分(可酌情扣分,扣完为止)。	30 分
2	DDC 控制器的通信调试	(1)准确实现电脑与 DDC 控制器的通信测试 10 分(可酌情扣分,扣完为止); (2)正确获取 HW-BA5208 设备地址 15 分(可酌情扣分,扣完为止); (3)正确获取 HW-BA5210 设备地址 15 分(可酌情扣分,扣完为止)。	40 分
3	职业素养	(1)具备良好的安全用电意识,工具、仪表、材料、作品摆放不整齐,着装不整齐、规范,不穿戴相关防护用品等,每项扣 2 分; (2)具备较好的质量意识和标准意识,安装接线不符合相关作业规范,施工操作不按照相关行业标准进行,每项扣 2 分; (3)具备较好的成本节约意识与团队协作意识,安装接线过程中不注意节约线材,每项扣 2 分; (4)具有良好的工具使用和卫生清理习惯,作业完成后未清理、清扫工作现场扣 5 分。	30 分

试题 H3-1-4:DDC 软件编程与组网

(一)任务描述

某公司员工需要对某建筑设计安装一套灯光控制系统,现决定通过采用 DDC 控制的方式来实现。现要求连接好相应的灯光的 DDC 控制设备并进行 DDC 软件编程和组网。具体包括:

①将 DDC 控制器并与电脑进行组网连接,打开 LonMaker 软件,新建一个工程项目"ZM",将其路径指定为"E:\"。

②通过 LonMaker 软件实现对 DDC 控制器 HW-BA5208 的组网。

③通过 LonMaker 软件实现对 DDC 控制器 HW-BA5210 的组网。

④通过 LonMaker 软件实现 5208 模块 Plug_in 程序的注册与调用,并利用 Plug_in 程序实现对 DO1 和 DO2 的控制。

(二)实施条件

考核场地:模拟安装室一间,工位 20 个,每个工位配置电脑一台。其他材料、工具清单见表 1 和表 2。

表 1　材料清单表

序　号	名　称	单　位	数　量	备　注
1	DDC 控制器 HW-BA5208	个	1	
2	DDC 控制器 HW-BA5210	个	1	
3	电脑	台	1	
4	屏蔽信号线	根	1	
5	LonMaker 软件	套	1	
6	Lon Works USB 接口网卡	个	1	

表 2　工具清单表

序　号	名　称	单　位	数　量	
1	螺丝刀	把	2	
2	万用表	台	1	
3	剥线器	把	1	
4	尖嘴钳	把	1	

(三)考核时量

考试时间:90 分钟。

(四)评分标准

序　号	考核内容	考核要点	配　分
1	HW-BA5208 的组网	(1)正确使用 LonMaker 软件,将项目路径设置为指定位置,完成新建项目,进入开发界面 10 分(可酌情扣分,扣完为止); (2)正确设置参数,实现 5208 模块的组网连接 15 分(可酌情扣分,扣完为止)。	25 分
2	HW-BA5210 的组网	正确设置参数,实现 5210 模块的组网连接 15 分(可酌情扣分,扣完为止)。	15 分
3	Plug_in 程序的注册与调用	(1)正确查找 5208 的 Plug_in 程序,完成注册与添加 10 分(可酌情扣分,扣完为止); (2)正确调用 Plug_in 程序,实现对 DO1 的控制 10 分(可酌情扣分,扣完为止); (3)正确调用 Plug_in 程序,实现对 DO2 的控制 10 分(可酌情扣分,扣完为止)。	30 分

续表

序 号	考核内容	考核要点	配 分
4	职业素养	(1)具备良好的安全用电意识,工具、仪表、材料、作品摆放不整齐,着装不整齐、规范,不穿戴相关防护用品等,每项扣2分; (2)具备较好的质量意识和标准意识,安装接线不符合相关作业规范,施工操作不按照相关行业标准进行,每项扣2分; (3)具备较好的成本节约意识与团队协作意识,安装接线过程中不注意节约线材,每项扣2分; (4)具有良好的工具使用和卫生清理习惯,作业完成后未清理、清扫工作现场扣5分。	30分

试题 H3-1-5:上位机组态软件的使用

(一)任务描述

某公司员工需要对某建筑设计安装一套灯光控制系统,由于原有通过 LonMaker 软件进行控制器组网,并创建的相关数据库,其操作界面不太友好,影响了客户的使用。现要求利用上位机组态软件,创建一个界面更友好的上位机工程文件,实现已有数据库的调用。具体包括:

①打开力控软件,新建一个工程项目"灯控",将其路径指定为 E:\上位机工程,正确使用力控软件,进入新建的工程项目,并创建好窗口。

②将 DDC 控制器与电脑正确组网连接,并恢复给定的 LonMaker 工程文件。

③结合恢复的 LonMaker 工程文件,通过参数配置,正确连接给定的 I/O 设备网络接口和数据网络,完成 I/O 组态。

④通过参数配置,正确实现数据库的组态,实现 DO1 和 DO2 数字点的创建和数据的连接调用,能正确运行和退出组态软件。

(二)实施条件

考核场地:模拟安装室一间,工位20个,每个工位配置电脑一台。其他材料、工具清单见表1和表2。

表 1　材料清单表

序 号	名 称	单 位	数 量	备 注
1	DDC 控制器 HW-BA5208	个	1	
2	DDC 控制器 HW-BA5210	个	1	
3	电脑	台	1	
4	屏蔽信号线	根	1	
5	LonMaker 软件	套	1	
6	Lon Works USB 接口网卡	个	1	
7	力控组态软件	套	1	

表 2　工具清单表

序 号	名 称	单 位	数 量
1	螺丝刀	把	2
2	万用表	台	1
3	剥线器	把	1
4	尖嘴钳	把	1

（三）考核时量

考试时间：90 分钟。

（四）评分标准

序号	考核内容	考核要点	配分
1	创建上位机工程	（1）正确使用力控组态软件，将项目路径设置为指定位置，完成新建项目 10 分（可酌情扣分，扣完为止）； （2）正确进入开发界面，并设置好窗口参数 10 分（可酌情扣分，扣完为止）。	20 分
2	I/O 组态	（1）正确连接给定的 I/O 设备网络接口 10 分（可酌情扣分，扣完为止）； （2）正确连接制定的数据网络 10 分（可酌情扣分，扣完为止）。	20 分
3	数据库组态	（1）正确实现数据库的组态，实现 DO1 数字点的创建和数据的连接调用 10 分（可酌情扣分，扣完为止）； （2）正确实现数据库的组态，实现 DO2 数字点的创建和数据的连接调用 10 分（可酌情扣分，扣完为止）； （3）正确连接 DDC 并与电脑组网成功，正确恢复给定的 LonMaker 工程文件 10 分（可酌情扣分，扣完为止）。	30 分
4	职业素养	（1）具备良好的安全用电意识，工具、仪表、材料、作品摆放不整齐，着装不整齐、规范，不穿戴相关防护用品等，每项扣 2 分； （2）具备较好的质量意识和标准意识，安装接线不符合相关作业规范，施工操作不按照相关行业标准进行，每项扣 2 分； （3）具备较好的成本节约意识与团队协作意识，安装接线过程中不注意节约线材，每项扣 2 分； （4）具有良好的工具使用和卫生清理习惯，作业完成后未清理、清扫工作现场扣 5 分。	30 分

试题 H3-1-6：照明系统的 DDC 控制电路连接

（一）任务描述

某公司员工需要对某建筑设计安装一套灯光控制系统，现决定通过采用 DDC 控制的方式来实现。要求将相关的 DDC 控制设备与照明灯具进行电路连接。具体包括：

①要求实现 5208 输出 DO1\DO2 和两盏灯具的电路连接，利用 CAD 软件绘制相关连接接线示意图。

②根据 CAD 示意图，利用继电器实现 5208 的输出 DO1\DO2 和两盏灯具的电路的连接，并能通过 DO1\DO2 直接启动或关闭两盏灯具。

（二）实施条件

考核场地：模拟安装室一间，工位 20 个，每个工位配置电脑一台。其他材料、工具清单见表 1 和表 2。

表1 材料清单表

序 号	名 称	单 位	数 量	备 注
1	DDC 控制器 HW-BA5208	个	1	
2	DDC 控制器 HW-BA5210	个	1	
3	灯	个	2	
4	继电器	个	2	
5	RVV1＊1.0 导线	卷	1	
6	AUTOCAD 软件	套	1	
7	电脑	台	1	
8	辅材	批	1	

表2 工具清单表

序 号	名 称	单 位	数 量
1	螺丝刀	把	2
2	万用表	台	1
3	剥线器	把	1
4	尖嘴钳	把	1

（三）考核时量

考试时间：90 分钟。

（四）评分标准

序 号	考核内容	考核要点	配 分
1	CAD 接线图绘制	（1）正确使用 CAD 软件，熟练使用软件绘图 15 分（可酌情扣分，扣完为止）； （2）线路绘制合理正确 15 分（可酌情扣分，扣完为止）。	30 分
2	控制电路连接	（1）接线满足工艺要求，标识清晰、合理 15 分（可酌情扣分，扣完为止）； （2）线路连接正确 15 分（可酌情扣分，扣完为止）； （3）正确使用工具和仪表 10 分（可酌情扣分，扣完为止）。	40 分
3	职业素养	（1）具备良好的安全用电意识，工具、仪表、材料、作品摆放不整齐，着装不整齐、规范，不穿戴相关防护用品等，每项扣 2 分； （2）具备较好的质量意识和标准意识，安装接线不符合相关作业规范，施工操作不按照相关行业标准进行，每项扣 2 分； （3）具备较好的成本节约意识与团队协作意识，安装接线过程中不注意节约线材，每项扣 2 分； （4）具有良好的工具使用和卫生清理习惯，作业完成后未清理、清扫工作现场扣 5 分。	30 分

试题 H3-1-7：照明系统的 DDC 组网与控制编程

（一）任务描述

某公司员工需要对某建筑设计安装一套灯光控制系统，决定通过采用 DDC 控制的方式来实现。现要求将相关 DDC 控制设备和的两盏灯光设备连接好，并进行 DDC 组网和控制编程。具体包括：

①利用 LonMaker 软件将新建一个项目"zmkz",并将其路径设置为"E:\"。

②利用 LonMaker 软件进行参数设置,实现电脑与 5208 的组网连接。

③将相关 DDC 控制设备和的两盏灯光设备进行正确连接,并通过相关编程设置,调用 Plug_in 程序,实现电脑对两盏灯光的开关控制。

(二)实施条件

考核场地:模拟安装室一间,工位 20 个,每个工位配置电脑一台。其他材料、工具清单见表 1 和表 2。

表 1　材料清单表

序　号	名　称	单　位	数　量	备　注
1	DDC 控制器 HW-BA5208	个	1	
2	DDC 控制器 HW-BA5210	个	1	
3	电脑	台	1	
4	屏蔽信号线	根	1	
5	LonMaker 软件	套	1	
6	Lon Works USB 接口网卡	个	1	
7	灯	个	2	
8	继电器	个	2	
9	RVV1＊1.0 导线	卷	1	

表 2　工具清单表

序　号	名　称	单　位	数　量	
1	螺丝刀	把	2	
2	万用表	台	1	
3	剥线器	把	1	
4	尖嘴钳	把	1	

(三)考核时量

考试时间:90 分钟。

(四)评分标准

序　号	考核内容	考核要点	配　分
1	HW-BA5208 的组网	(1)正确使用 LonMaker 软件,将项目路径设置为指定位置 15 分(可酌情扣分,扣完为止); (2)正确设置参数,实现 5208 模块的组网连接 15 分(可酌情扣分,扣完为止)。	30 分
2	DDC 灯光控制	(1)正确调用 Plug_in 程序,设置参数,实现对灯光 1 的控制 20 分(可酌情扣分,扣完为止); (2)正确调用 Plug_in 程序,设置参数,实现对灯光 2 的控制 20 分(可酌情扣分,扣完为止)。	40 分

续表

序　号	考核内容	考核要点	配　分
3	职业素养	（1）具备良好的安全用电意识，工具、仪表、材料、作品摆放不整齐，着装不整齐、规范，不穿戴相关防护用品等，每项扣2分； （2）具备较好的质量意识和标准意识，安装接线不符合相关作业规范，施工操作不按照相关行业标准进行，每项扣2分； （3）具备较好的成本节约意识与团队协作意识，安装接线过程中不注意节约线材，每项扣2分； （4）具有良好的工具使用和卫生清理习惯，作业完成后未清理、清扫工作现场扣5分。	30分

试题 H3-1-8：照明系统的 DDC 组态控制

（一）任务描述

某公司员工需要对某建筑设计安装一套灯光控制系统，现决定通过采用 DDC 控制的方式来实现。要求利用上位机组态软件，创建工程文件与窗口画面，实现对已有 DDC 数据库的调用与画面实时监测，并对已有的灯光系统进行控制。具体包括：

①打开力控软件，新建一个工程项目"楼宇灯控"，将其路径指定为 E:\上位机工程，正确使用力控软件，进入新建的工程项目，并创建好窗口，做好相关灯光控制画面绘制。

②将 DDC 控制器与电脑正确组网连接，并恢复给定的 LonMaker 灯控工程文件。

③通过参数配置，正确连接给定的 I/O 设备网络接口和 DDC 数据网络，完成 I/O 组态。

④通过参数配置，正确实现数据库的组态，实现 DO1 和 DO2 数字点的创建和数据的连接调用。

⑤正确运行相关上位机工程，实现对已有的两盏灯的控制和组态画面的实时监测，要求画面中灯亮为黄色，灯灭为灰色，并能正确退出运行状态，保存项目工程。

（二）实施条件

考核场地：模拟安装室一间，工位20个，每个工位配置电脑一台。其他材料、工具清单见表1和表2。

表1　材料清单表

序　号	名　称	单　位	数　量	备　注
1	DDC 控制器 HW-BA5208	个	1	
2	DDC 控制器 HW-BA5210	个	1	
3	电脑	台	1	
4	屏蔽信号线	根	1	
5	LonMaker 软件	套	1	
6	Lon Works USB 接口网卡	个	1	
7	力控组态软件	套	1	
8	灯	个	2	
9	继电器	个	2	
10	RVV1 * 1.0 导线	卷	1	

表 2 工具清单表

序　号	名　　称	单　位	数　量	
1	螺丝刀	把	2	
2	万用表	台	1	
3	剥线器	把	1	
4	尖嘴钳	把	1	

（三）考核时量

考试时间：90 分钟。

（四）评分标准

序　号	考核内容	考核要点	配　分
1	创建上位机工程	（1）正确使用力控组态软件，将项目路径设置为指定位置，完成新建项目 5 分（可酌情扣分，扣完为止）； （2）正确进入开发界面，并设置好窗口参数，绘制相关灯控画面 5 分（可酌情扣分，扣完为止）。	10 分
2	I/O 组态	（1）将 DDC 控制器与电脑正确组网连接，并恢复给定的 LonMaker 灯控工程文件 10 分（可酌情扣分，扣完为止）； （2）正确连接给定的 I/O 设备网络接口 10 分（可酌情扣分，扣完为止）； （3）正确连接给定的数据网络 10 分（可酌情扣分，扣完为止）。	30 分
3	数据库组态	（1）正确实现数据库的组态，实现 DO1 数字点的创建和数据的连接调用 5 分（可酌情扣分，扣完为止）； （2）正确实现数据库的组态，实现 DO2 数字点的创建和数据的连接调用 5 分（可酌情扣分，扣完为止）。	10 分
4	组态监测与灯光控制	（1）正确运行相关上位机工程，实现对已有的两盏灯的控制和组态画面的实时监测 10 分（可酌情扣分，扣完为止）； （2）能正确退出运行状态，保存项目工程 10 分。	20 分
5	职业素养	（1）具备良好的安全用电意识，工具、仪表、材料、作品摆放不整齐，着装不整齐、规范，不穿戴相关防护用品等，每项扣 2 分； （2）具备较好的质量意识和标准意识，安装接线不符合相关作业规范，施工操作不按照相关行业标准进行，每项扣 2 分； （3）具备较好的成本节约意识与团队协作意识，安装接线过程中不注意节约线材，每项扣 2 分； （4）具有良好的工具使用和卫生清理习惯，作业完成后未清理、清扫工作现场扣 5 分。	30 分

项目二　中央空调和给排水 DDC 监测系统

试题 H3-2-1：中央空调 DDC 监测系统

（一）任务描述

某公司需要对某建筑中央空调系统进行监测与控制，现决定通过采用 DDC 控制的方式来实现。要求将相关 DDC 控制设备进行联网安装和通信调试，并对已连接好的中央空调部分传感器参数实现实时监测。具体包括：

①将电脑和DDC控制器TH-BA1108进行正确线路组网连接。

②利用LonMaker软件将新建一个项目"zykt",并将其路径设置为"E:\"。

③利用LonMaker软件进行参数设置,实现电脑与1108的组网连接,并利用Plug_in程序实现数据采样参数的设置与DDC各输入输出点的动态监控。

④在所提供的力控DDC组态中央空调系统软件工程里,实现I/O和数据库组态连接,利用组态软件实现对中央空调一次回风系统回风温度、回风湿度监测,水阀开度、新风阀开度、回风阀开度实时监测。

（二）实施条件

考核场地:模拟安装室一间,工位20个,每个工位配置电脑一台。其他材料、工具清单见表1和表2。

表1　材料清单表

序 号	名 称	单 位	数 量	备 注
1	DDC控制器 TH-BA1108	个	1	
2	屏蔽信号线	根	1	
3	LonMaker软件	套	1	
4	Lon Works USB接口网卡	个	1	
5	力控组态软件	套	1	
6	模拟中央空调系统传感器	套	1	

表2　工具清单表

序 号	名 称	单 位	数 量
1	螺丝刀	把	2
2	万用表	台	1
3	剥线器	把	1
4	尖嘴钳	把	1

（三）考核时量

考试时间:90分钟。

（四）评分标准

序 号	考核内容	考核要点	配 分
1	DDC控制器的组网接线	(1)接线满足工艺要求,标识清晰、合理5分(可酌情扣分,扣完为止); (2)通信线路连接正确5分(可酌情扣分,扣完为止)。	10分
2	DDC控制器的组网调试和动态监控	(1)正确使用LonMaker软件,将项目路径设置为指定位置,完成新建项目,进入开发界面10分(可酌情扣分,扣完为止); (2)正确设置参数,实现1108模块的通信测试与组网连接10分(可酌情扣分,扣完为止); (3)正确调用Plug_in程序,对数据采样参数进行正确设置10分(可酌情扣分,扣完为止); (4)对DDC各输入输出点进行动态监控,并能正确进行分辨10分(可酌情扣分,扣完为止)。	40分

续表

序 号	考核内容	考核要点	配 分
3	组态连接与实时监测	(1)在所提供的力控DDC组态中央空调系统软件工程里,正确实现I/O和数据库组态连接10分(可酌情扣分,扣完为止); (2)利用组态软件实现对中央空调一次回风系统回风温度、回风湿度监测,水阀开度、新风阀开度、回风阀开度实时监测10分(每少一项,扣2~3分,扣完为止)。	20分
4	职业素养	(1)具备良好的安全用电意识,工具、仪表、材料、作品摆放不整齐,着装不整齐、规范,不穿戴相关防护用品等,每项扣2分; (2)具备较好的质量意识和标准意识,安装接线不符合相关作业规范,施工操作不按照相关行业标准进行,每项扣2分; (3)具备较好的成本节约意识与团队协作意识,安装接线过程中不注意节约线材,每项扣2分; (4)具有良好的工具使用和卫生清理习惯,作业完成后未清理、清扫工作现场扣5分。	30分

试题 H3-2-2:中央空调 DDC 系统 PID 控制

(一)任务描述

某公司需要对某建筑中央空调系统进行监测与控制,现决定通过采用DDC控制的方式来实现。要求将相关DDC控制设备进行联网安装和通信调试,并通过PID控制,设定温度与湿度实现中央空调一次回风系统的回风温度与水阀控制。具体包括:

①将电脑和DDC控制器TH-BA1108进行正确线路组网连接。

②利用LonMaker软件新建一个项目"zyktPID",并将其路径设置为"E:\"。

③利用LonMaker软件进行参数设置,实现电脑与1108的组网连接,并利用Plug_in程序实现数据采样参数的设置与PID参数的正确设置。

④在所提供的力控DDC组态中央空调系统软件工程里,实现I/O和数据库组态连接,利用组态软件通过设定温度与湿度实现中央空调一次回风系统回风温度与水阀控制,回风湿度与加湿阀控制,实现阀门随温湿度的变化进行PID自动控制调节的功能。

(二)实施条件

考核场地:模拟安装室一间,工位20个,每个工位配置电脑一台。其他材料、工具清单见表1和表2。

表1 材料清单表

序 号	名 称	单 位	数 量	备 注
1	DDC控制器 TH-BA1108	个	1	
2	屏蔽信号线	根	1	
3	LonMaker软件	套	1	
4	Lon Works USB接口网卡	个	1	
5	力控组态软件	套	1	
6	模拟中央空调系统传感器	套	1	

表 2　工具清单表

序　号	名　　称	单　位	数　量	
1	螺丝刀	把	2	
2	万用表	台	1	
3	剥线器	把	1	
4	尖嘴钳	把	1	

（三）考核时量

考试时间:90 分钟。

（四）评分标准

序　号	考核内容	考核要点	配　分
1	DDC 控制器的组网接线	(1)接线满足工艺要求,标识清晰、合理 5 分(可酌情扣分,扣完为止); (2)通信线路连接正确 5 分(可酌情扣分,扣完为止)。	10 分
2	DDC 控制器的组网调试和动态监控	(1)正确使用 LonMaker 软件,将项目路径设置为指定位置,完成新建项目,进入开发界面 10 分(可酌情扣分,扣完为止); (2)正确设置参数,实现 1108 模块的通信测试与组网连接 10 分(可酌情扣分,扣完为止); (3)正确调用 Plug_in 程序,对数据采样参数进行正确设置 10 分(可酌情扣分,扣完为止); (4)正确调用 Plug_in 程序,对 PID 参数进行正确设置与调试 10 分(可酌情扣分,扣完为止)。	40 分
3	组态连接与实时监测	(1)在所提供的力控 DDC 组态中央空调系统软件工程里,正确实现 I/O 和数据库组态连接 10 分(可酌情扣分,扣完为止); (2)通过设定温度与湿度实现中央空调一次回风系统回风温度与水阀控制,回风湿度与加湿阀控制,实现阀门随温湿度的变化进行 PID 自动控制调节的功能 10 分(每少一项,扣 2~3 分,扣完为止)。	20 分
4	职业素养	(1)具备良好的安全用电意识,工具、仪表、材料、作品摆放不整齐,着装不整齐、规范,不穿戴相关防护用品等,每项扣 2 分; (2)具备较好的质量意识和标准意识,安装接线不符合相关作业规范,施工操作不按照相关行业标准进行,每项扣 2 分; (3)具备较好的成本节约意识与团队协作意识,安装接线过程中不注意节约线材,每项扣 2 分; (4)具有良好的工具使用和卫生清理习惯,作业完成后未清理、清扫工作现场扣 5 分。	30 分

试题 H3-2-3:给排水 DDC 监测系统

（一）任务描述

某公司需要对某建筑给排水系统进行监测与控制,现决定通过采用 DDC 控制的方式来实现。要求将相关 DDC 控制设备进行联网安装和通信调试,并对已连接好的给排水部分传感器参数实现实时监测。具体包括:

①将电脑和 DDC 控制器 TH-BA1108 进行正确线路组网连接。

②利用 LonMaker 软件新建一个项目"gps",并将其路径设置为"E:\"。

③利用 LonMaker 软件进行参数设置,实现电脑与 1108 的组网连接,并利用 Plug_in 程序实现数据采样参数的设置与 DDC 各输入输出点的动态监控。

④在所提供的力控 DDC 组态给排水系统软件工程里,实现 I/O 和数据库组态的连接,利用组态软件实现气压水箱高、低水位监测,水箱压力监测和给水泵故障监测;监测给水泵的工作状态和故障现象。

（二）实施条件

考核场地:模拟安装室一间,工位 20 个,每个工位配置电脑一台。其他材料、工具清单见表 1 和表 2。

表 1　材料清单表

序 号	名 称	单 位	数 量	备 注
1	DDC 控制器 TH-BA1108	个	1	
2	屏蔽信号线	根	1	
3	LonMaker 软件	套	1	
4	Lon Works USB 接口网卡	个	1	
5	力控组态软件	套	1	
6	模拟给排水系统传感器	套	1	

表 2　工具清单表

序 号	名 称	单 位	数 量	
1	螺丝刀	把	2	
2	万用表	台	1	
3	剥线器	把	1	
4	尖嘴钳	把	1	

（三）考核时量

考试时间:90 分钟。

（四）评分标准

序 号	考核内容	考核要点	配 分
1	DDC 控制器的组网接线	(1)接线满足工艺要求,标识清晰、合理 5 分(可酌情扣分,扣完为止); (2)通信线路连接正确 5 分(可酌情扣分,扣完为止)。	10 分
2	DDC 控制器的组网调试和动态监控	(1)正确使用 LonMaker 软件,将项目路径设置为指定位置,完成新建项目,进入开发界面 10 分(可酌情扣分,扣完为止); (2)正确设置参数,实现 1108 模块的通信测试与组网连接 10 分(可酌情扣分,扣完为止); (3)正确调用 Plug_in 程序,对数据采样参数进行正确设置 10 分(可酌情扣分,扣完为止); (4)对 DDC 各输入输出点进行动态监控,并能正确进行分辨 10 分(可酌情扣分,扣完为止)。	40 分

续表

序 号	考核内容	考核要点	配 分
3	组态连接与实时监测	(1)在所提供的力控 DDC 组态给排水系统软件工程里,正确实现 I/O 和数据库组态连接 10 分(可酌情扣分,扣完为止); (2)利用组态软件实现气压水箱高、低水位监测,水箱压力监测和给水泵故障监测,监测给水泵的工作状态和故障现象 10 分(每少一项,扣 2～3 分,扣完为止)。	20 分
4	职业素养	(1)具备良好的安全用电意识,工具、仪表、材料、作品摆放不整齐,着装不整齐、规范,不穿戴相关防护用品等,每项扣 2 分; (2)具备较好的质量意识和标准意识,安装接线不符合相关作业规范,施工操作不按照相关行业标准进行,每项扣 2 分; (3)具备较好的成本节约意识与团队协作意识,安装接线过程中不注意节约线材,每项扣 2 分; (4)具有良好的工具使用和卫生清理习惯,作业完成后未清理、清扫工作现场扣 5 分。	30 分

试题 H3-2-4:给排水 DDC 系统 PID 控制

(一)任务描述

某公司需要对某建筑给排水系统进行监测与控制,现决定通过采用 DDC 控制的方式来实现。要求将相关 DDC 控制设备进行联网安装和通信调试,并通过 PID 控制,实现给水泵变频控制:根据气压水箱的压力完成两台给水泵的 PID 变频、工频控制,实现变频恒压供水控制功能。具体包括:

①将电脑和 DDC 控制器 TH-BA1108 进行正确线路组网连接。

②利用 LonMaker 软件新建一个项目"HYGS",并将其路径设置为"E:\"。

③利用 LonMaker 软件进行参数设置,实现电脑与 1108 的组网连接,并利用 Plug_in 程序实现数据采样参数的设置与 PID 参数的正确设置。

④在所提供的力控 DDC 组态给排水系统软件工程里,实现 I/O 和数据库组态连接,利用组态软件实现给水泵变频控制:根据气压水箱的压力完成两台给水泵的 PID 变频、工频控制,实现变频恒压供水控制功能。

(二)实施条件

考核场地:模拟安装室一间,工位 20 个,每个工位配置电脑一台。其他材料、工具清单见表 1 和表 2。

表 1 材料清单表

序 号	名 称	单 位	数 量	备 注
1	DDC 控制器 TH-BA1108	个	1	
2	屏蔽信号线	根	1	
3	LonMaker 软件	套	1	
4	Lon Works USB 接口网卡	个	1	
5	力控组态软件	套	1	
6	模拟给排水系统传感器	套	1	

表 2　工具清单表

序　号	名　　称	单　位	数　量	
1	螺丝刀	把	2	
2	万用表	台	1	
3	剥线器	把	1	
4	尖嘴钳	把	1	

（三）考核时量

考试时间：90 分钟。

（四）评分标准

序　号	考核内容	考核要点	配　分
1	DDC 控制器的组网接线	（1）接线满足工艺要求，标识清晰、合理 5 分（可酌情扣分，扣完为止）； （2）通信线路连接正确 5 分（可酌情扣分，扣完为止）。	10 分
2	DDC 控制器的组网调试和动态监控	（1）正确使用 LonMaker 软件，将项目路径设置为指定位置，完成新建项目，进入开发界面 10 分（可酌情扣分，扣完为止）； （2）正确设置参数，实现 1108 模块的通信测试与组网连接 10 分（可酌情扣分，扣完为止）； （3）正确调用 Plug_in 程序，对数据采样参数进行正确设置 10 分（可酌情扣分，扣完为止）； （4）正确调用 Plug_in 程序，对 PID 参数进行正确设置与调试 10 分（可酌情扣分，扣完为止）。	40 分
3	组态连接与实时监测	（1）在所提供的力控 DDC 组态给排水系统软件工程里，正确实现 I/O 和数据库组态连接 10 分（可酌情扣分，扣完为止）； （2）实现给水泵变频控制：根据气压水箱的压力完成两台给水泵的 PID 变频、工频控制，实现变频恒压供水控制功能。10 分（可酌情扣分，扣完为止）。	20 分
4	职业素养	（1）具备良好的安全用电意识，工具、仪表、材料、作品摆放不整齐，着装不整齐、规范，不穿戴相关防护用品等，每项各 2 分； （2）具备较好的质量意识和标准意识，安装接线不符合相关作业规范，施工操作不按照相关行业标准进行，每项扣 2 分； （3）具备较好的成本节约意识与团队协作意识，安装接线过程中不注意节约线材，每项扣 2 分； （4）具有良好的工具使用和卫生清理习惯，作业完成后未清理、清扫工作现场扣 5 分。	30 分

项目三　智能家居系统安装与调试

试题 H3-3-1：智能家居控制主机的安装与调试

（一）任务描述

某业主为了给自己提供一个舒适、安全、方便和高效的生活环境。要求在自家安装一套智能家居系统。现要求对智能家居控制主机进行现场的安装接线调试，并将需要安装的元器件安装在指定的区域上。

具体包括:

①用建筑电气 CAD 软件绘制出智能家居控制主机的接线图及端子说明,所绘制工程图以智能家居控制主机+所抽具体工位号命名,保存在电脑桌面上。

②对智能家居控制主机与智能照明控制模块、智能窗帘、智能插座进行安装与接线,要求安装美观牢固,接线规范,并做好标识。

③对安装好的智能家居控制主机与家居照明控制模块、智能窗帘、智能插座进行功能设置和调试控制。

要求:安装智能家居平台手机 APP 管理软件,设置智能家居控制主机 IP 为192.168.1.2,要求连接网络控制主机 IP 不能与路由器 IP 冲突,通过 APP 实现照明、窗帘、插座开关控制。

(二)实施条件

考核场地:模拟安装室一间,工位 20 个,每个工位配置安装了 AUTOCAD 软件的电脑一台。

考点提供的材料、工具清单见表 1 和表 2。

表 1　材料清单表

序　号	名　称	单　位	数　量	备　注
1	智能家居控制主机	台	1	
2	家居照明控制系统	套	1	
3	智能窗帘系统	套	1	
4	智能插座	个	1	
5	网络跳线	根	2	
6	辅材	批	1	

表 2　工具清单表

序　号	名　称	单　位	数　量	
1	螺丝刀	把	1	
2	尖嘴钳	把	4	

(三)考核时量

考试时间:90 分钟。

(四)评分标准

序　号	考核内容	考核要点	配　分
1	智能家居控制接线图绘制	(1)标注出设备的主要端子说明(10分)(每少一个扣2分,扣完为止); (2)使用 CAD 绘制设备端子接线图(10分)(每少一处扣2分,扣完为止)。	20分
2	智能家居控制主机的安装	(1)选用正确的安装工具(过程)(5分)(可酌情扣分,扣完为止); (2)智能家居控制主机、智能照明控制模块、智能窗帘、智能插座安装美观牢固(5分)(可酌情扣分,扣完为止); (3)接线应满足工艺要求,标识正确清楚,编制的线路标识对照表正确(10分)(可酌情扣分,扣完为止)。	20分

续表

序　号	考核内容	考核要点	配　分
3	智能家居控制主机的调试	(1)安装管理软件(10分); (2)设置智能家居控制主机IP(10分); (3)连接网络控制主机IP不与路由器IP冲突。(10分); (4)通过APP能控制照明、窗帘、插座(10分)。	40分
4	职业素养	(1)具备良好的安全用电意识,工具、仪表、材料、作品摆放不整齐、着装不整齐、规范,不穿戴相关防护用品等,每项扣2分; (2)具备较好的质量意识和标准意识,安装接线不符合相关作业规范、施工操作不按照相关行业标准进行,每项扣2分; (3)具备较好的成本节约意识与团队协作意识,安装接线过程中不注意节约线材,每项扣2分; (4)具有良好的工具使用和卫生清理习惯,作业完成后未清理、清扫工作现场扣5分。	20分

试题 H3-3-2:智能家居照明控制系统的安装与调试

(一)任务描述

某业主为了给自己提供一个舒适、安全、方便和高效的生活环境。要求在自家安装一套智能家居系统,现要求对智能家居照明控制系统进行现场的安装接线调试,并将需要安装的元器件安装在指定的区域上。

具体包括:

①用建筑电气CAD软件绘制出家居照明控制系统的接线图及端子说明,所绘制工程图以家居照明控制系统＋所抽具体工位号命名,保存在电脑桌面上。

②对智能家居家居照明控制系统与智能家居控制主机进行安装与接线,要求安装美观牢固,接线规范。

③将安装好的居家照明控制系统与智能家居控制主机进行设置调试控制。

要求:(a)设置智能开关地址码,实现与智能控制主机的组网连接;(b)设置就地控制、多点控制、遥控控制、远程控制照明设备的开关;(c)设置定时开关照明设备,要求每天的00:00-17:00定时关闭灯,17:00-00:00开启灯。

(二)实施条件

考核场地:模拟安装室一间,工位20个,每两个工位配置安装了AUTOCAD的电脑一台。

考点提供的材料、工具清单见表1和表2。

表1　材料清单表

序　号	名　称	单　位	数　量	备　注
1	智能家居控制主机	台	1	
2	日光灯	个	1	
3	智能开关	个	1	
4	BV 1＊1.0线缆	根	2	
5	辅材	批	1	

表2　工具清单表

序　号	名　称	单　位	数　量	
1	万用表	台	1	
2	螺丝刀	把	4	
3	螺丝刀	把	1	
4	尖嘴钳	把	1	

（三）考核时量

考试时间：90分钟。

（四）评分标准

序　号	考核内容	考核要点	配　分
1	家居照明控制系统接线图绘制	（1）标注出设备的主要端子说明（10分）（每少一个扣2分，扣完为止）； （2）使用CAD绘制设备端子接线图（10分）（每少一处扣2分，扣完为止）。	20分
2	家居照明控制系统的安装	（1）选用正确的安装工具（过程）（5分）（可酌情扣分，扣完为止）； （2）家居照明控制系统及智能家居控制主机安装应美观牢固（5分）（可酌情扣分，扣完为止）； （3）接线应满足工艺要求（10分）（可酌情扣分，扣完为止）。	20分
3	家居照明控制系统的调试	（1）设置智能开关地址码（10分）； （2）实现就地控制、多点控制、遥控控制、远程控制照明设备的开关（20分）（可酌情扣分，扣完为止）； （3）设置定时开关照明正确（10分）。	40分
4	职业素养	（1）具备良好的安全用电意识，工具、仪表、材料、作品摆放不整齐，着装不整齐、规范，不穿戴相关防护用品等，每项扣2分； （2）具备较好的质量意识和标准意识，安装接线不符合相关作业规范，施工操作不按照相关行业标准进行，每项扣2分； （3）具备较好的成本节约意识与团队协作意识，安装接线过程中不注意节约线材，每项扣2分； （4）具有良好的工具使用和卫生清理习惯，作业完成后未清理、清扫工作现场扣5分。	20分

试题H3-3-3：智能窗帘系统的安装与调试

（一）任务描述

某业主为了给自己提供一个舒适、安全、方便和高效的生活环境，要求在自家安装一套智能家居系统。现要求对智能窗帘系统进行现场的安装与调试，并将需要安装的元器件安装在指定的区域上。

具体包括：

①用建筑电气CAD软件绘制出智能窗帘系统接线图及端子说明，所绘制工程图以家居智能窗帘系统＋所抽具体工位号命名，保存在电脑桌面上。

②对智能家居智能窗帘系统及智能家居控制主机进行安装与接线，要求安装美观牢固，接线规范。

③将安装好的智能窗帘与控制主机进行调试控制。

要求：(a)设置智能开关地址码，实现与智能控制主机的组网连接；(b)设置就地手动控制、多点控制、遥控控制、远程控制窗帘的开关；(c)设置定时、温度和光度控制窗帘的开关，要求每天的8：00-12：00自动打开窗帘，温度达到26度时自动打开窗帘，天亮后自动打开窗帘。

（二）实施条件

考核场地：模拟安装室一间，工位20个，每两个工位配置安装了AUTOCAD的电脑一台，智能家居控制主机一台、家居照明控制系统、家居安防控控制系统、智能插座。

考点提供的材料、工具清单见表1和表2。

表1　材料清单表

序　号	名　称	单　位	数　量	备　注
1	智能家居控制主机	台	1	
2	智能窗帘电动机	台	1	
3	智能开关	个	1	
4	BV 1*1.0线缆	根	2	
5	辅材	批	1	

表2　工具清单表

序　号	名　称	单　位	数　量
1	万用表	台	1
2	螺丝刀	把	4
3	螺丝刀	把	1
4	尖嘴钳	把	1

（三）考核时量

考试时间：90分钟。

（四）评分标准

序　号	考核内容	考核要点	配　分
1	智能窗帘系统的接线图绘制	（1）标注出设备的主要端子说明（10分）（每少一个扣2分，扣完为止）； （2）使用CAD绘制设备端子接线图（10分）（每少一处扣2分，扣完为止）。	20分
2	智能窗帘系统的安装	（1）选用正确的安装工具（过程）（5分）（可酌情扣分，扣完为止）； （2）智能窗帘系统及智能控制主机安装应美观牢固（5分）（可酌情扣分，扣完为止）； （3）接线应满足工艺要求（10分）（可酌情扣分，扣完为止）。	20分
3	智能窗帘系统的调试	（1）设置智能开关地址码并与主机组网正确（10分）； （2）实现就地手动控制、多点控制、遥控控制、远程控制窗帘（20分）（可酌情扣分，扣完为止）； （3）可通过预设定时、温度和光度控制窗帘的开关（10分）（可酌情扣分，扣完为止）。	40分

续表

序 号	考核内容	考核要点	配 分
4	职业素养	（1）具备良好的安全用电意识，工具、仪表、材料、作品摆放不整齐，着装不整齐、规范，不穿戴相关防护用品等，每项扣2分； （2）具备较好的质量意识和标准意识，安装接线不符合相关作业规范，施工操作不按照相关行业标准进行，每项扣2分； （3）具备较好的成本节约意识与团队协作意识，安装接线过程中不注意节约线材，每项扣2分； （4）具有良好的工具使用和卫生清理习惯，作业完成后未清理、清扫工作现场扣5分。	20分

试题 H3-3-4：智能插座的安装与调试

（1）任务内容：

某业主为了给自己提供一个舒适、安全、方便和高效的生活环境，要求在自家安装一套智能家居系统。现要求对智能插座进行现场安装接线调试，并将需要安装的元器件安装在指定的区域上。

具体包括：

①用建筑电气CAD软件绘制出智能插座接线图及端子说明，所绘制工程图以家居智能插座＋所抽具体工位号命名，保存在电脑桌面上。

②对智能插座及智能家居控制主机进行安装与组网接线，要求安装美观牢固，接线规范。

③对安装好的智能插座进行设置调试控制。

要求：（a）正确设置智能开关地址码，并实现与智能控制主机的组网连接；（b）实现定时（每天的24:00自动断电，每天的6:00自动通电）、手动、远程控制智能插座的通断电功能；（c）实现智能插座计量功能。

（二）实施条件

考核场地：模拟安装室一间，工位16个，每两个工位配安装了建筑电气CAD的电脑一台，智能家居控制主机一台。

考点提供的材料、工具清单见表1和表2。

表1 材料清单表

序 号	名 称	单 位	数 量	备 注
1	智能插座	个	1	
2	智能家居控制主机	台	1	
3	辅材	批	1	

表2 工具清单表

序 号	名 称	单 位	数 量	
1	万用表	台	1	
2	螺丝刀	把	4	
3	尖嘴钳	把	1	

（三）考核时量

考试时间：90分钟。

（四）评分标准

序　号	考核内容	考核要点	教师考核评分
1	智能插座的接线图绘制	（1）标注出设备的主要端子说明（10分）（每少一个扣2分，扣完为止）； （2）使用 CAD 绘制设备端子接线图（10分）（每少一处扣2分，扣完为止）。	20分
2	智能插座的安装	（1）选用正确的安装工具（过程）（5分）（可酌情扣分，扣完为止）； （2）智能插座及智能控制主机安装应美观牢固（5分）（可酌情扣分，扣完为止）； （3）接线应满足工艺要求，标识正确（10分）（可酌情扣分，扣完为止）。	20分
3	智能插座的调试	（1）设置智能开关地址码，实现与主机的连接（10分）； （2）按要求实现定时、手动、远程控制智能插座的通断电功能（20分）（可酌情扣分，扣完为止）； （3）可实现智能插座计量功能（10分）（可酌情扣分，扣完为止）。	40分
4	职业素养	（1）具备良好的安全用电意识，工具、仪表、材料、作品摆放不整齐，着装不整齐、规范，不穿戴相关防护用品等，每项扣2分； （2）具备较好的质量意识和标准意识，安装接线不符合相关作业规范，施工操作不按照相关行业标准进行，每项扣2分； （3）具备较好的成本节约意识与团队协作意识，安装接线过程中不注意节约线材，每项扣2分； （4）具有良好的工具使用和卫生清理习惯，作业完成后未清理、清扫工作现场扣5分。	20分

项目四　智能广播与会议系统安装与调试

试题 H3-4-1：智能中央控制主机的安装与调试

（一）任务描述

给某在建住宅小区安装公共广播系统，要求可实现定时、分区、定节目及消防紧急广播等功能。现对该系统的智能中央控制主机进行现场安装接线调试，将需要安装的元器件安装在模拟墙面指定的区域上。

具体包括：

①用建筑电气 CAD 软件绘制出智能中央控制主机的端子接线图及其端子说明，所绘制的工程图以智能中央控制主机＋所抽具体工位号命名，保存在电脑桌面上。

②按图纸对智能中央控制主机及电源管理器、前置放大器、受控 DVD 播放器、受控调谐器、监听器、远程分控寻呼台、音箱、纯后级功放进行安装与接线，要求安装牢固，接线规范。

③将安装好的智能中央控制主机与电源管理器、前置放大器、受控 DVD 播放器、受控调谐器、监听器、远程分控寻呼台、音箱、纯后级功放进行调试控制。

要求：(a)编程自动播放程序,可定时(每天 8:00-8:30 播放)开启、关闭、自动播放音乐；(b)可分区播放音乐、通知、找人等寻呼功能；(c)紧急灾害发生时,系统可自动强行插入紧急广播。

(二)实施条件

考核场地：模拟安装室一间,工位 20 个,每个工位配置安装了建筑电气 CAD 的电脑一台。

考点提供的材料、工具清单见表 1 和表 2。

表 1　材料清单表

序　号	名　　称	单　位	数　量	备　注
1	智能中央控制主机	台	1	
2	电源管理器	台	1	
3	报警发生器	台	1	
4	前置放大器	台	1	
5	受控 DVD 播放器	台	1	
6	受控调谐器	台	1	
7	监听器	台	1	
8	纯后级功放	台	1	
9	远程分控寻呼台	台	1	
10	音箱	台	2	
11	辅材	批	1	

表 2　工具清单表

序　号	名　　称	单　位	数　量	
1	螺丝刀	把	4	大十字、小十字、大一字、小一字各一把
2	万用表	个	1	
3	尖嘴钳	把	1	

(三)考核时量

考试时间：90 分钟。

(四)评分标准

序　号	考核内容	考核要点	配　分
1	智能中央控制主机的图形绘制	(1)标注出设备的主要端子说明(10分)。每少一个扣2分,扣完为止； (2)使用 CAD 绘制设备端子接线图(10分)。每少一个扣2分,扣完为止。	20分
2	智能中央控制主机的安装与接线	(1)选用正确的安装工具(过程)(10分)； (2)智能中央控制主机安装牢固、符合规范(10分)； (3)接线应满足工艺要求(10分)。	30分
3	智能中央控制主机的调试	(1)编程自动播放程序,可定时开启、关闭、自动播放音乐(10分)； (2)可分区播放音乐、通知、找人等寻呼功能(10分)； (3)紧急灾害发生时,系统可自动强行插入紧急广播(10分)。	30分

续表

序　号	考核内容	考核要点	配　分
4	职业素养	(1)工具、仪表、材料、作品摆放不整齐,着装不整齐、不规范,每项扣2分; (2)作业完成后未清理、未清扫现场扣5分; (3)考核的过程中浪费耗材扣5分; (4)损坏工具、设备的扣20分; (5)不穿戴相关防护用品扣2分,发生安全事故本次考核不合格。	20分

试题 H3-4-2:前置放大器的安装与调试

(一)任务描述

给某在建住宅小区安装公共广播系统,要求可实现定时、分区、定节目及消防紧急广播等功能。现对该系统的前置放大器进行现场安装接线调试,将需要安装的元器件安装在模拟墙面指定的区域上。

具体包括:

①用建筑电气 CAD 软件绘制出前置放大器的端子接线图及端子说明,所绘制工程图以前置放大器+所抽具体工位号命名,保存在电脑桌面上。

②按图纸对前置放大器、纯后级功放与中央控制主机、电源管理器、受控 DVD 播放器、受控调谐器、监听器、远程分控寻呼台、音箱进行安装与接线。要求安装牢固,接线规范。

③将安装好的前置放大器与中央控制主机、电源管理器、受控 DVD 播放器、受控调谐器、监听器、远程分控寻呼台、音箱、纯后级功放进行调试控制。

要求:(a)可以通过前置放大器选择音源;(b)可以通过前置放大器的调节来修饰与美化声音。

(二)实施条件

考核场地:模拟安装室一间,工位 20 个,每个工位配置安装了 AUTOCAD 的电脑一台。

考点提供的材料、工具清单见表 1 和表 2。

表 1　材料清单表

序　号	名　　称	单　位	数　量	备　注
1	前置放大器	台	1	
2	电源管理器	台	1	
3	报警发生器	台	1	
4	智能中央控制主机	台	1	
5	受控 DVD 播放器	台	1	
6	受控调谐器	台	1	
7	监听器	台	1	
8	纯后级功放	台	1	
9	远程分控寻呼台	台	1	
10	音箱	台	2	
11	辅材	批	1	

表2 工具清单表

序 号	名 称	单 位	数 量	
1	螺丝刀	把	4	大十字、小十字、大一字、小一字各一把
2	万用表	个	1	
3	尖嘴钳	把	1	

（三）考核时量

考试时间：90分钟。

（四）评分标准

序 号	考核内容	考核要点	配 分
1	前置放大器的图形绘制	（1）标注设备主要端子说明（10分）；每少一个扣2分，扣完为止； （2）使用CAD绘制设备端子接线图（10分）每少一个扣2分，扣完为止。	20分
2	前置放大器的安装与接线	（1）选用正确的安装工具（过程）（10分）； （2）前置放大器安装牢固、符合规范（10分）； （3）接线应满足工艺要求（10分）。	30分
3	前置放大器的调试	（1）能通过前置放大器选择音源（15分）； （2）能通过前置放大器的调节来修饰与美化声音（15分）。	30分
4	职业素养	（1）工具、仪表、材料、作品摆放不整齐，着装不整齐、不规范，每项扣2分； （2）作业完成后未清理、未清扫现场扣5分； （3）考核的过程中浪费耗材扣5分； （4）损坏工具、设备的扣20分； （5）不穿戴相关防护用品扣2分，发生安全事故本次考核不合格。	20分

试题H3-4-3：纯后级功放的安装与调试

（一）任务描述

给某在建住宅小区安装公共广播系统，要求可实现定时、分区、定节目及消防紧急广播等功能。现对该系统的纯后级功放进行现场安装接线调试，将需要安装的元器件安装在模拟墙面指定的区域上。

具体包括：

①用建筑电气CAD软件绘制出纯后级功放的端子接线图及端子说明，所绘制工程图以智能纯后级功放＋所抽具体工位号命名，保存在电脑桌面上。

②按图纸对纯后级功放与中央控制主机、电源管理器、前置放大器、受控DVD播放器、受控调谐器、监听器、远程分控寻呼台、音箱进行安装与接线。要求安装牢固，接线规范。

③将安装好的纯后级功放与中央控制主机、电源管理器、前置放大器、受控DVD播放器、受控调谐器、监听器、远程分控寻呼台、音箱进行调试控制。

要求：通过对前置放大器的调节，保证纯后级功放性能完好、线路连接正常。

（二）实施条件

考核场地：模拟安装室一间，工位20个，每个工位配置安装了AUTOCAD的电脑一台。

考点提供的材料、工具清单见表1和表2。

表1　材料清单表

序　号	名　称	单　位	数　量	备　注
1	纯后级功放	台	1	
2	电源管理器	台	1	
3	报警发生器	台	1	
4	前置放大器	台	1	
5	受控DVD播放器	台	1	
6	受控调谐器	台	1	
7	监听器	台	1	
8	智能中央控制主机	台	1	
9	远程分控寻呼台	台	1	
10	音箱	台	2	
11	辅材	批	1	

表2　工具清单表

序　号	名　称	单　位	数　量	
1	螺丝刀	把	4	大十字、小十字、大一字、小一字各一把
2	万用表	个	1	
3	尖嘴钳	把	1	

(三)考核时量

考试时间:90分钟。

(四)评分标准

序　号	考核内容	考核要点	配　分
1	纯后级功放的图形绘制	(1)标注出设备的主要端子说明(10分)每少一个扣2分,扣完为止; (2)使用CAD绘制设备端子接线图(10分)每少一个扣2分,扣完为止;	20分
2	纯后级功放的安装与接线	(1)选用正确的安装工具(过程)(10分); (2)前置放大器安装牢固、符合规范(10分); (3)接线应满足工艺要求(10分)。	30分
3	纯后级功放的调试	通过对前置放大器的调节,确保纯后级功放功能完好、线路连接正常(30分)。	30分
4	职业素养	(1)工具、仪表、材料、作品摆放不整齐,着装不整齐、不规范,每项扣2分; (2)作业完成后未清理、未清扫现场扣5分; (3)考核的过程中浪费耗材扣5分; (4)损坏工具、设备的扣20分; (5)不穿戴相关防护用品扣2分,发生安全事故本次考核不合格。	20分

试题 H3-4-4：受控 DVD 播放器的安装与调试

（一）任务描述

给某在建住宅小区安装公共广播系统，要求可实现定时、分区、定节目及消防紧急广播等功能。现对该系统的受控 DVD 播放器进行现场安装接线调试，将需要安装的元器件安装在模拟墙面指定的区域上。

具体包括：

①用建筑电气 CAD 软件绘制出受控 DVD 播放器的端子接线图及端子说明，所绘制工程图以智能受控 DVD 播放器＋所抽具体工位号命名，保存在电脑桌面上。

②按图纸对受控 DVD 播放器、纯后级功放与中央控制主机、电源管理器、前置放大器、受控调谐器、监听器、远程分控寻呼台、音箱进行安装与接线。要求安装牢固，接线规范。

③将安装好的受控 DVD 播放器与中央控制主机、电源管理器、前置放大器、受控调谐器、监听器、远程分控寻呼台、音箱、纯后级功放进行调试控制。

要求：（a）受控 DVD 播放器能正常播放；（b）中控主机能控制受控 DVD 播放器的播放。

（二）实施条件

考核场地：模拟安装室一间，工位 16 个，每个工位配置安装了建筑电气 CAD 电脑一台。

考点提供的材料、工具清单见表 1 和表 2。

表 1　材料清单表

序 号	名　称	单 位	数 量	备 注
1	智能中央控制主机	台	1	
2	电源管理器	台	1	
3	报警发生器	台	1	
4	前置放大器	台	1	
5	受控 DVD 播放器	台	1	
6	受控调谐器	台	1	
7	监听器	台	1	
8	纯后级功放	台	1	
9	远程分控寻呼台	台	1	
10	音箱	台	2	
11	辅材	批	1	

表 2　工具清单表

序 号	名　称	单 位	数 量	
1	螺丝刀	把	4	大十字、小十字、大一字、小一字各一把
2	万用表	个	1	
3	尖嘴钳	把	1	

（三）考核时量

考试时间：90 分钟。

（四）评分标准

序号	考核内容	考核要点	配分
1	受控DVD播放器的图形绘制	(1)标注出设备的主要端子说明(10分)每少一个扣2分,扣完为止; (2)使用CAD绘制设备端子接线图(10分)每少一个扣2分,扣完为止。	20分
2	受控DVD播放器的安装与接线	(1)选用正确的安装工具(过程)(10分); (2)前置放大器安装牢固,符合规范(10分); (3)接线应满足工艺要求(10分)。	30分
3	受控DVD播放器的调试	(1)受控DVD播放器能正常播放(15分); (2)中控主机能控制受控DVD播放器的播放(15分)。	30分
4	职业素养	(1)工具、仪表、材料、作品摆放不整齐,着装不整齐、不规范,每项扣2分; (2)作业完成后未清理、未清扫现场扣5分; (3)考核的过程中浪费耗材扣5分; (4)损坏工具、设备的扣20分; (5)不穿戴相关防护用品扣2分,发生安全事故本次考核不合格。	20分

试题 H3-4-5:远程分控寻呼台的安装与调试

(一)任务描述

给某在建住宅小区安装公共广播系统,要求可实现定时、分区、定节目及消防紧急广播等功能。现对该系统的远程分控寻呼台进行现场安装接线调试,将需要安装的元器件安装在模拟墙面指定的区域上。

具体包括:

①用建筑电气CAD软件绘制出远程分控寻呼台的端子接线图及端子说明,所绘制工程图以远程分控寻呼台+所抽具体工位号命名,保存在电脑桌面上。

②按图纸对远程分控寻呼台、纯后级功放与中央控制主机、电源管理器、前置放大器、受控DVD播放器、受控调谐器、监听器、音箱进行安装与接线。要求安装牢固,接线规范。

③将安装好的远程分控寻呼台与中央控制主机、电源管理器、前置放大器、受控DVD播放器、受控调谐器、监听器、音箱、纯后级功放进行调试控制。

要求:(a)编程自动播放程序,可定时开启、关闭、自动播放音乐;(b)可分区播放音乐、通知、找人等寻呼功能;(c)紧急灾害发生时,系统可自动强行插入紧急广播。

(二)实施条件

考核场地:模拟安装室一间,工位20个,每个工位配置安装了建筑电气CAD的电脑一台。

考点提供的材料、工具清单见表1和表2。

表1 材料清单表

序号	名称	单位	数量	备注
1	远程分控寻呼台	台	1	
2	智能中央控制主机	台	1	
3	报警发生器	台	1	
4	前置放大器	台	1	
5	受控DVD播放器	台	1	
6	受控调谐器	台	1	

续表

序 号	名 称	单 位	数 量	备 注
7	监听器	台	1	
8	纯后级功放	台	1	
9	电源管理器	台	1	
10	音箱	台	2	
11	辅材	批	1	

表 2　工具清单表

序 号	名 称	单 位	数 量	
1	螺丝刀	把	4	大十字、小十字、大一字、小一字各一把
2	万用表	个	1	
3	尖嘴钳	把	1	

（三）考核时量

考试时间：90分钟。

（四）评分标准

序 号	考核内容	考核要点	配 分
1	远程分控寻呼台的图形绘制	（1）标注出设备的主要端子说明（10分）每少一个扣2分，扣完为止； （2）使用CAD绘制设备端子接线图（10分）每少一个扣2分，扣完为止。	20分
2	远程分控寻呼台的安装与接线	（1）选用正确的安装工具（过程）（10分）； （2）前置放大器安装牢固，符合规范（10分）； （3）接线应满足工艺要求（10分）。	30分
3	远程分控寻呼台的调试	（1）可以实现全区或分区进行讲话（15分）； （2）可实现分控功能（15分）。	30分
4	职业素养	（1）工具、仪表、材料、作品摆放不整齐，着装不整齐、不规范，每项扣2分； （2）作业完成后未清理、未清扫现场扣5分； （3）考核的过程中浪费耗材扣5分； （4）损坏工具、设备的扣20分； （5）不穿戴相关防护用品扣2分，发生安全事故本次考核不合格。	20分

试题 H3-4-6：电源管理器的安装与调试

（一）任务描述

给某在建住宅小区安装公共广播系统，要求可实现定时、分区、定节目及消防紧急广播等功能。现对该系统的智能电源管理器进行现场安装接线调试，将需要安装的元器件安装在模拟墙面指定的区域上。

具体包括：

①用建筑电气CAD软件绘制出电源管理器的端子接线图及端子说明，所绘制工程图以电源管理器＋所抽具体工位号命名，保存在电脑桌面上。

②按图纸对电源管理器、纯后级功放与中央控制主机、前置放大器、受控 DVD 播放器、受控调谐器、监听器、远程分控寻呼台、音箱进行安装与接线。要求安装牢固，接线规范。

③将安装好的电源管理器与中央控制主机、前置放大器、受控 DVD 播放器、受控调谐器、监听器、远程分控寻呼台、音箱、纯后级功放进行调试控制。

要求：(a)能对电源管理器进行编程；(b)可以设置每路电源的输出时间和停止时间。

（二）实施条件

考核场地：模拟安装室一间，工位 20 个，每个工位配置安装了 AUTOCAD 的电脑一台。

考点提供的材料工具清单见表 1 和表 2。

表 1 材料清单表

序　号	名　称	单　位	数　量	备　注
1	电源管理器	台	1	
2	智能中央控制主机	台	1	
3	报警发生器	台	1	
4	前置放大器	台	1	
5	受控 DVD 播放器	台	1	
6	受控调谐器	台	1	
7	监听器	台	1	
8	纯后级功放	台	1	
9	远程分控寻呼台	台	1	
10	音箱	台	2	
11	辅材	批	1	

表 2 工具清单表

序　号	名　称	单　位	数　量	
1	螺丝刀	把	4	大十字、小十字、大一字、小一字各一把
2	万用表	个	1	
3	尖嘴钳	把	1	

（三）考核时量

考试时间：90 分钟。

（四）评分标准

序　号	考核内容	考核要点	配　分
1	电源管理器的图形绘制	(1)标注出设备的主要端子说明(10 分)每少一个扣 2 分，扣完为止； (2)使用 CAD 绘制设备端子接线图(10 分)每少一个扣 2 分，扣完为止。	20 分
2	电源管理器的安装与接线	(1)选用正确的安装工具(过程)(10 分)； (2)前置放大器安装牢固，符合规范(10 分)； (3)接线应满足工艺要求(10 分)。	30 分
3	电源管理器的调试	(1)能对电源管理器进行编程(15 分)； (2)可以设置每路电源的输出时间和停止时间(15 分)。	30 分

续表

序　号	考核内容	考核要点	配　分
4	职业素养	（1）工具、仪表、材料、作品摆放不整齐，着装不整齐、不规范，每项扣2分； （2）作业完成后未清理、未清扫现场扣5分； （3）考核的过程中浪费耗材扣5分； （4）损坏工具、设备的扣20分； （5）不穿戴相关防护用品扣2分，发生安全事故本次考核不合格。	20分

试题 H3-4-7：受控调谐器的安装与调试

（一）任务描述

给某在建住宅小区安装公共广播系统，要求可实现定时、分区、定节目及消防紧急广播等功能。现对该系统的智能受控调谐器进行现场安装接线调试，将需要安装的元器件安装在模拟墙面指定的区域上。

具体包括：

①用建筑电气 CAD 软件绘制出受控调谐器的端子接线图及端子说明，所绘制工程图以受控调谐器＋所抽具体工位号命名，保存在电脑桌面上。

②按图纸对受控调谐器、纯后级功放与中央控制主机、电源管理器、前置放大器、受控DVD 播放器、监听器、远程分控寻呼台、音箱进行安装与接线。要求安装牢固，接线规范。

③将安装好的受控调谐器与中央控制主机、电源管理器、前置放大器、受控 DVD 播放器、监听器、远程分控寻呼台、音箱、纯后级功放进行调试控制。

要求：(a)可以调节受控调谐器的地址编码；(b)可以自动或手动搜台并存储；(c)智能中央控制主机能够控制受控调谐器。

（二）实施条件

考核场地：模拟安装室一间，工位 20 个，每个工位配置安装了 AUTOCAD 的电脑一台。

考点提供的材料、工具清单见表 1 和表 2。

表 1　材料清单表

序　号	名　称	单　位	数　量	备　注
1	受控调谐器	台	1	
2	电源管理器	台	1	
3	报警发生器	台	1	
4	前置放大器	台	1	
5	受控 DVD 播放器	台	1	
6	智能中央控制主机	台	1	
7	监听器	台	1	
8	纯后级功放	台	1	
9	远程分控寻呼台	台	1	
10	音箱	台	2	
11	辅材	批	1	

表 2　工具清单表

序　号	名　　称	单　位	数　量	
1	螺丝刀	把	4	大十字、小十字、大一字、小一字各一把
2	万用表	个	1	
3	尖嘴钳	把	1	

（三）考核时量

考试时间：90 分钟。

（四）评分标准

序　号	考核内容	考核要点	配　分
1	受控调谐器的图形绘制	（1）标注出设备的主要端子说明（10 分）每少一个扣 2 分，扣完为止； （2）使用 CAD 绘制设备端子接线图（10 分）每少一个扣 2 分，扣完为止。	20 分
2	受控调谐器的安装与接线	（1）选用正确的安装工具（过程）（10 分）； （2）前置放大器安装牢固、符合规范（10 分）； （3）接线应满足工艺要求（10 分）。	30 分
3	受控调谐器的调试	（1）能调节受控调谐器的地址编码（10 分）； （2）可以自动或手动搜台并存储（10 分）； （3）智能中央控制主机能够控制受控调谐器（10 分）。	30 分
4	职业素养	（1）工具、仪表、材料、作品摆放不整齐，着装不整齐、不规范，每项扣 2 分； （2）作业完成后未清理、未清扫现场扣 5 分； （3）考核的过程中浪费耗材扣 5 分； （4）损坏工具、设备的扣 20 分； （5）不穿戴相关防护用品扣 2 分，发生安全事故本次考核不合格。	20 分

试题 H3-4-8：监听器的安装与调试

（一）任务描述

给某在建住宅小区安装公共广播系统，要求可实现定时、分区、定节目及消防紧急广播等功能。现对该系统的监听器进行现场安装接线调试，将需要安装的元器件安装在模拟墙面指定的区域上。

具体包括：

①用建筑电气 CAD 软件绘制出监听器的端子接线图及端子说明，所绘制工程图以监听器＋所抽具体工位号命名，保存在电脑桌面上。

②按图纸对监听器、纯后级功放与中央控制主机、电源管理器、前置放大器、受控 DVD 播放器、受控调谐器、远程分控寻呼台、音箱进行安装与接线。要求安装牢固，接线规范。

③将安装好的监听器与中央控制主机、电源管理器、前置放大器、受控 DVD 播放器、受控调谐器、远程分控寻呼台、音箱、纯后级功放进行调试控制。

要求：(a)能监听到广播系统的播放声音；(b)能调节监听器的音量器；(c)能够实现全区、分区或多区监听。

(二)实施条件

考核场地:模拟安装室一间,工位20个,每个工位配置安装了建筑电气CAD的电脑一台。考点提供的材料、工具清单见表1和表2。

表1　材料清单表

序　号	名　　　称	单　位	数　量	备　　注
1	监听器	台	1	
2	智能中央控制主机	台	1	
3	报警发生器	台	1	
4	前置放大器	台	1	
5	受控DVD播放器	台	1	
6	受控调谐器	台	1	
7	电源管理器	台	1	
8	纯后级功放	台	1	
9	远程分控寻呼台	台	1	
10	音箱	台	2	
11	辅材	批	1	

表2　工具清单表

序　号	名　　　称	单　位	数　量	
1	螺丝刀	把	4	大十字、小十字、大一字、小一字各一把
2	万用表	个	1	
3	尖嘴钳	把	1	

(三)考核时量

考试时间:90分钟。

(四)评分标准

序　号	考核内容	考核要点	配　分
1	监听器的图形绘制	(1)标注出设备的主要端子说明(10分)每少一个扣2分,扣完为止; (2)使用CAD绘制设备端子接线图(10分)每少一个扣2分,扣完为止。	20分
2	监听器的安装与接线	(1)选用正确的安装工具(过程)(10分); (2)前置放大器安装牢固、符合规范(10分); (3)接线应满足工艺要求(10分)。	30分
3	监听器的调试	(1)能监听到广播系统的播放声音(10分); (2)能够调节监听器的音量(10分); (3)能够实现全区、分区或多区监听(10分)。	30分

续表

序 号	考核内容	考核要点	配 分
4	职业素养	(1)工具、仪表、材料、作品摆放不整齐,着装不整齐、不规范,每项扣2分; (2)作业完成后未清理、未清扫现场扣5分; (3)考核的过程中浪费耗材扣5分; (4)损坏工具、设备的扣20分; (5)不穿戴相关防护用品扣2分,发生安全事故本次考核不合格。	20分

试题 H3-4-9：音箱的安装与调试

(一)任务描述

给某在建住宅小区安装公共广播系统,要求可实现定时、分区、定节目及消防紧急广播等功能。现对该系统的监听器进行现场安装接线调试,将需要安装的元器件安装在模拟墙面指定的区域上。

具体包括:

①用建筑电气CAD软件绘制出监听器的端子接线图及端子说明,所绘制工程图以监听器＋所抽具体工位号命名,保存在电脑桌面上。

②按图纸对纯后级功放与中央控制主机、电源管理器、前置放大器、受控DVD播放器、受控调谐器、监听器、远程分控寻呼台、音箱进行安装与接线。要求安装牢固,接线规范。

③将安装好的监听器与中央控制主机、电源管理器、前置放大器、受控DVD播放器、受控调谐器、监听器、远程分控寻呼台、纯后级功放进行调试控制。

要求:(a)能调节音箱的音量(要求不影响人们正常通话);(b)能全区或分区进行音乐播放。

(二)实施条件

考核场地:模拟安装室一间,工位20个,每个工位配置安装了建筑电气CAD的电脑一台。

考点提供的材料、工具清单见表1和表2。

表1 材料清单表

序 号	名 称	单 位	数 量	备 注
1	草地音箱	台	1	
2	壁挂音箱	台	1	
3	智能中央控制主机	台	1	
4	电源管理器	台	1	
5	报警发生器	台	1	
6	前置放大器	台	1	
7	受控DVD播放器	台	1	
8	受控调谐器	台	1	
9	监听器	台	1	
10	纯后级功放	台	1	
11	远程分控寻呼台	台	1	
12	辅材	批	1	

表 2　工具清单表

序　号	名　称	单　位	数　量	
1	螺丝刀	把	4	大十字、小十字、大一字、小一字各一把
2	万用表	个	1	
3	铁锤	把	1	
4	扳手	把	1	
5	尖嘴钳	把	1	

（三）考核时量

考试时间：90分钟。

（四）评分标准

序　号	考核内容	考核要点	配　分
1	音箱的图形绘制	（1）标注出设备的主要端子说明（10分）每少一个扣2分，扣完为止。 （2）使用CAD绘制设备端子接线图（10分）每少一个扣2分，扣完为止。	20分
2	音箱的安装与接线	（1）选用正确的安装工具（过程）（10分）； （2）前置放大器安装牢固、符合规范（10分）； （3）接线应满足工艺要求（10分）。	30分
3	音箱的调试	（1）能调节音箱的音量（要求不影响人们正常通话）（15分）； （2）能全区或分区进行音乐播放（15分）。	30分
4	职业素养	（1）工具、仪表、材料、作品摆放不整齐，着装不整齐、不规范，每项扣2分； （2）作业完成后未清理、未清扫现场扣5分； （3）考核的过程中浪费耗材扣5分； （4）损坏工具、设备的扣20分； （5）不穿戴相关防护用品扣2分，发生安全事故本次考核不合格。	20分

试题 H3-4-10：数字会议主机的安装与调试

（一）任务描述

某学校为满足现代会议的要求，给学校一会议室配置安装数字会议系统。包括数字会议讨论系统、扩声系统，视频系统。现对该系统的主机进行现场安装接线调试，将需要安装的元器件安装在模拟墙面指定的区域上。

具体包括：

①用建筑电气CAD软件绘制出数字会议主机的端子接线图及端子说明，所绘制工程图以数字会主机＋所抽具体工位号命名，保存在电脑桌面上。

②按图纸对数字会议主机与调音台、主席单元、代表单元、音响、功放进行安装与接线。要求安装牢固，接线规范。

③将安装好的数字会议主机与调音台、主席单元、代表单元、音响、功放进行调试控制。

要求：（a）正确设置讨论系统设备地址，实现与主网相关设备的连接；（b）可以设置话筒的管理模式。

（二）实施条件

考核场地：模拟安装室一间，工位 20 个，每个工位配置安装了建筑电气 CAD 的电脑一台。考点提供的材料、工具清单见表 1 和表 2。

表 1　材料清单表

序　号	名　　称	单　位	数　量	备　注
1	数字会议主机	台	1	
2	调音台	台	1	
3	主席单元	台	1	
4	代表单元	台	1	
5	功放	台	1	
6	音响	台	1	
7	辅材	批	1	

表 2　工具清单表

序　号	名　　称	单　位	数　量	
1	螺丝刀	把	4	大十字、小十字、大一字、小一字各一把
2	万用表	个	1	
3	尖嘴钳	把	1	

（三）考核时量

考试时间：90 分钟。

（四）评分标准

序　号	考核内容	考核要点	配　分
1	数字会议主机的图形绘制	（1）标注出设备的主要端子说明（10 分）每少一个扣 2 分，扣完为止； （2）使用 CAD 绘制设备端子接线图（10 分）每少一个扣 2 分，扣完为止。	20 分
2	数字会议主机的安装与接线	（1）选用正确的安装工具（过程）（10 分）； （2）前置放大器安装牢固、符合规范（10 分）； （3）接线应满足工艺要求（10 分）。	30 分
3	数字会议主机的调试	（1）正确设置讨论系统设备地址，实现与主网相关设备的连接（15 分）； （2）正确设置话筒的管理模式（15 分）。	30 分
4	职业素养	（1）工具、仪表、材料、作品摆放不整齐，着装不整齐、不规范，每项扣 2 分； （2）作业完成后未清理、未清扫现场扣 5 分； （3）考核的过程中浪费耗材扣 5 分； （4）损坏工具、设备的扣 20 分； （5）不穿戴相关防护用品扣 2 分，发生安全事故本次考核不合格。	20 分

模块四　施工组织与管理

项目一　工程施工组织与管理

试题 H4-1-1：施工组织管理 1

（一）任务描述

某项目经理部承包了一幢房屋建筑工程，在编制施工项目管理实施规划中，绘制了安全标志布置平面图。项目负责人审批时，项目负责人为了考核编制者的安全知识，向编制人提出了下列问题：①安全警示牌由什么构成？②安全色有哪几种，分别代表什么意思？③安全警示标志怎样构成？④设置安全警示标志的"口"有哪几个？

同时指出了该图存在的两个重要问题：第一，编制人员只编制了一次性的图；第二，该图与施工平面图有矛盾。

①回答项目负责人提出的各项问题。

②为什么只编制一次性的安全标志布置平面图？存在什么问题？

③项目负责人提出的该安全标志平面图与施工平面图有矛盾，说明编制人忽略了一个什么环节？

（二）实施条件

考核场地：模拟安装室一间，工位 20 个，每个工位配置电脑 1 台。

材料：纸，笔。

（三）考核时量

考试时间：90 分钟。

（四）评分标准

序　号	考核内容	考核要点	配　分
1	安全知识	（1）正确回答安全警示牌的构成（10 分，少一项扣 2 分，扣完为止）； （2）正确回答安全色的种类（10 分，少一项扣 2 分，扣完为止）； （3）正确回答安全标志的组成（10 分，少一项扣 2 分，扣完为止）； （4）正确回答安全警示标志的"口"有几个（10 分，少一项扣 2 分，扣完为止）。	40 分
2	安全标志布置平面图	正确回答只编制一次性的安全标志布置平面图存在的问题。	20 分
3	安全标志平面图	正确回答安全标志平面图与施工平面图编制时要注意的问题。	20 分
4	职业素养	（1）具备全局观念，具有标准意识和质量意识，严格遵循相关规范和标准（未按标准操作可酌情扣分，扣完为止）； （2）文字、图表作业字迹工整，填写规范，不合要求每处扣 2 分； （3）具有团队协作的精神，严谨、耐心、细致的工作作风（可酌情扣分，扣完为止）； （4）具有严肃认真、规范高效的工作态度和良好的敬业诚信的职业道德观（可酌情扣分，扣完为止）； （5）作业完成后未清理、清扫工作现场扣 5 分； （6）严格遵守考场纪律；考生发生严重违规操作或作弊，取消考生成绩。	20 分

试题 H4-1-2：施工组织管理 2

（一）任务描述

A、B 两栋相同的住宅项目，总建筑面积 86 000m²。施工时分 A、B 分区，项目经理下分设两名栋号经理，每人负责一个分区，每个分区又安排了一名专职安全员。项目经理认为，由栋号经理负责每个栋号的安全生产，自己就可以不问安全的事了。

A 区地下一层结构施工时，业主修改首层为底商，因此监理工程师通知地下 1 层顶板不能施工，但是墙柱可以施工。为了减少人员窝工，项目经理安排劳务分包 200 人退场，向 B 区转移剩余人员 50 人。A 区墙柱施工完成后 3 个月复工，项目经理又安排 200 人进场。向业主索赔时，业主说，A 区虽然停工了，但是 B 区还在施工，也没有人员窝工，因此只同意 A 区工期延长 3 个月。

工程竣工后，项目经理要求质量监督站组织竣工验收。

①该项目经理对安全的看法是否正确？为什么。

②业主对索赔的说法是否正确？施工单位在 A 区停工期间可索赔哪些费用？

③项目经理向质量监督站要求竣工验收的做法是否恰当？为什么？

（二）实施条件

模拟安装室一间，工位 20 个，每个工位配置电脑 1 台。

材料：纸，笔。

（三）考核时量

考试时间：90 分钟。

（四）评分标准

序　号	考核内容	考核要点	配　分
1	安全生产	（1）正确回答项目经理对安全的看法是否正确（5 分，答错不给分）； （2）正确回答项目负责人对项目安全施工的责任（25 分）。	30 分
2	索赔	（1）正确回答业主对索赔的说法是否正确（5 分，答错不给分）； （2）正确回答施工单位在 A 区停工期间可索赔的费用（25 分，少一项扣 3 分，扣完为止）。	30 分
3	施工管理	（1）正确回答项目经理向质量监督站要求竣工验收的做法是否恰当（5 分，答错不给分）； （2）正确说明原因（15 分）。	20 分
4	职业素养	（1）具备全局观念，具有标准意识和质量意识，严格遵循相关规范和标准（未按标准操作可酌情扣分，扣完为止）； （2）文字、图表作业字迹工整，填写规范，不合要求每处扣 2 分； （3）具有团队协作的精神，严谨、耐心、细致的工作作风（可酌情扣分，扣完为止）； （4）具有严肃认真、规范高效的工作态度和良好的敬业诚信的职业道德观（可酌情扣分，扣完为止）； （5）作业完成后未清理、清扫工作现场扣 5 分； （6）严格遵守考场纪律；考生发生严重违规操作或作弊，取消考生成绩。	20 分

试题 H4-1-3：施工组织管理 3

（一）任务描述

某开发商拟建一个大型群体工程，其占地东西长 400m，南北宽 200m。其中，有一栋高层住宅，是结构为 25 层大模板全现浇钢筋混凝土塔楼结构，使用两台塔式起重机。设环形道路，沿路布置临时用水和临时用电，不设生活区，不设搅拌站，不熬制沥青。

①施工平面图的设计原则是什么？

②进行塔楼施工平面设计图设计时，以上设施布置的先后顺序是什么？

③如果布置供水，需要考虑哪些用水？

④按现场的环境保护要求，晚 10 点至晨 6 时，对噪声施工有哪些限制？

（二）实施条件

考核场地：模拟安装室一间，工位 20 个，每个工位配置电脑 1 台。

材料：纸，笔。

（三）考核时量

考试时间：90 分钟。

（四）评分标准

序 号	考核内容	考核要点	配 分
1	施工平面图的设计原则	正确回答施工平面图的设计原则（20 分，少一项扣 3 分，扣完为止）。	20 分
2	施工平面图	正确回答施工平面图的布置顺序（20 分，错一项扣 2 分，扣完为止）。	20 分
3	施工用水	正确回答用水种类（20 分，少一项扣 3 分，扣完为止）。	20 分
4	施工噪声限制	正确回答噪声施工限制相关要求（20 分，少一项扣 3 分，扣完为止）。	20 分
6	职业素养	（1）具备全局观念，具有标准意识和质量意识，严格遵循相关规范和标准（未按标准操作可酌情扣分，扣完为止）； （2）文字、图表作业字迹工整，填写规范，不合要求每处扣 2 分； （3）具有团队协作的精神，严谨、耐心、细致的工作作风（可酌情扣分，扣完为止）； （4）具有严肃认真、规范高效的工作态度和良好的敬业诚信的职业道德观（可酌情扣分，扣完为止）； （5）作业完成后未清理、清扫工作现场扣 5 分； （6）严格遵守考场纪律；考生发生严重违规操作或作弊，取消考生成绩。	20 分

试题 H4-1-4：施工组织管理 4

（一）任务描述

某项目经理为规范管理，对现场管理进行了科学规划。规划中明确提出了现场管理的目的、依据和总体要求，对规范场容、环境保护和卫生防疫作出了详细的设计。以施工平面图为依据加强场容管理，对各种可能造成污染的问题，均提出了防范措施，卫生防疫设施齐全。

①施工现场管理和规范场容最主要的依据是什么？谁是现场文明施工的第一责任人？

②施工现场入口处设立的"五牌"和"两图"指的是什么？

③现场管理对医务方面的要求是什么？

（二）实施条件

考核场地：模拟安装室一间，工位 20 个，每个工位配置电脑 1 台。

材料：纸，笔。

（三）考核时量

考试时间：90 分钟。

（四）评分标准

序 号	考核内容	考核要点	配 分
1	文明施工	(1)正确回答施工现场管理和规范场容的依据(15 分)； (2)正确回答现场文明施工的第一责任人(15 分)。	30 分
2	施工现场管理	(1)正确回答施工现场入口处设立的"五牌"(15 分，少一项扣 3 分，扣完为止)； (2)正确回答施工现场入口处设立的"两图"(15 分，少一项扣 5 分，扣完为止)。	30 分
3	施工现场对医务管方面的要求	正确回答现场管理对医务方面的要求。	20 分
4	职业素养	(1)具备全局观念，具有标准意识和质量意识，严格遵循相关规范和标准(未按标准操作可酌情扣分，扣完为止)； (2)文字、图表作业字迹工整，填写规范，不合要求每处扣 2 分； (3)具有团队协作的精神，严谨、耐心、细致的工作作风(可酌情扣分，扣完为止)； (4)具有严肃认真、规范高效的工作态度和良好的敬业诚信的职业道德观(可酌情扣分，扣完为止)； (5)作业完成后未清理、清扫工作现场扣 5 分； (6)严格遵守考场纪律；考生发生严重违规操作或作弊，取消考生成绩。	20 分

模块五　智能化系统综合设计与装调

项目一　智能化系统综合设计

试题 H5-1-1：某新建教学办公楼综合布线系统工程设计

（一）任务描述

某四层教学办公楼，教学办公在同一楼内，包含 6 个计算机教室与若干办公室、设备间、阅览室等。分布情况如附图 1 所示。其中甲方需求如下：

①设计标准应符合 GB50311—2007《综合布线系统工程设计规范》。

②每层 2 个计算机教室每个教室 40 个点，铺装防静电地板，管线地板下暗铺。

③主干线采用光纤铺设，教学网络和办公网络分开铺设，申请电信光纤各 20 兆。（申请电

信光纤不计入施工成本,施工部分由电信公司负责完成。)

④水平布线采用超五类线铺设,工作区采用面板模块化端接结构。

⑤每个办公室至少两个信息点,每层阅览室至少 10 个信息点,会议室可以采用有线或无线的布线方式,信息点数不少于 16 个。

⑥要有较好的系统图,施工图。

现需要对该楼进行设计。不设标的额,根据实际情况学生自行选择设备布线。该建筑语音和数据分开布线,此次只做数据布线部分。具体设计要求如下:

①按客户需求,在建筑平面附图 1 中画出合理的信息点位置,并对各信息点进行编号。

②在附图 1 中画出信息点走线图,标出机柜所在位置,管槽规格等。

③完成系统图的设计。

④完成办公楼信息点的点数统计。

⑤制作设备清单表,应包括品牌、型号、数量、价格等。

⑥将完成的设计文档资料保存在"E:\ 综合布线工程设计"中。

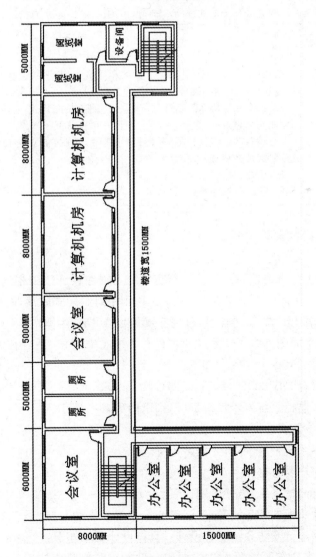

图1　教学办公楼平面图(共四层,每层结构相同)

（二）实施条件

装有相关办公软件及 CAD 软件的电脑。

（三）考核时量

考试时间：120 分钟。

（四）评分标准

序　号	考核内容	考核要点	配　分
1	信息点统计与编号	（1）按客户需求，在建筑平面附图 1 中画出合理的信息点位置，并对信息点进行编号。15 分（可酌情扣分，扣完为止）； （2）完成办公楼信息点的点数统计，并做好信息点统计表。15 分（可酌情扣分，扣完为止）。	30 分
2	图纸的设计与绘制	（1）正确熟练使用 CAD 软件绘图。10 分（可酌情扣分，扣完为止）； （2）在附图 1 中画出信息点走线图，标出机柜所在位置，管槽规格等。10 分（可酌情扣分，扣完为止）； （3）完成系统图的设计。10 分（可酌情扣分，扣完为止）。	30 分
3	设备清单编制	制作设备清单表，应包括品牌、型号、数量、价格等 20 分（要求的项目，每少一项，扣 3～5 分，扣完为止）	20 分
4	职业素养	（1）具备全局观念，具有标准意识和质量意识，严格遵循相关设计规范和标准（可酌情扣分，扣完为止）； （2）具有团队协作的精神，严谨、耐心、细致的工作作风（可酌情扣分，扣完为止）； （3）具有严肃认真、规范高效的工作态度和良好的敬业诚信的职业道德观（可酌情扣分，扣完为止）； （4）作业完成后未清理、清扫工作现场扣 5 分。考生发生严重违规操作或作弊，取消考生成绩。	20 分

试题 H5-1-2：某别墅安防系统工程设计

（一）任务描述

某新建别墅，业主在入住前对别墅进行安防系统工程建设。该工程只对一层及别墅院落进行安防设计，二层以上不进行安防设计、施工。该别墅有封闭式院落，院落成长方形，东西长 60 米，南北宽 40 米，院落大门朝向正西，别墅东侧距墙 10 米，西侧距院门 19 米，南北两侧距院墙等宽，别墅一层平面图如图 1 所示。业主只有周末才来居住，平时有保姆居住，因此安防设施的建设至关重要。其中业主需求如下：

①设计标准应符合 GB50395—2007《安防设计规范》。

②庭院闭路电视监控系统要求没有盲区，别墅内部各主要出入口及客厅要有闭路电视监控系统的覆盖，重要位置应能遥控摄像头。

③院墙要有周界系统，并配有声光报警系统。

④别墅的主要窗户要有幕帘系统。

⑤庭院大门要有门禁系统，方便鉴别访客。

⑥设备间要设计监视器背景墙，影像资料能保存 1 个月以上。

现需要对该别墅进行安防系统工程设计。具体设计要求如下：

①按客户需求，在建筑平面附图 1 中画出合理的安防信息点位置，并对安防信息点进行

编号。

②在附图 1 中画出安防信息点走线图,标出机柜所在位置,管槽规格等。

③按业主需求完成系统图的配置与设计。

④能体现设计的优点,符合业主要求,力求美观,设施隐蔽。

⑤制作设备清单表,应包括品牌、型号、数量、价格等。

⑥将完成的设计文档资料保存在"E:\ 安防系统工程设计"中。

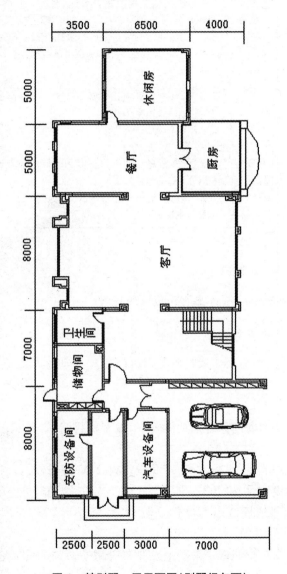

图 1 某别墅一层平面图(别墅门向西)

(二)实施条件

装有相关办公软件及 CAD 软件的电脑。

(三)考核时量

考试时间:120 分钟。

(四)评分标准

序　号	考核内容	考核要点	配　分
1	安防各类信息点统计与编号	(1)按客户需求,在建筑平面附图1中画出合理的安防信息点位置,并对安防信息点进行编号。15分(可酌情扣分,扣完为止); (2)完成安防信息点的点数统计,并做好信息点统计表。15分(可酌情扣分,扣完为止)。	30分
2	图纸的设计与绘制	(1)正确熟练使用CAD软件绘图。10分(可酌情扣分,扣完为止); (2)在附图1中画出信息点走线图,标出机柜所在位置,管槽规格等。10分(可酌情扣分,扣完为止); (3)按要求完成系统图的设计。10分(可酌情扣分,扣完为止)。	30分
3	设备清单编制	制作设备清单表,应包括品牌、型号、数量、价格等20分(要求的项目,每少一项,扣3~5分,扣完为止)。	20分
4	职业素养	(1)具备全局观念,具有标准意识和质量意识,严格遵循相关设计规范和标准(可酌情扣分,扣完为止); (2)具有团队协作的精神,严谨、耐心、细致的工作作风(可酌情扣分,扣完为止); (3)具有严肃认真、规范高效的工作态度和良好的敬业诚信的职业道德观(可酌情扣分,扣完为止); (4)作业完成后未清理、清扫工作现场扣5分。考生发生严重违规操作或作弊,取消考生成绩。	20分

项目二　智能化系统综合装调

试题H5-2-1:某住宅对讲门禁及室内安防系统装调

(一)任务描述

现有一栋民用住宅,甲方要求通过安装对讲门禁及室内安防系统,使之实现对讲及安防管理功能。

具体包括:

①根据对讲门禁及室内安防系统的功能要求,编制材料清单,并利用中望CAD绘制系统接线图。

②将所提供的管理中心机、室外主机、多功能室内分机、门前铃、普通室内分机、联网器、分配器、电插锁、通讯转换模块、门磁开关、家用紧急求助按钮、被动红外空间探测器、被动红外幕帘探测器、燃气探测器、感烟探测器等器件安装在"智能小区"和"管理中心"区域内的正确位置。

③根据所绘的接线图在智能楼宇模型上设计布线路径,完成对讲门禁及室内安防系统的布线与各器件间的接线。

④配置对讲门禁及室内安防系统联网器、管理中心机、室外主机等器件参数,并实现以下功能:(a)通过室外主机(地址为1)呼叫多功能室内分机(房间号:301),实现可视对讲与开锁功能,要求视频、语音清晰;(b)通过室外主机(地址为1)呼叫普通室内分机(房间号:401),实现对讲与开锁功能,要求语音清晰;(c)注册2张ID卡,使其分属于两个住户(301和401),实现室外主机的刷卡开锁功能;(d)为室外主机配置两个用户(301和401),实现密码开锁功能,301室开锁密码设定为:0000,401室开锁密码设定为:1111;(e)多功能室内分机设置为外出布

防状态时,触发任意探测器,均应实现室内分机报警和管理中心报警功能;(f)运用对讲门禁软件,实现室外主机及室内分机与管理中心机的通讯,对讲门禁软件应实现运行记录功能;(g)将"系统运行记录"保存在计算机D盘"工位号"文件夹下的"运行记录"子文件夹内(如工位为2号,其"系统运行记录"的保存位置为"D:\02\运行记录\")。

(二)实施条件

考核场地:模拟安装室一间,满足10个工位使用,安装室配安装了AUTOCAD软件的电脑2台。

其他材料、工具清单见表1和表2。

表1 设备、材料清单表

序　号	项目内容	规格、技术指标	数　量	单　位
1	智能建筑模型	由铝合金型材框架和安装布线网孔板组成,4660mm×2220mm×2330mm(长×宽×高),分为智能大楼、智能小区、管理中心和楼道等区域,智能大楼设计为两层结构,器件采用自攻螺丝和工程塑料卡件配合安装。	1	台
2	安装布线网孔板	780mm×750mm	26	块
		710mm×390mm	1	块
		1500mm×260mm	3	块
		1500mm×500mm	3	块
		1500mm×400mm	1	块
3	总电源箱	空气开关、电源指示器	1	套
4	安防控制箱	AC24V/1A、DC12V/5A、DC18V/8A。	1	套
5	对讲门禁与室内安防系统	系统配置有单元门口主机、单户门口机、室内可视对讲模块、非可视对讲模块、通讯转换模块、联网器、管理中心机、门磁开关、家用紧急求助按钮、被动红外空间探测器、被动红外幕帘探测器、燃气探测器等器件。可完成可视对讲门禁及室内安防系统的线路铺设、连接和各种功能调试。	1	套

表2 工具清单表

序　号	名　称	单　位	数　量	备　注
1	螺丝刀	把	4	
2	测线仪	台	1	
3	万用表	台	1	
4	网络钳	把	1	
5	斜口钳	把	1	
6	剥线器	把	1	
7	六角扳手	把	1	
8	尖嘴钳	把	1	
9	打线钳	把	1	
10	剪刀	把	1	
11	烙铁	把	1	

（三）考核时量

考试时间：120分钟。

（四）评分标准

序号	考核内容	考核要点	配分
1	编制材料清单，绘制系统接线图	（1）能根据比赛要求分系统编制系统器件清单（5分每少一个器件扣1分，扣完为止）； （2）能根据比赛要求正确选择图形符号进行子系统电路设计，图形符合制图要求，正确完成电气接线图设计与连线（5分，每连接错误一处扣1分，扣完为止）。	10分
2	器件安装	（1）正确选用各子系统设备器件（10分）； （2）将器件安装在合理的位置。（10分）； （3）器件安装在正确位置，部件选择错误，每处扣2分；部件安装无紧固件或有松动现象，每处扣1分；部件安装位置不合理或不符合产品安装规范，每处扣1分。（扣完为止）	20分
3	系统接线与布线	（1）按照要求进行系统连接，能正确完成各子系统设备连线与安装，不能出现虚焊、短路等故障现象（10分）； （2）导线及端子连接要牢固，系统安装与导线连接符合工艺标准（10分）； （3）线槽中导线有接头或导线缠结，每处扣1分；导线选择错误，每处扣1分；导线接头（或焊接点）连接不牢固，每处扣1分；接线端子上的导线接头露线芯长度超过2mm，每处扣1分；布线不规范，每处扣2分；接线错误，每处扣1分。（扣完为止）	20分
4	系统功能调试	（1）能通过室外主机（地址为1）呼叫多功能室内分机（房间号：301），实现可视对讲与开锁功能，要求视频、语音清晰（5分）（可酌情扣分，扣完为止）； （2）能通过室外主机（地址为1）呼叫普通室内分机（房间号：401），实现对讲与开锁功能，要求语音清晰（5分）（可酌情扣分，扣完为止）； （3）注册2张ID卡，使其分属于两个住户（301和401），能实现室外主机的刷卡开锁功能（5分）（可酌情扣分，扣完为止）； （4）为室外主机配置两个用户（301和401），实现密码开锁功能，301室开锁密码设定为：0000，401室开锁密码设定为：1111。（10分）（可酌情扣分，扣完为止）； （5）多功能室内分机设置为外出布防状态时，触发任意探测器，均应实现室内分机报警和管理中心报警功能（5分）（可酌情扣分，扣完为止）； （6）能运用对讲门禁软件，实现室外主机及室内分机与管理中心机的通讯，对讲门禁软件应实现运行记录功能（5分）（可酌情扣分，扣完为止）； （7）将"系统运行记录"保存在计算机D盘"工位号"文件夹下的"运行记录"子文件夹内（如工位为2号，其"系统运行记录"的保存位置为"D:\02\运行记录\"）。（5分）（可酌情扣分，扣完为止）。	40分

续表

序 号	考核内容	考核要点	配 分
5	职业素养	（1）具备良好的安全用电意识，工具、仪表、材料、作品摆放不整齐，着装不整齐、规范，不穿戴相关防护用品等，每项扣2分； （2）具备较好的质量意识和标准意识，安装接线不符合相关作业规范，施工操作不按照相关行业标准进行，每项扣2分； （3）具备较好的成本节约意识与团队协作意识，安装接线过程中不注意节约线材，每项扣2分； （4）具有良好的工具使用和卫生清理习惯，作业完成后未清理、清扫工作现场扣5分。	10分

试题H5-2-2：某商场消防报警联动系统安装与调试

（一）任务描述

为某商场安装一套消防报警联动系统并调试，使之实现智能光电感烟探测器、智能电子差定温探测器的信号检测，并能采用联动编程，启动消防泵、排烟风机、卷帘门等模拟联动设备。

具体包括：

①根据消防报警联动系统的功能要求，编制材料清单，并利用中望CAD绘制系统接线图。

②将所提供的智能光电感烟探测器（3个）、智能电子差定温感温探测器（3个）、手动报警按钮、消火栓报警按钮、火警讯响器消防、编码单输入/单输出模块（3个）、总线隔离器等器件安装在"智能大楼"和"管理中心"区域内的正确位置。

③根据所绘的接线图在智能楼宇模型上设计布线路径，完成消防报警联动系统的布线与各器件间的接线。

④按表1所示要求，完成各消防模块的编码设置。

表1 系统模块参数设置表

序 号	设备型号	设备名称	编码	二次码	设备定义
1	GST-LD-8301	单输入单输出模块	01	000001	16（消防泵）
2	GST-LD-8301	单输入单输出模块	02	000002	19（排烟机）
3	GST-LD-8301	单输入单输出模块	03	000003	27（卷帘门下）
4	J-SAM-GST9123	消火栓按钮	04	000004	15（消火栓）
5	HX-100B	讯响器	05	000005	13（讯响器）
6	J-SAM-GST9122	手动报警按钮	06	000006	11（手动按钮）
7	JTW-ZCD-G3N	智能电子差定温感温探测器（管理中心）	07	000007	02（点型感温）
8	JTY-GD-G3	智能光电感烟探测器（管理中心）	08	000008	03（点型感烟）
9	JTW-ZCD-G3N	智能电子差定温感温探测器（智能大楼二层）	09	000009	02（点型感温）
10	JTY-GD-G3	智能光电感烟探测器（智能大楼二层）	10	000010	03（点型感烟）
11	JTW-ZCD-G3N	智能电子差定温感温探测器（智能大楼一层）	11	000011	02（点型感温）
12	JTY-GD-G3	智能光电感烟探测（智能大楼一层）	12	000012	03（点型感烟）

⑤系统功能调试

调试要求如下：

①按下手动盘按键 1～4，分别启动讯响器、排烟机、消防泵、卷帘门。

②触发"智能大楼"一层感温探测器，能立即启动卷帘门；

③触发任意感温探测器或按下消火栓按钮，能联动启动消防泵；

④触发"智能大楼"一层的感烟探测器，延时 10 秒启动卷帘门，在延时时间内若按下手动报警按钮，则能立即启动卷帘门；

⑤触发"智能大楼"二层的感烟探测器，延时 5 秒启动排烟机；

⑥触发任意探测器或按下手动报警按钮，能联动启动讯响器。

（二）实施条件

考核场地：模拟安装室一间，满足 10 个工位使用，安装室配安装了 AUTOCAD 软件的电脑 2 台。

其他材料、工具清单见表 2 和表 3。

表 2　设备、材料清单表

序　号	项目内容	规格、技术指标	数　量	单　位
1	智能建筑模型	由铝合金型材框架和安装布线网孔板组成，4660mm×2220mm×2330mm（长×宽×高），分为智能大楼、智能小区、管理中心和楼道等区域，智能大楼设计为两层结构，器件采用自攻螺丝和工程塑料卡件配合安装。	1	台
2	安装布线网孔板	780mm×750mm	26	块
		710mm×390mm	1	块
		1500mm×260mm	3	块
		1500mm×500mm	3	块
		1500mm×400mm	1	块
3	总电源箱	空气开关、电源指示器	1	套
4	消防控制箱	DC24V/3A，24V 继电器。	1	套
5	消防系统	系统配置有消防报警主机、智能光电感烟探测器、智能电子差定温感温探测器、总线隔离器、手动报警按钮、编码单输入模块、编码单输入/单输出模块、消火栓报警按钮、火警声光警报器、编码器等器件。可进行器件的选择、检测、安装、消防联动系统的线路铺设、连接、系统调试、编程和运行任务。	1	套

表 3　工具清单表

序　号	名　称	单　位	数　量	备　注
1	螺丝刀	把	4	
2	测线仪	台	1	
3	万用表	台	1	
4	网络钳	把	1	
5	斜口钳	把	1	
6	剥线器	把	1	
7	六角扳手	把	1	
8	尖嘴钳	把	1	
9	打线钳	把	1	
10	剪刀	把	1	
11	烙铁	把	1	

（三）考核时量

考试时间：120 分钟。

（四）评分标准

序　号	考核内容	考核要点	配　分
1	编制材料清单,绘制系统接线图	(1)能根据比赛要求分系统编制系统器件清单(5分,每少一个器件扣1分,扣完为止)。 (2)能根据比赛要求正确选择图形符号进行子系统电路设计,图形符合制图要求,正确完成电气接线图设计与连线(5分,每连接错误一处扣1分,扣完为止)。	10 分
2	器件安装	(1)正确选用各子系统设备器件(10分); (2)将器件安装在合理的位置(10分)。 (3)器件安装在正确位置,部件选择错误,每处扣2分;部件安装无紧固件或有松动现象,每处扣1分;部件安装位置不合理或不符合产品安装规范,每处扣1分。(扣完为止)	20 分
3	系统接线与布线	(1)按照要求进行系统连接,能正确完成各子系统设备连线与安装,不能出现虚焊、短路等故障现象(10分); (2)导线及端子连接要牢固,系统安装与导线连接符合工艺标准(10分)。 (3)线槽中导线有接头或导线缠结,每处扣1分;导线选择错误,每处扣1分;导线接头(或焊接点)连接不牢固,每处扣1分; (4)接线端子上的导线接头露线芯长度超过2mm,每处扣1分;布线不规范,每处扣2分;接线错误,每处扣1分。(扣完为止)	20 分
4	系统功能调试	(1)各个模块原码有规律,设备定义正确、注册正确(5分)(可酌情扣分,扣完为止); (2)消防配电箱内控制电路接线正确,多线控制盘定义正确。按下对应手动输出按钮能启动相关设备(10分)(可酌情扣分,扣完为止); (3)通过按压手动报警按钮能达到报警要求(5分)(可酌情扣分,扣完为止); (4)按下消火栓按钮,能够正常启动模拟消防泵(5分)(可酌情扣分,扣完为止); (5)按下手动按钮能够启动排烟机和防火卷帘(5分)(可酌情扣分,扣完为止); (6)任意探测器动作并且按下消火栓或者手动报警按钮,所有消防联动设备能够正常启动(10分)(可酌情扣分,扣完为止)。	40 分
5	职业素养	(1)具备良好的安全用电意识,工具、仪表、材料、作品摆放不整齐,着装不整齐、规范,不穿戴相关防护用品等,每项扣2分; (2)具备较好的质量意识和标准意识,安装接线不符合相关作业规范,施工操作不按照相关行业标准进行,每项扣2分; (3)具备较好的成本节约意识与团队协作意识,安装接线过程中不注意节约线材,每项扣2分; (4)具有良好的工具使用和卫生清理习惯,作业完成后未清理、清扫工作现场扣5分。	10 分

试题 H5-2-3:某办公楼视频监控及周边防范系统安装与调试

(一)任务描述

在某栋办公楼内安装一套视频监控系统,实现高速球及一体化摄像机的控制和四路视频信号的显示、切换、录像等功能,运用周边防范探测器实现声光报警和视频监控联动功能。

具体包括:

①根据视频监控及周边防范系统的功能要求,编制材料清单,并利用中望 CAD 绘制系统接线图。

②将高速球云台摄像机、一体化摄像机、红外摄像机、枪形摄像机、红外对射探测器、门磁等器件安装在"楼道"、"智能大楼"和"管理中心"区域内的正确位置。

③根据所绘的接线图在智能楼宇模型上设计布线路径,完成视频监控系统的布线与各器件间的接线。

④系统功能调试。

调试要求如下:(a)CRT 监视器中,第一通道接入硬盘录像机输出视频,第二通道接入矩阵主机的第一通道输出视频,运用遥控器实现上述两通道之间的视频切换;(b)"智能小区"前的液晶监视器显示矩阵主机第一输出通道的输出视频,"智能大楼"前的液晶监视器显示硬盘录像机的输出视频;(c)通过矩阵主机实现各摄像机视频信号的切换,并分别在液晶和 CRT 监视器上显示。要求实现 4 路视频的队列切换(时序切换),各视频切换时间为 3 秒;(d)利用矩阵主机控制,实现室内万向云台旋转,并对一体化摄像机进行变倍、聚焦操作;(e)运用硬盘录像机,在 CRT 监视器上显示四路摄像机的视频,并控制高速球形云台摄像机的旋转、变倍和聚焦;(f)利用硬盘录像机,设置高速球形云台摄像机的预置点,并实现高速球形云台摄像机的预置点顺序扫描、顺时针扫描、逆时针扫描等操作;(g)利用硬盘录像机,实现红外对射探测器触发时的声光报警器报警,并同时完成高速球云台摄像机的预置点联动录像;(h)利用硬盘录像机,实现枪形摄像机的动态检测报警录像,并联动声光报警器报警。

(二)实施条件

考核场地:模拟安装室一间,满足 10 个工位使用,安装室配安装了 AUTOCAD 软件的电脑 2 台。

其他材料、工具清单见表 1 和表 2。

表 1 设备、材料清单表

序 号	项目内容	规格、技术指标	数 量	单 位
1	智能建筑模型	由铝合金型材框架和安装布线网孔板组成,4660mm×2220mm×2330mm(长×宽×高),分为智能大楼、智能小区、管理中心和楼道等区域,智能大楼设计为两层结构,器件采用自攻螺丝和工程塑料卡件配合安装。	1	台

续表

序 号	项目内容	规格、技术指标	数 量	单 位
2	安装布线网孔板	780mm×750mm	26	块
		710mm×390mm	1	块
		1500mm×260mm	3	块
		1500mm×500mm	3	块
		1500mm×400mm	1	块
3	总电源箱	空气开关、电源指示器	1	套
4	安防控制箱	AC24V/1A、DC12V/5A、DC18V/8A 。	1	套
5	视频监控系统	系统配置有高速球云台摄像机、一体化枪型摄像机、红外摄像机、室内全方位云台、矩阵主机、彩色监视器、硬盘录像机、主动红外对射报警器等器件,可进行器件的选择、检测和安装。完成视频监控系统的线路铺设和连接。通过系统模块的参数设置和编程,实现监视器的视频监控、画面切换和报警联动录像等功能。	1	套

表 2　工具清单表

序 号	名　称	单 位	数 量	备 注
1	螺丝刀	把	4	
2	测线仪	台	1	
3	万用表	台	1	
4	网络钳	把	1	
5	斜口钳	把	1	
6	剥线器	把	1	
7	六角扳手	把	1	
8	尖嘴钳	把	1	
9	打线钳	把	1	
10	剪刀	把	1	
11	烙铁	把	1	

(三)考核时量

考试时间:120分钟。

(四)评分标准

序 号	考核内容	考核要点	配 分
1	编制材料清单,绘制系统接线图	(1)能根据比赛要求分系统编制系统器件清单(5分,每少一个器件扣1分,扣完为止); (2)能根据比赛要求正确选择图形符号进行子系统电路设计,图形符合制图要求,正确完成电气接线图设计与连线(5分,每连接错误一处扣1分,扣完为止)。	10分
1	器件安装	(1)正确选用各子系统设备器件(10分); (2)将器件安装在合理的位置(10分); 器件安装在正确位置,部件选择错误,每处扣2分;部件安装无紧固件或有松动现象,每处扣1分;部件安装位置不合理或不符合产品安装规范,每处扣1分。(扣完为止)	20分

续表

序 号	考核内容	考核要点	配 分
2	系统接线与布线	(1)按照要求进行系统连接,能正确完成各子系统设备连线与安装,不能出现虚焊、短路等故障现象(10分); (2)导线及端子连接要牢固,系统安装与导线连接符合工艺标准(10分); (3)线槽中导线有接头或导线缠结,每处扣1分;导线选择错误,每处扣1分;导线接头(或焊接点)连接不牢固,每处扣1分; (4)接线端子上的导线接头露线芯长度超过2mm,每处扣1分;布线不规范,每处扣2分;接线错误,每处扣1分。(扣完为止)	20分
3	系统功能调试	(1)CRT监视器中,第一通道接入硬盘录像机输出视频,第二通道接入矩阵主机的第一通道输出视频,运用遥控器能实现上述两通道之间的视频切换(5分)(可酌情扣分,扣完为止); (2)"智能小区"前的液晶监视器显示矩阵主机第一输出通道的输出视频,"智能大楼"前的液晶监视器显示硬盘录像机的输出视频(5分)(可酌情扣分,扣完为止); (3)通过矩阵主机实现各摄像机视频信号的切换,并分别在液晶和CRT监视器上显示。要求实现4路视频的队列切换(时序切换),各视频切换时间为3秒(5分)(可酌情扣分,扣完为止); (4)利用矩阵主机控制,实现室内万向云台旋转,并对一体化摄像机进行变倍、聚焦操作(5分)(可酌情扣分,扣完为止); (5)运用硬盘录像机,在CRT监视器上显示四路摄像机的视频,并控制高速球形云台摄像机的旋转、变倍和聚焦(5分)(可酌情扣分,扣完为止); (6)利用硬盘录像机,设置高速球形云台摄像机的预置点,并实现高速球形云台摄像机的预置点顺序扫描、顺时针扫描、逆时针扫描等操作(5分)(可酌情扣分,扣完为止); (7)利用硬盘录像机,实现红外对射探测器触发时的声光报警器报警,并同时完成高速球云台摄像机的预置点联动录像(5分)(可酌情扣分,扣完为止); (8)利用硬盘录像机,实现枪形摄像机的动态检测报警录像,并联动声光报警器报警(5分)(可酌情扣分,扣完为止)。	40分
4	职业素养	(1)具备良好的安全用电意识,工具、仪表、材料、作品摆放不整齐,着装不整齐、规范,不穿戴相关防护用品等,每项扣2分; (2)具备较好的质量意识和标准意识,安装接线不符合相关作业规范,施工操作不按照相关行业标准进行,每项扣2分; (3)具备较好的成本节约意识与团队协作意识,安装接线过程中不注意节约线材,每项扣2分; (4)具有良好的工具使用和卫生清理习惯,作业完成后未清理、清扫工作现场扣5分。	10分

试题 H5-2-4:某智能大楼综合布线系统装调

(一)任务描述

某智能大楼需要进行电话和网络的综合布线,现要求通过综合布线系统的器件安装、打线、布线,完成各相关信息点的数据及语音通信。

具体包括:

①根据综合布线系统的功能要求,编制材料清单。

②将所提供的RJ45配线架、网络交换机、电话程控交换机、电话配线架、底盒(4个)、语音模块(2个)、数据模块(2个)、电话机(2个)等器件安装在"智能大楼"和"管理中心"区域内的

正确位置。其中:"智能大楼"一层设置 1 个语音模块和 1 个数据模块,"智能大楼"二层设置 1 个语音模块和 1 个数据模块。

③按下图 1 进行 RJ45 配线架、电话配线架和信息模块的打线,制作网络跳线,并完成控制柜到信息插座间的布线。

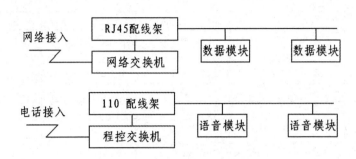

图 1　综合布线系统图

④系统功能调试

调试要求如下:(a)按照 TIA568B 标准对 RJ45 配线架、数据模块进行打线操作;(b)对电话配线架和语音模块进行打线,实现语音网络的连通;(c)按照 TIA568B 标准制作 2 根 1 米长的网络跳线,利用网络测试仪检验;(d)设置程控交换机 801 和 802 端口对应的电话号码分别为 601 和 602,且两部电话机可通过两个语音插座实现通话。

(二)实施条件

考核场地:模拟安装室一间,满足 10 个工位使用,安装室配安装了 AUTOCAD 软件的电脑 2 台。

其他材料、工具清单见表 1 和表 2。

表 1　设备、材料清单表

序　号	项目内容	规格、技术指标	数　量	单　位
1	智能建筑模型	由铝合金型材框架和安装布线网孔板组成,4660mm× 2220mm×2330mm(长×宽×高),分为智能大楼、智能小区、管理中心和楼道等区域,智能大楼设计为两层结构,器件采用自攻螺丝和工程塑料卡件配合安装。	1	台
2	安装布线网孔板	780mm×750mm	26	块
		710mm×390mm	1	块
		1500mm×260mm	3	块
		1500mm×500mm	3	块
		1500mm×400mm	1	块
3	总电源箱	空气开关、电源指示器	1	套
4	综合布线系统	系统配置有 RJ45 配线架、以太网交换机、电话程控交换机、电话配线架、底盒、电话模块、网络模块、电话机、RJ11 水晶头、RJ45 水晶头等器件,可完成综合布线系统的水平布线、垂直布线、线槽布线,实现指定模块的线路连接(端接)。通过系统模块的参数设置和编程,实现终端电话呼叫、信息插座功能测试。	1	套

表2　工具清单表

序　号	名　称	单位	数量	备　注
1	螺丝刀	把	4	
2	测线仪	台	1	
3	万用表	台	1	
4	网络钳	把	1	
5	斜口钳	把	1	
6	剥线器	把	1	
7	六角扳手	把	1	
8	尖嘴钳	把	1	
9	打线钳	把	1	
10	剪刀	把	1	
11	烙铁	把	1	

（三）考核时量

考试时间：120分钟。

（四）评分标准

序　号	考核内容	考核要点	配　分
1	编制材料清单	（1）能根据比赛要求分系统编制系统器件清单（每少一个器件扣1分，扣完为止）。	10分
2	器件安装	（1）正确选用各子系统设备器件（10分）； （2）将器件安装在合理的位置（10分）； （3）器件安装在正确位置，部件选择错误，每处扣2分；部件安装无紧固件或有松动现象，每处扣1分；部件安装位置不合理或不符合产品安装规范，每处扣1分。（扣完为止）	20分
3	系统功能调试	（1）按照TIA568B标准对RJ45配线架、数据模块进行打线操作（15分）（可酌情扣分，扣完为止）； （2）对电话配线架和语音模块进行打线，实现语音网络的连通（15分）（可酌情扣分，扣完为止）； （3）按照TIA568B标准制作2根1米长的网络跳线，利用网络测试仪检验（10分）（可酌情扣分，扣完为止）； （4）设置程控交换机801和802端口对应的电话号码分别为601和602，且两部电话机可通过两个语音插座实现通话（10分）（可酌情扣分，扣完为止）。	50分
4	职业素养	（1）具备良好的安全用电意识，工具、仪表、材料、作品摆放不整齐、着装不整齐、规范，不穿戴相关防护用品等，每项扣2分； （2）具备较好的质量意识和标准意识，安装接线不符合相关作业规范，施工操作不按照相关行业标准进行，每项扣2分； （3）具备较好的成本节约意识与团队协作意识，安装接线过程中不注意节约线材，每项扣2分； （4）具有良好的工具使用和卫生清理习惯，作业完成后未清理、清扫工作现场扣5分。	20分

三、跨岗位综合技能

模块一　楼宇强弱电安装工程预算

项目一　安装工程量计算

试题 Z1-1-1：某单层办公室配电安装工程量计算

（一）任务描述

对某单层办公室进行强电安装工程量计算，并使用办公软件形成电子表格文件进行考核成果提交。

具体包括：

①按图 1 示尺寸计算该电气平面布置图中四间办公室合计的灯具、开关、插座及管、线工程数量。（图中尺寸单位均为 mm，房间高度为 3.6m，管线须有计算过程，计算结果长度单位应为 m）

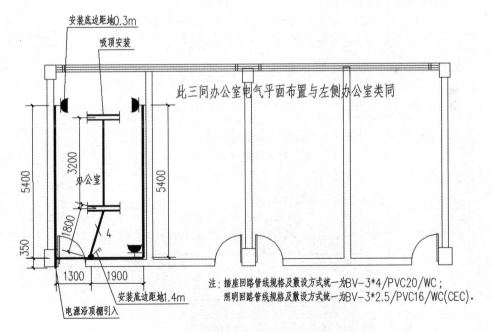

图 1　某单层办公室强电布置平面图

②用办公软件（WORD 或 WPS）自行创建如下表格，并将上述计算出的各项工程量（含管、线计算过程）填写在表格中。要求将表格文件以"电气安装工程预算编制＋所抽具体工位号"命名，保存在电脑桌面上。

表 1　分部分项工程量清单

项目名称:某单层办公室强电安装工程

序　号	项目名称	计量单位	工程数量	计算公式及计算过程
1	双管荧光灯(2 * 28W)	套		
2	暗装型单相二三极安全插座(220V,10A)	套		
3	暗装型双联单控开关(220V,10A)	套		
4	PVC16 管	米		
5	PVC20 管	米		
6	BV-2.5 导线	米		
7	BV-4 导线	米		

(二)实施条件

考核场地:模拟安装室一间,工位 20 个,每个工位配置安装了办公软件的电脑 1 台。

其他材料、工具:计算器、草稿纸。

(三)考核时量

考试时间:60 分钟。

(四)评分标准

序　号	考核内容	考核要点	配　分
1	设备数量计数	(1)能识别电气安装工程施工图设备布置(5分); (2)能根据平面图读取设备数量(5分); (3)能根据 1 间设备数量计算 4 间设备数量(10分)。	20 分
2	管线数量计算	(1)能识别电气安装工程施工图管线布置(10分); (2)能根据平面图尺寸计算管线数量(10分); (3)能根据 1 间管线数量计算 4 间管线数量(10分); (4)管线计算必须有计算过程(10分)。	40 分
3	表格创建	(1)能正确使用办公软件创建图示表格(5分); (2)表格布局合理、排版美观(5分); (3)管、线工程量计算过程完整(10分)。	20 分
4	职业素养	(1)工具、材料、作品摆放不整齐,着装不整齐、不规范,不穿戴相关防护用品等,每项扣 2 分; (2)考试迟到、考核过程中做与考试无关的事、不服从考场安排酌情扣 10 分以内;考核过程舞弊取消考试资格,成绩计 0 分; (3)作业完成后未清理、清扫工作现场扣 5 分; (4)损坏工具的扣 20 分;考生发生严重违规操作或作弊,取消考生成绩。	20 分

试题 Z1-1-2:某电话机房照明及接地安装工程量计算

(一)任务描述

对某电话机房进行照明及接地安装工程量计算,并使用办公软件形成电子表格文件进行考核成果提交。

具体包括:

①某电话机房照明及接地平面如图 1 所示。按图示尺寸计算该电气平面布置图中设备及

材料工程数量。

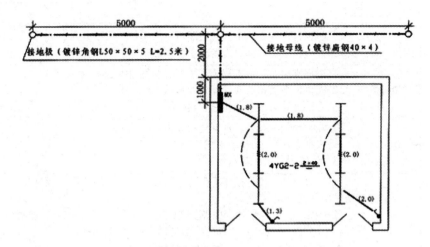

图 1　电话机房照明及接地平面图

设计说明：(a)照明配电箱 MX 为嵌入式安装,箱体尺寸:600 x400x200mm(宽 x 高 x 厚),安装高度为下口离地 1.6m;(b)管路均为电线管 DN20 沿砖墙、顶板内暗配,顶板内管标高为4m。照明线为阻燃绝缘导线 ZRBV1.5;(c)接地母线采用-40x4 镀锌扁钢,理深 0.7m,由室外进入外墙皮后的水平长度为 1m. 进入配电箱后预留 0.5m. 室内外地坪无高差;(d)单联单控暗开关安装高度为下口离地 1.4m;(e)接地电阻要求小于 4 欧姆;(f)配管水平长度见图示括号内数字. 单位为 m。

②用办公软件(WORD 或 WPS)自行创建如下表格,并将上述计算出的各项工程量(含管、线计算过程)填写在表格中。要求将表格文件以"电气安装工程量计算＋所抽具体工位号"命名,保存在电脑桌面上。

表 1　分部分项工程量清单

项目名称:某电话机房照明及接地

序　　号	项目名称	计量单位	工程数量	计算公式及计算过程
1	配电箱	台		
2	小电器(单联单控暗开关)	个		
3	接地装置(角钢接地极 3 根,母线 16.42 米)	项		
4	接地装置电阻调整试验	系统		
5	电气配管(镀锌钢管 Φ20 沿砖、混凝土结构、暗配)含接线盒 4 个,开关盒 2 个	米		
6	气配线(管内穿阻燃绝缘导线 ZRBV1.5mm2)	米		
7	荧光灯 4YG2-2 (2＊40W)	套		

(二)实施条件

考核场地:模拟安装室一间,工位 20 个,每个工位配置安装了办公软件的电脑 1 台。

其他材料、工具:计算器、草稿纸。

(三)考核时量

考试时间:60 分钟。

（四）评分标准

序　号	考核内容	考核要点	配　分
1	设备数量计数	（1）能识别电气安装工程施工图设备布置（10分）； （2）能根据平面图读取设备数量（10分）。	20分
2	管线数量计算	（1）能识别电气安装工程施工图管线布置（10分）； （2）能根据平面图尺寸计算管线数量（10分）； （3）管线计算必须有计算过程，且计算正确（20分）；	40分
3	表格创建	（1）能正确使用办公软件创建图示表格（5分）； （2）表格布局合理、排版美观（5分）； （3）管、线工程量计算过程完整（10分）。	20分
4	职业素养	（1）工具、材料、作品摆放不整齐，着装不整齐、不规范，不穿戴相关防护用品等，每项扣2分； （2）考试迟到、考核过程中做与考试无关的事，不服从考场安排酌情扣10分以内；考核过程舞弊取消考试资格，成绩计0分； （3）作业完成后未清理、清扫工作现场扣5分； （4）损坏工具的扣20分；考生发生严重违规操作或作弊，取消考生成绩。	20分

试题 Z1-1-3：某办公室装修配电安装工程量计算

（一）任务描述

对某办公室进行装修强电安装工程量计算，并使用办公软件形成电子表格文件进行考核成果提交。

具体包括：

①按图示尺寸计算该电气平面布置图（图1）全部设备、管、线工程数量。（图中尺寸单位均为mm，管线须有计算过程，计算结果长度单位应为m）

②用办公软件（WORD或WPS）自行创建如下表格，并将上述计算出的各项工程量（含管、线计算过程）填写在表格中。要求将表格文件以"电气安装工程量计算＋所抽具体工位号"命名，保存在电脑桌面上。

表1　分部分项工程量清单

项目名称：某单层办公室强电安装工程

序　号	项目名称	计量单位	工程数量	计算公式及计算过程
1	照明配电箱	套		
2	双管荧光灯（2＊28W）	套		
3	暗装型单相二三极安全插座（220V，10A）	套		
4	暗装型单相三极空调专用插座（220V，16A）	套		
5	暗装型双联单控开关（220V，10A）	套		
6	PVC16管	米		
7	PVC20管	米		
8	BV-2.5导线	米		
9	BV-4导线	米		

（二）实施条件

考核场地：模拟安装室一间，工位20个，每个工位配置安装了办公软件的电脑1台。

其他材料、工具：计算器、草稿纸。

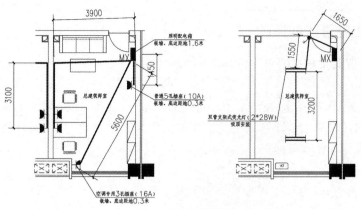

注：建筑层高3.9米。

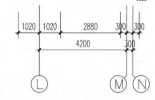

办公室插座平面图 1:100

注：插座平面管线规格为BV-3*4/PVC20/WC。

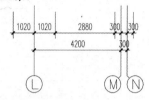

办公室照明平面图 1:100

注：照明平面管线规格为BV-3*2.5/PVC16/WC。

图1 办公室插座及照明平面图

（三）考核时量

考试时间：60分钟。

（四）评分标准

序 号	考核内容	考核要点	配 分
1	设备数量计数	(1)能识别电气安装工程施工图设备布置(10分)； (2)能根据平面图读取设备数量(10分)。	20分
2	管线数量计算	(1)能识别电气安装工程施工图管线布置(10分)； (2)能根据平面图尺寸计算管线数量(10分)； (3)管线计算必须有计算过程，且计算正确(20分)。	40分
3	表格创建	(1)能正确使用办公软件创建图示表格(5分)； (2)表格布局合理、排版美观(5分)； (3)管、线工程量计算过程完整(10分)。	20分
4	职业素养	(1)工具、材料、作品摆放不整齐，着装不整齐、不规范，不穿戴相关防护用品等，每项扣2分； (2)考试迟到、考核过程中做与考试无关的事、不服从考场安排酌情扣10分以内；考核过程舞弊取消考试资格，成绩计0分； (3)作业完成后未清理、清扫工作现场扣5分； (4)损坏工具的扣20分；考生发生严重违规操作或作弊，取消考生成绩。	20分

项目二　安装工程量清单计价

试题 Z1-2-1：安装工程量清单计价编制 1

（一）任务描述

在已知某项目工程量清单（表 1）、对应相关费用（表 2）及其对应《建设工程工程量清单计价规范》编码（表 3）的基础上，计算该项目工程的工程量清单计价，并使用办公软件形成电子表格文件（表 4）进行考核成果提交。

具体包括：

①已知某项目的分部分项工程量清单如下表 1 所示。

表 1　某项目分部分项工程量清单

序　号	项目名称	计量单位	工程数量
1	配电箱	台	1
2	小电器（单联单控暗开关）	个	2
3	接地装置（角钢接地极 3 根，母线 16.42 米）	项	1
4	接地装置电阻调整试验	系统	1
5	电气配管（镀锌钢管 Φ20 沿砖、混凝土结构、暗配）含接线盒 4 个，开关盒 2 个	米	18.1
6	气配线（管内穿阻燃绝缘导线 ZRBV1.5mm2）	米	40.20
7	荧光灯 4YG2-2	套	4

②已知上述工程相关费用按表 2 规定计算。

表 2　工程相关费用表

序号	项目名称	单位	安装费单价（元）					主材	
			人工费	材料费	机械费	管理费	利润	单价（元）	损耗率%
1	镀锌钢管 Φ20 沿砖、混凝土结构、暗配	m	1.98	0.58	0.20	1.09	0.89	4.50	1.03
2	管内穿阻燃绝缘导线为 ZRBV1.5mm^2	m	0.30	0.18	0	0.17	0.14	1.20	1.16
3	接线盒暗装	个	1.20	2.20	0	0.66	0.54	2.40	1.02
4	开关盒暗装	个	1.20	2.20	0	0.66	0.54	2.40	1.02
5	角钢接地极制作与安装	根	14.51	1.89	14.32	7.98	6.53	42.40	1.03
6	接地母线敷设	m	7.14	0.09	0.21	3.92	3.21	6.30	1.05
7	接地电阻测试	系统	30.00	1.49	14.52	25.31	20.71		
8	配电箱 MX	台	18.22	3.50	0	10.02	8.20	58.50	
	荧光灯 4YG2-2 $\frac{2\times40}{}$	套	4	2.50	0	2.20	1.80	120.00	1.02

③已知该分部分项工程的统一编码如表3所示。

表3　《建设工程工程量清单计价规范》编码

项目编码	项目名称	项目编码	项目名称
030204018	配电箱	030212001	电气配管(镀锌钢管 φ20 沿砖、混凝土结构、暗配)
030204019	控制开关	030212003	电气配线(管内穿阻燃绝缘导线为 ZR-BV1.5mm2)
030204031	小电器(单联单控暗开关)	030213004	荧光灯 4YG2－2 $\dfrac{2X4}{\_}$
030209001	接地装置		
030211008	接地装置电阻调整试验	030209002	避雷针装置

④根据所给出的相关费用,计算表1所列示工程的工程量清单综合单价,并填写在下表4中。

表4　分部分项工程量清单计价表

序　号	项目编码	项目名称	计量单位	工程数量	综合单价	合　价
1						
2						
3						
4						
5						
6						
7						
8						
合计						

⑤用办公软件(WORD 或 WPS)自行创建上表4,并将表4中的文字及数据填写完整。要求将表格文件以"电气安装工程量清单计价＋所抽具体工位号"命名,保存在电脑桌面上。

(二)实施条件

考核场地:模拟安装室一间,工位20个,每个工位配置安装了办公软件的电脑1台。

其他材料、工具:计算器、草稿纸。

(三)考核时量

考试时间:60分钟。

(四)评分标准

序　号	考核内容	考核要点	配　分
1	项目编码	(1)能根据《建设工程工程量清单计价规范》编码规则正确进行前9位选取(10分); (2)能自行按顺序进行后3位编码填写(10分)。	20分
2	综合单价计算	(1)能根据表1-2给定的单价进行每项综合单价的计算(20分); (2)能正确选择计量单位(20分)。	40分
3	表格创建	(1)能正确使用办公软件创建图示表格(10分); (2)表格布局合理、排版美观(10分)。	20分

续表

序　号	考核内容	考核要点	配　分
4	职业素养	(1)工具、材料、作品摆放不整齐，着装不整齐、不规范，不穿戴相关防护用品等，每项扣 2 分； (2)考试迟到、考核过程中做与考试无关的事、不服从考场安排酌情扣 10 分以内；考核过程舞弊取消考试资格，成绩计 0 分； (3)作业完成后未清理、清扫工作现场扣 5 分； (4)损坏工具的扣 20 分；考生发生严重违规操作或作弊，取消考生成绩。	20 分

试题 Z1-2-2：安装工程量清单计价编制 2

（一）任务描述

在已知某项目工程量清单及主材单价(表 1)和相关预算定额及工程量清单计算规范的基础上，计算该项目工程的工程量清单计价，并使用办公软件形成电子表格文件(表 2)进行考核成果提交。

具体包括：

①已知某项目的分部分项工程量清单如下表 1 所示：

表 1　某项目分部分项工程量清单

序　号	项目名称	计量单位	工程数量	单价(元)	备　注
1	配电箱	台	1	600	
2	小电器(单联单控暗开关)	个	5	9	
3	接地装置(角钢接地极 3 根)	根	3	90	
4	接地装置(母线)	米	16	15	
5	接地装置电阻调整试验	系统	1	—	
6	电气配管(镀锌钢管 Φ20 沿砖、混凝土结构、暗配)	米	55	9	
7	接线盒安装	个	10	5	
8	开关盒安装	个	5	5	
9	电气配线(管内穿阻燃绝缘导线 ZRBV1.5mm2)	米	380	2	
10	荧光灯 4YG2-2	套	10	240	

②根据表 1 所给出的相关主材费用，查阅相关预算定额确定项目人、材、机的费用，查阅相关工程量清单计算规范确定项目编码(12 位)，并计算表 1 所列示工程的工程量清单综合单价，并填写在下表 2 中(相关预算定额及相关工程量清单计算规范由考场提供)。

表 2　分部分项工程量清单计价表

序　号	项目编码	项目名称	计量单位	工程数量	综合单价	合　价
1						
2						
3						
4						
5						
6						

续表

序　号	项目编码	项目名称	计量单位	工程数量	综合单价	合　价
7						
8						
9						
10						
合计						

③用办公软件(WORD 或 WPS)自行创建上表2,并将表2中的文字及数据填写完整。要求将表格文件以"电气安装工程量清单计价＋所抽具体工位号"命名,保存在电脑桌面上。

(二)实施条件

考核场地:模拟安装室一间,工位 20 个,每个工位配置安装了办公软件的电脑 1 台。

其他材料、工具:计算器、草稿纸。

(三)考核时量

考试时间:60 分钟。

(四)评分标准

序　号	考核内容	考核要点	配　分
1	项目编码	(1)能根据《建设工程工程量清单计价规范》编码规则正确进行前9位选取(10分); (2)能自行按顺序进行后3位编码填写(10分)。	20 分
2	综合单价计算	(1)能根据表1-2给定的单价进行每项综合单价的计算(20分); (2)能正确选择计量单位(20分)。	40 分
3	表格创建	(1)能正确使用办公软件创建图示表格(10分); (2)表格布局合理、排版美观(10分)。	20 分
4	职业素养	(1)工具、材料、作品摆放不整齐,着装不整齐、不规范,不穿戴相关防护用品等,每项扣 2 分; (2)考试迟到、考核过程中做与考试无关的事、不服从考场安排酌情扣 10 分以内;考核过程舞弊取消考试资格,成绩计 0 分; (3)作业完成后未清理、清扫工作现场扣 5 分; (4)损坏工具的扣 20 分;考生发生严重违规操作或作弊,取消考生成绩。	20 分

试题 Z1-2-3:安装工程量清单计价编制 3

(一)任务描述

在已知某项目工程量清单及主材单价(表1)和相关预算定额及工程量清单计算规范的基础上,计算该项目工程的工程量清单计价,并使用办公软件形成电子表格文件(表2)进行考核成果提交。

具体包括:

①已知某项目的分部分项工程量清单如下表 1 所示:

表1 某项目分部分项工程量清单

序 号	项目名称	计量单位	工程数量	单价(元)	备 注
1	双管荧光灯(2＊28W)	套	3	280	
2	暗装型单相二三极安全插座(220V,10A)	套	10	15	
3	暗装型双联单控开关(220V,10A)	套	12	12	
4	PVC16管	米	200	5	
5	PVC20管	米	300	8	
6	BV-2.5导线	米	450	3	
7	BV-4导线	米	680	5	

②根据表1所给出的相关主材费用,查阅相关预算定额确定项目人、材、机的费用,查阅相关工程量清单计算规范确定项目编码(12位),并计算表1所列示工程的工程量清单综合单价,并填写在下表2中(相关预算定额及相关工程量清单计算规范由考场提供)。

表2 分部分项工程量清单计价表

序 号	项目编码	项目名称	计量单位	工程数量	综合单价	合 价
1						
2						
3						
4						
5						
6						
7						
8						
合计						

③用办公软件(WORD或WPS)自行创建上表2,并将表2中的文字及数据填写完整。要求将表格文件以"电气安装工程量清单计价＋所抽具体工位号"命名,保存在电脑桌面上。

(二)实施条件

考核场地:模拟安装室一间,工位20个,每个工位配置安装了办公软件的电脑1台。

其他材料、工具:计算器、草稿纸。

(三)考核时量

考试时间:60分钟。

(四)评分标准

序 号	考核内容	考核要点	配 分
1	项目编码	(1)能根据《建设工程工程量清单计价规范》编码规则正确进行前9位选取(10分); (2)能自行按顺序进行后3位编码填写(10分)。	20分
2	综合单价计算	(1)能根据表1-2给定的单价进行每项综合单价的计算(20分); (2)能正确选择计量单位(20分)。	40分
3	表格创建	(1)能正确使用办公软件创建图示表格(10分); (2)表格布局合理、排版美观(10分)。	20分

续表

序　号	考核内容	考核要点	配　分
4	职业素养	（1）工具、材料、作品摆放不整齐，着装不整齐、不规范，不穿戴相关防护用品等，每项扣2分； （2）考试迟到、考核过程中做与考试无关的事、不服从考场安排酌情扣10分以内；考核过程舞弊取消考试资格，成绩计0分； （3）作业完成后未清理、清扫工作现场扣5分； （4）损坏工具的扣20分；考生发生严重违规操作或作弊，取消考生成绩。	20分

项目三　安装工程预算编制

试题 Z1-3-1：安装工程预算编制1

（一）任务描述

已知某项目安装工程工程量清单（表1），按照相关预算定额规范计算该项目工程的安装工程预（结）算表（表2），并使用办公软件形成电子表格文件（表2）进行考核成果提交。

具体包括：

①已知某项目的分部分项工程量清单如下表1所示：

表1　某项目分部分项工程量清单及主材单价

序　号	项目名称	计量单位	工程数量	单价（元）	备　注
1	双管荧光灯（2*28W）	套	3	280	
2	暗装型单相二三极安全插座（220V,10A）	套	10	15	
3	暗装型双联单控开关（220V,10A）	套	12	12	
4	PVC16管	米	200	5	
5	PVC20管	米	300	8	
6	BV-2.5导线	米	450		
7	BV-4导线	米	680	5	

②根据表1所给出的工程量及主材单价，翻看相关预算定额规范，计算表2所列示工程的安装工程预（结）算表，并填写在下表2中（相关预算定额规范由考场提供）。

③用办公软件（WORD或WPS）自行创建表2，并将表2中的文字及数据填写完整。要求将表格文件以"电气安装工程预算编制＋所抽具体工位号"命名，保存在电脑桌面上。

（二）实施条件

考核场地：模拟安装室一间，工位20个，每个工位配置安装了办公软件的电脑1台。

其他材料、工具：计算器、草稿纸。

（三）考核时量

考试时间：60分钟。

（四）评分标准

序　号	考核内容	考核要点	配　分
1	定额号及定额单位选择	能根据相关预算定额规范正确进行定额号及定额单位选择。	20分
2	预算编制	(1)能根据选定的定额号及定额内容正确填写定额单价(20分); (2)能正确计算定额合价,特别是管线的定额损耗率计算正确(20分)。	40分
3	表格创建	(1)能正确使用办公软件创建图示表格(10分); (2)表格布局合理、排版美观(10分)。	20分
4	职业素养	(1)工具、材料、作品摆放不整齐,着装不整齐、不规范,不穿戴相关防护用品等,每项扣2分; (2)考试迟到、考核过程中做与考试无关的事、不服从考场安排酌情扣10分以内;考核过程舞弊取消考试资格,成绩计0分; (3)作业完成后未清理、清扫工作现场扣5分; (4)损坏工具的扣20分;考生发生严重违规操作或作弊,取消考生成绩。	20分

表2　安装工程预(结)算表

工程名称:某项目安装工程

序号	定额号	定额名称	定额单位	工程量	定额单价			定额合价			单价	合价
					人工	材料	机械	人工费	材料费	机械费	主材费	主材费
1												
2												
3												
4												
5												
6												
7												
8												
9												
10												
11												
12												
13												
		页计/合计										

编制人:　　　　　　　　　　　　　　　　审核人:

试题 Z1-3-2:安装工程预算编制 2

(一)任务描述

已知某项目安装工程工程量清单(表1),按照相关预算定额规范计算该项目工程的安装工程预(结)算表(表2),并使用办公软件形成电子表格文件(表2)进行考核成果提交。

具体包括:

①已知某项目的分部分项工程量清单如下表1所示:

表1　某项目分部分项工程量清单及主材单价

序　号	项目名称	计量单位	工程数量	单价(元)	备　注
1	配电箱	台	1	600	
2	小电器(单联单控暗开关)	个	5	9	
3	接地装置(角钢接地极3根)	根	3	90	
4	接地装置(母线)	米	16	15	
5	接地装置电阻调整试验	系统	1	-	
6	电气配管(镀锌钢管 Φ20 沿砖、混凝土结构、暗配)	米	55	9	
7	接线盒安装	个	10	5	
8	开关盒安装	个	5	5	
9	电气配线(管内穿阻燃绝缘导线 ZRBV1.5mm2)	米	380	2	
10	荧光灯 4YG2-2	套	10	240	

②根据表1所给出的工程量及主材单价,翻看相关预算定额规范,计算表2所列示工程的安装工程预(结)算表,并填写在下表2中(相关预算定额规范由考场提供)。

③用办公软件(WORD或WPS)自行创建表2,并将表2中的文字及数据填写完整。要求将表格文件以"电气安装工程预算编制＋所抽具体工位号"命名,保存在电脑桌面上。

(二)实施条件

考核场地:模拟安装室一间,工位20个,每个工位配置安装了办公软件的电脑1台。

其他材料、工具:计算器、草稿纸。

(三)考核时量

考试时间:60分钟。

(四)评分标准

序　号	考核内容	考核要点	配　分
1	定额号及定额单位选择	能根据相关预算定额规范正确进行定额号及定额单位选择。	20分
2	预算编制	(1)能根据选定的定额号及定额内容正确填写定额单价(20分); (2)能正确计算定额合价,特别是管线的定额损耗率计算正确(20分)。	40分
3	表格创建	(1)能正确使用办公软件创建图示表格(10分); (2)表格布局合理、排版美观(10分)。	20分
4	职业素养	(1)工具、材料、作品摆放不整齐,着装不整齐、不规范,不穿戴相关防护用品等,每项扣2分; (2)考试迟到、考核过程中做与考试无关的事、不服从考场安排酌情扣10分以内;考核过程舞弊取消考试资格,成绩计0分; (3)作业完成后未清理、清扫工作现场扣5分; (4)损坏工具的扣20分;考生发生严重违规操作或作弊,取消考生成绩。	20分

表 2　安装工程预(结)算表

工程名称:某项目安装工程

序　号	定额号	定额名称	定额单位	工程量	定额单价			定额合价			单价	合价
					人工	材料	机械	人工费	材料费	机械费	主材费	主材费
1												
2												
3												
4												
5												
6												
7												
8												
9												
10												
11												
12												
13												
页计/合计												

编制人:　　　　　　　　　　　　　　　　　　　　审核人:

试题 Z1-3-3:安装工程预算编制 3

(一)任务描述

已知某项目安装工程工程量清单(表 1),按照相关预算定额规范计算该项目工程的安装工程预(结)算表(表 2),并使用办公软件形成电子表格文件(表 2)进行考核成果提交。

具体包括:

①已知某项目的分部分项工程量清单如下表 1 所示:

表 1　某项目分部分项工程量清单及主材单价

序　号	项目名称	计量单位	工程数量	单价(元)	备　注
1	照明配电箱	套	1	600	
2	双管荧光灯(2*28W)	套	2	280	
3	暗装型单相二三极安全插座(220V,10A)	套	4	15	
4	暗装型单相三极空调专用插座(220V,16A)	套	1	15	
5	暗装型双联单控开关(220V,10A)	套	1	13	
6	PVC16 管	米	55	4	
7	PVC20 管	米	30	6	
8	BV-2.5 导线	米	120	2	
9	BV-4 导线	米	100	4	

②根据表 1 所给出的工程量及主材单价,翻看相关预算定额规范,计算表 2 所列示工程的安装工程预(结)算表,并填写在下表 2 中(相关预算定额规范由考场提供)。

③用办公软件(WORD 或 WPS)自行创建表 2,并将表 2 中的文字及数据填写完整。要求将表格文件以"电气安装工程预算编制+所抽具体工位号"命名,保存在电脑桌面上。

(二)实施条件

考核场地:模拟安装室一间,工位 20 个,每个工位配置安装了办公软件的电脑 1 台。

其他材料、工具:计算器、草稿纸。

（三）考核时量

考试时间：60 分钟。

（四）评分标准

序 号	考核内容	考核要点	配 分
1	定额号及定额单位选择	能根据相关预算定额规范正确进行定额号及定额单位选择。	20 分
2	预算编制	(1)能根据选定的定额号及定额内容正确填写定额单价(20 分)； (2)能正确计算定额合价，特别是管线的定额损耗率计算正确(20 分)。	40 分
3	表格创建	(1)能正确使用办公软件创建图示表格(10 分)； (2)表格布局合理、排版美观(10 分)。	20 分
4	职业素养	(1)工具、材料、作品摆放不整齐，着装不整齐、不规范，不穿戴相关防护用品等，每项扣 2 分； (2)考试迟到、考核过程中做与考试无关的事、不服从考场安排酌情扣 10 分以内；考核过程舞弊取消考试资格，成绩计 0 分； (3)作业完成后未清理、清扫工作现场扣 5 分； (4)损坏工具的扣 20 分；考生发生严重违规操作或作弊，取消考生成绩。	20 分

表 2　安装工程预(结)算表

工程名称：某项目安装工程

序 号	定额号	定额名称	定额单位	工程量	定额单价			定额合价			单价	合价
					人工	材料	机械	人工费	材料费	机械费	主材费	主材费
1												
2												
3												
4												
5												
6												
7												
8												
9												
10												
11												
12												
13												
页计/合计												

编制人：　　　　　　　　　　　　　　　　　　　　审核人：

模块二　招投标与合同管理

项目一　工程招投标与合同管理

试题 Z2-1-1：工程招投标与合同管理 1

（一）任务描述

某学校要建设一栋综合性实训大楼，大楼建筑面积 4000m²，连体附属 3 层停车楼一座，总造价 2100 万元。工程采用招标方式进行发包。由于实训大楼在设计上要求比较复杂,根据当地建设局的建议并经建设单位常委会研究决定,对参加投标单位的主体要求是最低不得低于二级资质。经过公开招标,有 A 和 B 两家单位参加了投标,两个单位在施工资质、施工力量、施工工艺和水平以及社会信誉上都相差不大,学校领导以及招标工作领导小组的成员对究竟选择哪一家作为中标单位也是存在分歧。

正在领导犹豫不决时,有单位 C 参入其中,C 单位的法定代表人是学校某主要领导的亲戚,但是其施工资质却是三级,经 C 单位的法定代表人的私下活动,学校同意让 C 与 A 联合承包工程,并明确向 A 暗示,如果不接受这个投标方案,则该工程的中标将授予 B 单位。A 为了获得该项工程,同意了与 C 联合承包该工程,并同意将停车楼交给 C 单位施工。于是 A 和 C 联合投标获得成功。A 与学校签订了《建设工程施工合同》,A 与 C 也签订了联合承包工程的协议。

① 在上述招标过程中,学校作为该项目的建设单位其行为是否合法?试说明原因。

② 从上述背景资料来看,A 和 C 组成的投标联合体是否有效?为什么?

③ 通常情况下,招标人和投标人串通投标的行为有哪些表现形式?

(二)实施条件

考核场地:模拟安装室一间,工位 20 个,每个工位配置电脑 1 台。

材料:纸,笔。

(三)考核时量

考试时间:90 分钟。

(四)评分标准

序　号	考核内容	考核要点	配　分
1	招标工作合法性	(1)正确回答学校作为该项目的建设单位其行为是否合法(5 分,答错不给分); (2)正确说明原因(25 分)。	30 分
2	联合体投标的有效性	(1)正确回答 A 和 C 组成的投标联合体是否有效(5 分,答错不给分); (2)正确说明原因(25 分)。	30 分
3	招标人与投标人串通的行为定义	(1)正确答出招标人与投标人串通投标的行为表现(30 分,少一项扣 5 分,扣完为止)。	30 分
4	职业素养	(1)具备全局观念,具有标准意识和质量意识,严格遵循相关招投标法律、法规(可酌情扣分,扣完为止); (2)文字、图表作业字迹工整,填写规范,不合要求每处扣 2 分; (3)具有团队协作的精神,严谨、耐心、细致的工作作风(可酌情扣分,扣完为止); (4)具有严肃认真、规范高效的工作态度和良好的敬业诚信的职业道德观(可酌情扣分,扣完为止); (5)作业完成后未清理、清扫工作现场扣 5 分; (6)严格遵守考场纪律;考生发生严重违规操作或作弊,取消考生成绩。	10 分

试题 Z2-1-2：工程招投标与合同管理 2

（一）任务描述

某省图书馆建筑工程，被省政府列为重点工程项目，招标人考虑到工程本身难度大，结构类型复杂，一般的建筑企业难以胜任，遂决定采用邀请招标的方式招标，并于 2013 年 3 月 8 日向通过资格预审的 A、B、C、D、E 五家施工承包企业发出了投标邀请书，五家企业均接受邀请并购买了招标文件，招标文件规定，2013 年 5 月 10 日上午 9 时为投标截止时间。

在投标截止时间之前，A、C、D、E 四家企业提交了投标文件，B 企业由于路途遇到交通管制其投标文件于 2013 年 5 月 10 日上午 9 时 15 分送达。2013 年 5 月 11 日上午，在当地招投标监督管理办公室主任主持下进行了公开开标。

评标委员会由 7 人组成，其中当地招投标监督管理办公室 1 人、公证机构 1 人、招标人代表 1 人、技术经济专家 4 人。评标过程中，评标委员会发现 A 企业投标文件无法定代表人签字和单位盖章。后经评标委员会确定 D 企业中标，2013 年 5 月 15 日招标人向 D 企业发出了中标通知书，2013 年 6 月 25 日双方签订了书面合同。

① 招标人自行决定采用邀请招标方式的做法是否妥当？请说明理由。

② A 和 B 企业的投标文件是否有效？请说明理由。

③ 请指出上述招投标过程中还有何不妥之处，并说明理由。

（二）实施条件

考核场地：模拟安装室一间，工位 20 个，每个工位配置电脑 1 台。

材料：纸，笔。

（三）考核时量

考试时间：90 分钟。

（四）评分标准

序　号	考核内容	考核要点	配　分
1	邀请招标	（1）正确回答招标人自行决定对省重点项目采用邀请招标的方式是否妥当（5 分，答错不给分）； （2）正确说明理由（10 分）。	15 分
2	投标文件的有效性	（1）正确回答 A 和 B 企业的投标文件是否有效（5 分，答错不给分）； （2）正确说明理由（10 分）。	15 分
3	招投标过程	（1）正确回答招投标过程中的不妥之处（30 分，少一项扣 5 分，扣完为止）； （2）正确说明理由（30 分，少一项扣 5 分，扣完为止）。	60 分
4	职业素养	（1）具备全局观念，具有标准意识和质量意识，严格遵循相关法律、法规（可酌情扣分，扣完为止）； （2）文字、图表作业字迹工整，填写规范，不合要求每处扣 2 分； （3）具有团队协作的精神，严谨、耐心、细致的工作作风（可酌情扣分，扣完为止）； （4）具有严肃认真、规范高效的工作态度和良好的敬业诚信的职业道德观（可酌情扣分，扣完为止）； （5）作业完成后未清理、清扫工作现场扣 5 分； （6）严格遵守考场纪律；考生发生严重违规操作或作弊，取消考生成绩。	10 分

试题 Z2-1-3：工程招投标与合同管理 3

（一）任务描述

某建设单位采用工程量清单报价形式对某建设工程项目进行邀请招标，在招标文件中发包人提供了工程量清单、工程量暂定数量、工程量计算规则、分部分项工程单价组成原则、合同文件内容、投标人填写综合单价，工程造价暂定 800 万元，合同工期 12 个月。某施工单位中标承接了该项目，双方参照现行的《建设工程施工合同（示范文本）》签订了固定价格合同。

在工程施工过程中，遇到了特大暴雨引发的山洪暴发，造成现场临时道路、管网和其他临时设施遭到损坏。该施工单位认为合同文件的优先解释顺序是：①本合同协议书；②本合同专用条款；③本合同通用条款；④中标通知书；⑤投标书及附件；⑥标准、规范及有关技术工程的洽商、变更等书面协议或文件视为本合同的组成部分。此外，施工过程中，钢筋价格由原来3500 元/t，上涨到 4300 元/t，该施工单位经过计算，认为中标的钢筋制作安装的综合单价每吨亏损 800 元，于是，施工单位向建设单位提出索赔，请求给予酌情补偿。

①你认为案例中合同文件的优先解释顺序是否妥当？请给出合理的合同文件的优先解释顺序。

②施工单位就特大暴雨事件提出的索赔能否成立？为什么？

③施工单位就钢筋涨价事件提出的索赔能否成立？为什么？

（二）实施条件

考核场地：模拟安装室一间，工位 20 个，每个工位配置电脑 1 台。

材料：纸，笔。

（三）考核时量

考试时间：90 分钟。

（四）评分标准

序　号	考核内容	考核要点	配　分
1	合同文件的优先解释顺序	（1）正确回答案例中合同文件的优先解释顺序是否妥当（5 分，答错不给分）； （2）正确说明合理的合同文件的优先解释顺序（25 分，错一项扣三分，扣完为止）。	30 分
2	索赔	（1）正确回答施工单位就特大暴雨事件提出的索赔能否成立（5分，答错不给分）； （2）正确说明理由（20 分）。	25 分
3	索赔	（1）正确回答施工单位就钢筋涨价事件提出的索赔能否成立（5分，答错不给分）； （2）正确说明理由（20 分）。	25 分
4	职业素养	（1）具备全局观念，具有标准意识和质量意识，严格遵循相关法律、法规（可酌情扣分，扣完为止）； （2）文字、图表作业字迹工整，填写规范，不合要求每处扣 2 分； （3）具有团队协作的精神，严谨、耐心、细致的工作作风（可酌情扣分，扣完为止）； （4）具有严肃认真、规范高效的工作态度和良好的敬业诚信的职业道德观（可酌情扣分，扣完为止）； （5）作业完成后未清理、清扫工作现场扣 5 分； （6）严格遵守考场纪律；考生发生严重违规操作或作弊，取消考生成绩。	20 分

后 记

受湖南省教育厅委托,我们团队承接了建筑智能化工程技术专业(原楼宇智能化工程技术专业)技能考核标准与题库制定工作项目。本项目申报到完成历时近两年时间,期间还经历了专业名称、专业代码的更改,题库规格标准升级等情况,可谓一波三折,现在终于成书与大家见面了。为使本标准与题库更好地贴近工程实际,对专业建设更具指导意义,期间编著团队耗费了大量的心血,几易其稿,与兄弟院校、行企业同仁们一起,从工程实践案例与任务出发,不断地深入挖掘、反复琢磨,形成了一个又一个的贴合实际的考核题目。题目的难度和范围的确定方面,我们在编写过程中通过多方论证,既考虑到了本专业的学生所必须掌握的相关知识与技能,同时也在一定程度上兼顾了不同学校的办学实际情况,在内容上采用了模块化、项目化、任务化的方法进行编排,将整体内容分为了基本技能、核心技能、跨岗位综合技能三大块,涵盖了从制图到设计、造价、施工、组织、维护等多个方面,实际可操作性与适用性强。但由于本专业涉及面较多、较广,因此无法就专业的各个角度从精、从细的全面覆盖,相应缺失还需不断努力,逐步完善。同时受限于时间与编者的能力水平,书中疏漏之处难免,恳请广大读者批评指正。

编 者

2017 年 8 月